常绿果树生殖生理及调控技术

REPRODUCTIVE PHYSIOLOGY AND REGULATION OF EVERGREEN FRUIT TREES

陈杰忠　主编

Chief Editor　Chen Jiezhong

中国农业出版社

CHINA AGRICULTURE PRESS

图书在版编目（CIP）数据

常绿果树生殖生理及调控技术/陈杰忠主编．—北
京：中国农业出版社，2011.6
ISBN 978-7-109-15738-5

Ⅰ.①常…　Ⅱ.①陈…　Ⅲ.①常绿果树—生殖生理学
Ⅳ.①S660.1

中国版本图书馆 CIP 数据核字（2011）第 114781 号

中国农业出版社出版
（北京市朝阳区农展馆北路 2 号）
（邮政编码 100125）
责任编辑　张　利
文字编辑　吴丽婷

中国农业出版社印刷厂印刷　　新华书店北京发行所发行
2011 年 8 月第 1 版　　2011 年 8 月北京第 1 次印刷

开本：720mm×960mm 1/16　印张：18
字数：317 千字　印数：1~1 000 册
定价：48.00 元
（凡本版图书出现印刷、装订错误，请向出版社发行部调换）

主　编　陈杰忠　华南农业大学　教授、博士生导师
副主编　周碧燕　华南农业大学　教授、博士生导师
　　　　李　娟　仲恺农业工程学院　讲师（博士）
编　委（按姓名拼音为序）
　　　　黄旭明　华南农业大学　教授、博士生导师
　　　　李建国　华南农业大学　教授、博士生导师
　　　　刘传和　广东省农业科学院果树研究所　助
　　　　　　　　理研究员
　　　　王惠聪　华南农业大学　副教授
　　　　王泽槐　华南农业大学　副教授
　　　　姚　青　华南农业大学　教授、博士生导师
　　　　张秀梅　中国热带农业科学院南亚热带作物
　　　　　　　　研究所　副研究员

生殖生理是果树生理的重要组成部分。常绿果树的生殖生理比较复杂，其花芽常常是混合花芽，花芽的生理分化期集中在冬季。常绿果树一般栽植于热带亚热带地区，这些地区冬季温度较高，经常因暖冬和/或雨水较多而抽发冬梢，不利于花芽的生理分化；对于有些常绿果树，在春季抽生花穗期间，连续出现的高温多雨天气亦会导致成花逆转，使得花芽的形态分化终止，而出现小叶旺盛生长现象。因此，花芽分化、开花坐果、果实生长发育与成熟等生殖生理问题是常绿果树研究的重要课题之一。国内外在这方面的研究虽然较多，但系统性不足，影响成果的应用。

华南农业大学园艺学院陈杰忠等教授长期从事常绿果树生殖生理的研究，对常绿果树的果实生长发育理论与调控技术有较深厚的积累，取得了较明显的成绩。由他组织编写的《常绿果树生殖生理及调控技术》一书汇集了他们以及同行的最新研究结果。该书系统地介绍了常绿果树（柑橘、荔枝、龙眼、杧果、香蕉等）的成花机理、开花坐果、果实生长发育和品质形成等内容，总结了开花结果的调控技术。该书的出版对促进果树产业的发展，提高科技水平具有重要的推动作用。该书可作为大专院校相关专业师生的教学参考书，也可供果树科学工作者、生产技术人员及果农使用。

邓秀新

2011-2-12 于武汉

前　言

　　果树生理学是果树学与植物生理学的交叉学科，而生殖生理是果树生理的重要组成部分，花芽分化和果实发育是果树生殖生理的核心问题，也是较复杂的理论问题。果树生殖生理的研究在温带（落叶）果树中研究得比较多，理论问题也研究得比较深入，取得了较多的研究成果；而热带、亚热带（常绿）果树的生殖生理研究得相对较少，理论的积累也较肤浅，在本书写作过程中也不得不引用一些温带（落叶）果树生殖生理的理论和成果来丰富我们的编写内容。但是，常绿果树的生殖生理较温带（落叶）果树复杂许多，因为温带果树的花芽是纯花芽，花芽的生理分化期集中在夏季，一旦花芽生理分化完成，进入了形态分化期，就不会发生成花逆转；而常绿果树的花芽是混合花芽，花和叶同时生长，花芽的生理分化期集中在冬季，花芽形态分化期集中在春季。常绿果树一般栽培在热带、亚热带地区，这些地区冬季温度较高，经常因暖冬和/或雨水较多而萌发冬梢，不利于花芽的生理分化；在春季抽生花穗期间，出现连续的高温多雨天气亦会导致成花逆转，使得花芽的形态分化终止，而小叶旺盛生长。因此，花芽分化、开花坐果、果实生长发育与成熟等生殖生理问题是常绿果树生理学研究领域的重要研究课题之一。近年，常绿果树的生殖生理方面的研究已取得很大的进步，但是，研究成果及其应用缺少系统性，影响推广应用。目前，专门介绍果树生殖生理方面的理论著作很少，有关常绿果树生殖生理问题的专著更是罕见。果树科学研究者及果树生产者急需这方面的理论著作。

　　本书系统地介绍南方常绿果树（柑橘、荔枝、龙眼、杧果、香蕉等）的成花机理、开花坐果、果实生长发育和品质形成的理论及研究，总结开花结果的调控技术，内容涵盖面宽，深入浅出。该书注重引用国内外近年有关的研究成果，并对不同的观点尽量客观地加以介绍评述，内容具有先进性和前沿性。此外，写作中具较强的科学性，也具有明确的针对性和实用性。

　　第1章主要阐述了常绿果树成花的主要机理，介绍了主要的常绿果树如荔枝、柑橘和香蕉等花芽分化的过程，以及影响常绿果树花芽分化的内在和外在因素。影响常绿果树花芽分化的内在因素主要从果树的童性、成花相关基因的表达、碳水化合物积累、激素和多胺水平进行分析；外在因素主要从温度、光照、水分和矿质营养等进行分析。本章还阐述了果树性别分化的类型和程序，指出了性别分化与激素、多胺、树体的营养积累和遗传的关系。此外，本章还阐述了成花决定和成花逆转的概念，介绍了荔枝和龙眼存在的成花逆转现象，并从常绿果树所处的环境条件、树体激素和营养水平以及完成成花决定的程度来分析引起成花逆转的原因，指出可以通过培养适时健壮的结果母枝、使用生长调节剂、应用环剥和环割等物理调控技术以及加强树体的营养来控制成花逆转。最后分析了果树大小年结果的原因以及调控技术。

第 2 章围绕常绿果树授粉受精和坐果构筑相关知识框架，共分 4 节。2.1 介绍果树的花结构及花性别类型，其中花的性别类型在很大程度上决定了授粉空间距离，在本节中罗列了典型常绿果树的性别类型，介绍了性别表达的遗传控制、环境影响及栽培调节。2.2 介绍了授粉受精的过程和生理变化，内容涉及授粉方式，授粉过程的解剖学和生理学变化，指出授粉诱发一系列花器官的生理变化（授粉后症候群），是一次与坐果相关的生理刺激。2.3 介绍了授粉受精的影响因素，包括内在因素和环境因素，此部分为本章节的重点内容，涉及雌雄异熟、花粉活力、胚囊发育状态、柱头容受性和自花不亲现象，以及传粉虫媒、气候因素和营养状况的影响。其中，自花不亲和的研究已经深入到分子水平，在本节中作了重点介绍。2.4 介绍授粉受精与果实发育，分别阐述了授粉和受精以及在坐果和果实发育中的作用，探讨了单性结果现象和启动果实发育的机制，介绍了果实脱落的规律，探讨了落果发生的调控机理和影响因素，本节还介绍了授粉对果实发育影响的另一方面——花粉直感现象。

第 3 章主要阐述果实个体发育，包括果实个体发育的一般规律、果实生长发育模式以及果实生长发育要素（细胞分裂、细胞体积、细胞空隙），并以荔枝为例，较详细地概述了果实各部分（胚胎、果皮、假种皮和种子）发育规律和特点。论述了影响果实大小的内外因子和调控果实大小的原理与技术。果实发育和最终大小受外部环境和内部因子的影响。内部因子主要是指果实大小的遗传特性；细胞大小、数量、间隙以及与果实发育有关的果实内部生理生化变化。外部因素包括气候因素，如温度、湿度和光照；土壤特性，如土壤中可利用水分及营养状况；植株特性，如树龄、母枝类型、坐果的位置、叶面积、树体当年和历年的负载量、碳水化合物的利用和分配、植物生长调节物质使用等。并根据番茄和油梨两类果实大小有关研究成果提出了调控果实大小的模式图。综述了果实裂果发生类型和时期、裂果发生过程、裂果发生的遗传学基础、裂果发生的物理学特性、裂果发生的组织学特征以及几个影响裂果的内外因素，如遗传、果实生长发育本身特点、水分、矿质营养、果皮化学组分、植物生长调节剂等。最后，以作者多年研究的柑橘和荔枝的成果为例，阐述了减少裂果的综合技术措施。

第4章从区分果实的成长、成熟与衰老的概念开始，较为详细地介绍了果实的成熟度、成熟类型和成熟的调控。以常绿果树为例对果实的形态进行了划分，根据构成雌蕊的心皮数和离合的不同，以及果皮性质的不同而分为不同类型的果实；详细描述了包括柑果、香蕉果和荔枝果等不同果实的解剖结构和食用部分。阐述了包括果实大小、色泽和质地等的果实外观品质，包括营养成分与保健作用、风味（糖酸、香气和苦味等组成）的果实内在品质的形成及其调控因子，并推荐了在栽培上改善果实品质的栽培措施。

第5章介绍了在果树生产中常用的植物激素和植物生长调节剂的性质、生理作用及主要剂型；并以柑橘、荔枝、龙眼、杧果、香蕉等南方果树为例，结合果树营养生长中枝梢生长、萌蘖的控制和生殖生长过程中产期调节、控梢促花、花芽分化、坐果，以及果实的生长发育、成熟、着色、品质调控等方面，详细介绍了植物激素和植物生长调节剂在果树生产上的应用及作用效果。另外，从果树树种、品种差异、环境条件、应用技术措施等方面分析了影响果树化学调控效果的因素。

第6章主要探讨热带、亚热带常绿果树开花结果的物理调控技术，这些技术主要包括：环割、修剪、断根、控水等。开花结果的物理调控技术具有保证产品安全、无环境污染、便于产期调节的优点，但是也要有一定的经验、较多的人工等缺点。环割技术促花保果的原理在于阻碍碳水化合物自上而下的运输途径，同时也抑制生长素自上而下、细胞分裂素自下而上的运输途径。环割技术促花保果的效果取决于环割的时期和环割的方式。断根促花技术是通过调节根系来促进花芽分化，其原理在于减少根系的水分吸收，提高树液浓度，减少根系的养分吸收，抑制枝梢生长，合成更多CTK，并向地上部运输。断根促花的效果也取决于断根的时期和断根的方法。合理的修剪技术能够协调生长与结果、衰老与更新复壮之间的平衡，促进花芽分化与形成，调整结果量。修剪方法包括疏剪、短截、回缩、抹芽、摘心、弯枝等，修剪时期和方法直接影响果树促花保果的效果。控水促花技术的作用原理在于抑制冬梢生长，增加非结构性碳素的累积，提高ABA、CTK的含量。通过适宜的灌溉技术调节控水的时间和程度，可以实现对开花结果的调控。本章节还探讨了荔枝、龙眼、柑橘、杧果、杨桃、番石榴等热带、亚热带果树在实施各种物理调控技术时，应该采取的方法和注意的事项。

该书是常绿果树的生殖生理和调控技术方面的专著，可供果树专业的研究生、本科生作教学参考书，也可供果树科学工作者、生产技术人员及果农使用。希望本书受到读者的欢迎，并期待将来不断再版。

由于常绿果树生殖生理学近年才得到长足的发展，分子生物学方面的研究发展更快，由于作者水平有限，书中缺点和错误在所难免，希望广大读者指正，以便及时修正。

编　者

2011 年 2 月于广州

目　录

第1章　　　成花机理

1.1　花芽分化的概念及特点

1.1.1　花芽分化的概念

实生果树进行花芽分化前，必须进入性成熟阶段，而在此以前，实生果树在正常的自然条件下不能稳定地持续开花，实生果树的这种特性即童期性（juvenility），这一阶段称为童期（juvenile phase）（曾骧，1992）。通过童期后进入稳定而持续成花能力阶段称成年期（adult phase）或花熟期（ripeness to flower）（郗荣庭，2000）。

成年期的果树，或者繁殖材料取自成年母株的营养繁殖果树，已经具有开花的潜能，在适宜的条件下即可进行花芽分化。果树芽轴生长点经过生理和形态的变化，最终形成各种花器官原基的过程即为花芽分化（flower differentiation）（郗荣庭，2000）。果树花芽分化的全过程包括成花诱导或花芽孕育（flower bud induction）、花芽发端（flower bud initiation）、花芽形态建成或花芽发育阶段（flower bud development）。芽内生长点由营养生长点（vegetative apex）特征转向形成花芽的生理状态的过程称为成花诱导。果树生长点开始区分出花或花序原基时称为花芽发端。花器官原始体进一步发育构成完整的花器官的过程称为花芽形态建成或花芽发育阶段。生长点内进行由营养生长向生殖状态的一系列生理、生化转变称为生理分化（physiological differentiation）。从花原基最初形成到花器官形成完成的过程称为形态分化（histological differentiation）（曹尚银等，2003；郗荣庭，2000）。

1.1.2　果树花芽分化的特点

华南地区高温多雨，栽培的果树主要以热带、亚热带果树为主，主要包括常绿性的亚热带果树如柑橘、荔枝、龙眼、杨梅等，以及常绿性的热带果树如杧果、人心果、杨桃、可可、山竹、榴莲等，还有草本果树如香蕉、菠萝、番木瓜等。这些不同类型的常绿果树花芽分化有共同的特点，也有不同的特点。多数的木本果树需要在特定的环境条件下进行花芽分化，而某些草本的果树如香蕉、菠萝，在达到一定的营养面积后可以进行花芽分化。有些果树一般情况下一年只分化一次，如多数的常绿性亚热带果树柑橘和荔枝；有些果树如常绿性热带果树杨桃、杧果等一年可以多次分化。吴光林等（1992）根据果树花芽分化的特点，把果树划分为夏秋型、冬春型、一年多次分化型和随时分化型4种类型。夏秋型果树花芽分化是在温度较高的夏秋季进行，包括多数的落叶果树和少数的常绿果树；冬春型果树花芽分化是在温度较低的冬春季进行，如荔枝、龙眼、黄皮等；一年多次分化型是对温度没有严格的要求，一年可以进行多次分化，如杧果、杨桃、番石榴等；随时分化型果树的花芽分化主要决定于植株的生长状况，当植株达到一定的营养面积后，在一年当中的任何时间均可进行花芽分化，如香蕉、菠萝等果树。

1.1.2.1　常绿性亚热带木本果树花芽分化的特点

多数的常绿性亚热带果树在秋冬季进行花芽分化。如亚热带地区栽培的多数柑橘种类在冬季果实成熟前后至第二年春季萌芽前进行花芽分化。荔枝花芽分化也是在秋冬季进行。在华南地区，早熟的'三月红'荔枝在10月份即开始花芽分化，12月中下旬完成；而迟熟品种'糯米糍'和'淮枝'在12月中下旬开始分化，至第二年3月下旬完成。这些果树的花芽分化属于冬春型，但也有一些果树，在亚热带地区栽培一般每年分化一次，但移到热带地区栽培，则可以多次分化，多次开花。如柑橘中的甜橙，在亚热带地区每年在春季开花一次，而在印度南部的热带地区，在6月和12月至次年的1月开花（曾明，2003），这可能与亚热带和热带地区的气候特点有关，亚热带地区每年秋冬季的低温干旱不利于生长，但有利于花芽分化；在热带地区分雨季和旱季，柑橘花芽分化的次数往往与当地一年中的旱季次数有关。这些果树在亚热带地区栽培表现为冬春型，而在热带地区栽培可表现为一年多次分化型。实际上，多数的亚热带性常绿果树进行花芽分化的条件是低温和干旱。

1.1.2.2　常绿性热带木本果树花芽分化的特点

常绿性热带果树一年可多次分化，多次开花。番荔枝（*Annona squamosa* L.）属于热带果树，一年中的大部分时间可进行花芽分化。在广州地区，5月上旬开花最多，之后一直到秋季都会断断续续开花（彭松兴，2003）。番荔枝花芽分化与新梢的生长有密切的关系，有新梢就有花，新梢多则花芽的数量也多（彭松兴，1993）。番石榴为热带果树，在热带和亚热带地区栽培不需要低温等条件诱导成花，其花芽分化也与新梢的生长有密切的关系，一般花芽的抽生是在成熟新梢的第2~4节（李平等，2004）。因此，只要有新梢抽生，一旦新梢成熟以后即可以抽生花蕾，生产上多用短截促进新梢抽生来促进番石榴花芽的形成。这些果树的花芽分化属于一年多次分化型。

1.1.2.3　草本果树花芽分化的特点

在热带亚热带地区栽培的草本果树，其花芽分化与常绿木本果树不同，草本果树花芽分化似乎不需要特定的环境条件来诱导，植株能否进行花芽分化与其营养面积有密切的关系。香蕉为大型草本植物，属于热带果树，当假茎上的叶片达到一定数目时，一般是 26～31 片，才能进行花芽分化，因此可以根据叶片数量预测花芽分化的时间（陈厚彬，2003）。菠萝需要达到一定的叶面积或一定的叶片数量才能进行花芽分化，其中的'无刺卡因'，植株叶面积达到 1.5～2.5m² 或青叶数达到 35～50 片开始花芽分化，'巴厘'需要 40～50 片，而'神湾'只需 20～30 片即可进行花芽分化（胡又厘，2003）。这些果树的花芽分化属于随时分化型。

1.2　花芽分化的过程

花芽分化的过程分为生理分化和形态分化前后两个阶段。生理分化（physiological differentiation）是指生长点内细胞发生质变，出现代谢方式以及生化成分方面变化的时期。形态分化（morphological differentiation）是指芽的解剖形态以至于组织、细胞等方面出现花芽标记的时期。果树种类不同，其花芽形态分化的过程也不同，但大致可以划分为以下几个阶段（吴邦良，1995）：

分化前期　生长点已经完成生理分化，细胞在组织化学上已经发生改变，但在形态上与未分化的生长点没有区别。

分化初期及花序分化期　多数的果树在此期生长点增大变圆，以后又逐渐变平变宽，对于有花序结构的果树，生长点进一步发育，在中央和周缘产生突起，产生花序分枝的原基，以后进一步发育成中心花及侧花原基。

花器官各部原基分化期　当花或花序分枝的原基出现后，生长点在顶端变平的基础上，中心相对凹入，周围由外向内依次产生花萼、花瓣、雄蕊和雌蕊原基。

当花芽进入形态分化期后，各类原基的分化速度和程度因树种、品种和环境条件而异，即便是同一品种、甚至是同一植株也有差异，就同株树来说，花芽形态分化的各个时期是前后交错、相互重叠的，表现出花芽分化的长期性。同样，就同一片果园来说，同一品种因个体、土壤气候等的差异，也表现出花芽分化的长期性。

以下是几种主要的常绿果树花芽分化的过程。

1.2.1 荔枝花芽分化的过程

荔枝花芽分化的时间差别很大，不同成熟期的荔枝品种，花芽分化的时间不同。在广东，早熟的'三月红'荔枝在 10 月就开始花芽分化，至 12 月中下旬完成；中迟熟的'妃子笑'、'糯米糍'等品种，在 12 月中下旬开始分化，到翌年 3 月下旬完成。荔枝花芽分化的过程包括花序的分化和花的分化，其过程如图 1-1 所示（李建国，2003）。

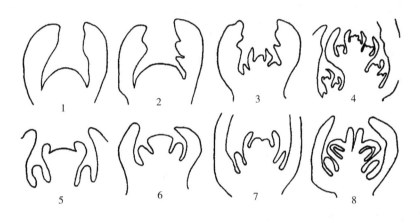

图 1-1 荔枝花芽形态分化图

(李建国，2003)

1. 腋芽期　2. 开始分化期　3. 花序侧轴分化　4. 花序支轴分化

5. 萼片分化　6. 雄蕊分化　7. 心皮及胚珠原基出现　8. 两子室形成

花序原基形成期：生长锥变宽变平，慢慢突起成为半球形的花序原基。

花序各级分枝分化期：随着花序原基不断进行细胞分裂，在两端的雏形叶的叶腋内，逐渐形成花序一级分枝原基的球状细胞团凸起，当雏形叶松动，肉眼即可见清晰的白色芽体，俗称"白点"，黄辉白和陈厚彬（2003）称之为"白小米粒"(whitish millet)（图 1-2）。"白点"包含花序主轴原基（生长锥）、一级侧花序、侧枝原基和雏形叶。随着花序主轴原基细胞的进一步分裂和伸长，生长锥两端由下而上分化形成雏形叶，同时叶腋内分化出

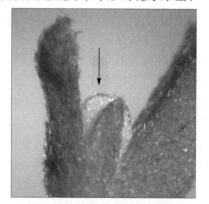

图 1-2 荔枝的"白小米粒"

箭头所指为"白小米粒"

圆球形的一级分枝原基，肉眼可见清晰的"白点"。在这些分枝原基伸长的同时，侧轴上又分化出二级、三级分枝，直至各分枝的主轴顶端出现花器官原基止，完成花序原基的分化。

小花分化期（花器官形成期）：当主轴顶端继续伸长并分化侧枝时，下端早抽出的花穗已经开始分化花的各个器官。荔枝没有花瓣，两性花器官的分化由外向内依次分化出萼片、雄蕊和雌蕊。荔枝的花包含有雌花和雄花，在小花分化的初期，所有的花都具有两性的原基，到分化的后期才出现花性的歧异。雄花分化最早，雄蕊原基发育迅速，而雌蕊原基发育缓慢并中途停止发育，雌花则相反。

荔枝花芽分化是自下而上进行分化的，顶端最后完成分化。

1.2.2 柑橘花芽分化的过程

在亚热带地区栽培的柑橘，多数是在冬季果实从成熟前至第二年春季萌芽前进行花芽分化。同一品种，在同一地区栽培，由于树龄、树势等的不同，花芽分化的时间也不同。就同一植株来说，一般是当年抽生的春梢进行花芽分化较早，夏梢、秋梢相对较迟。同一地区栽培的不同品种或种类，花芽分化开始的时间不同，在广州地区，椪柑在 11 月上旬开始分化，暗柳橙在 11 月上中旬开始分化，蕉柑在 11 月中下旬开始分化。柑橘在未分化期，生长点狭小，被苞片包住；在花芽分化的初期，生长点变得高而宽平，同时苞片松开；对于单朵花来说，各器官分化的顺序为：萼片→花瓣→雄蕊→雌蕊（图 1 - 3）。柑橘花芽分化是自上而下进行的，顶端最先完成分化。

1.2.3 橄榄花芽分化的过程

橄榄的形态分化从 3 月下旬开始，到 5 月下旬结束，其分化是连续进行的，在同一枝梢上，分化的顺序是自下而上的；在同一花序上，分化是从基部向顶部进行。就单花来看，橄榄花芽分化的顺序是：花序总轴原基→花序侧穗原基→小型聚伞花序原基→花原基→花萼→花瓣→雄蕊→雌蕊（图 1 - 4）。

1.2.4 香蕉花芽分化的过程

香蕉为大型草本果树，其花芽分化不受光周期、温度和水分等条件的直接影响，当假茎上的叶片达到一定数目时，一般是 26～31 片，即可花芽分化。当然，如果温度较高、光照和水分充足的条件下，植株生长快，可以早达到最大叶面积，因而可以提早进入花芽分化时期。在未分化时，球茎上的生长点被假茎包裹并处于地下部，当花序开始分化时，球茎生长点迅速伸长，同时苞片

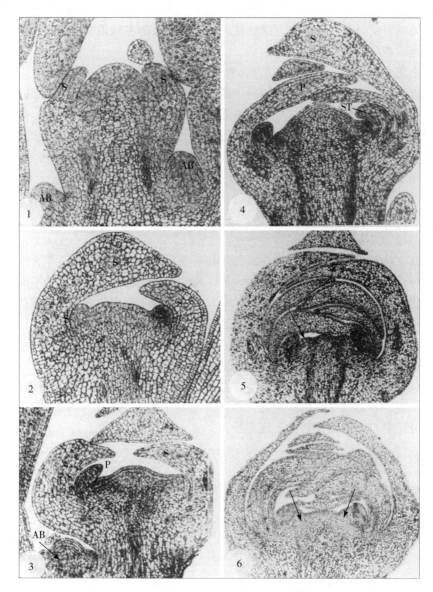

图 1-3 华盛顿脐橙顶花分化过程

(Spiegel-Roy & Goldschmidt，1996)

1. 萼片分化的初期：顶端凸起，顶端下两侧叶腋上为芽原基（×132）

2. 萼片形成：生长点变高而平（×84）　3. 花瓣形成：腋芽分化（×53）

4. 雄蕊形成（×53）　　5、6. 心皮形成（×33）

AB. 腋芽　P. 花瓣　S. 萼片　ST. 雄蕊　箭头所指为心皮

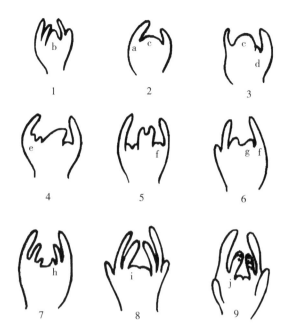

图 1-4　橄榄花芽分化过程

(潘东明，2003)

1. 未分化期　2. 花序总轴原基出现　3. 花序侧穗原基出现　4. 小型聚伞花序
原基出现　5. 花萼形成　6. 花瓣形成　7. 雄蕊形成　8. 雌蕊形成

a. 苞片　b. 生长锥　c. 花序总轴原基　d. 花序侧穗原基

e. 小型聚伞花序小花原基　f. 花萼　g. 花瓣　h. 雄蕊　i. 雌蕊　j. 花粉粒

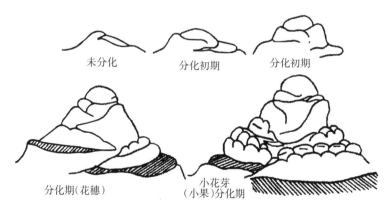

图 1-5　香蕉的花芽分化

(陈厚彬，2003)

开始形成（图1-5），花序边伸长边分化，经过大约1个月，花轴伸长到假茎的顶端。香蕉的花为无限的佛焰花序，花序的基部分化出雌花，雌花的节数因品种和植株的生长状况而不同，一般是5～15节。花序的中部分化出几节中性花。顶部分化出雄花，并且可以不断分化直至果实采收，因此，如果不进行断蕾处理，直至采收，雄花的节数可以多达150～350节。

1.3　关于果树花芽分化机理的假说

1.3.1　临界节数假说

这一假说是在研究了苹果花芽分化与节数关系的基础上提出的，能解释一些温带果树花芽分化的机理，对某些常绿果树也适用。这一假说的主要内容是：无性繁殖果树的芽只有达到一定的节数（临界节数，critical node），才能接受诱导进行花芽分化；节位增长率影响节数，它决定于芽轴上相邻叶原基形成的时间间隔，即间隔期（plastochron），如果间隔期过长，芽在生长季节内未能达到花芽分化所需要的节数，则不能进行花芽分化。

1.3.2　碳氮比假说

由Kraus和Kraybill（1918）提出，该假说认为营养生长的强度和花芽的形成决定于碳水化合物和氮的数量之比，树体内氮和碳水化合物的比例适当，糖和氮供应充足，花芽分化旺盛，开花结果多；如果碳水化合物不足，则不能进行花芽分化；如果碳水化合物相对过剩，可以形成花芽，但结果不良。

1.3.3　细胞液浓度假说

该假说由科洛米耶茨提出，认为花芽形成具有决定作用的是生长点内营养物质浓度的高低，而不是碳氮比的多少，进行花芽分化必须保证生长点分生组织在活跃状态下细胞液浓度升高到一定的程度，之后只需要较低的细胞液浓度。

1.3.4　激素平衡假说

各种激素对果树的花芽形成都有影响，激素对花芽分化的作用不取决于单一的激素水平，而是各种激素的动态平衡，花芽孕育是各种激素在时间、空间上的相互作用产生的综合结果。目前，已发现CTK/GAs、CTK/IAA、ABA/IAA、ABA/GAs、（ZR＋IAA）/GAs、ABA/（GAs＋IAA）、（ZR＋ABA）/GAs等的平衡与花芽分化有关（曹尚银等，2003）。

1.3.5　激素信号调节假说

Lavee（1989）在研究油橄榄大小年结果时提出激素信号调节花芽发端的假说，认为大小年结果是由正在发育果实种子输向叶片的特定信号，导致叶片内的代谢发生改变（通过合成酚类物质如氯原酸、阿魏酸、根皮苷等）而引起的。

1.3.6　营养转向假说

由 Sachs（1977）提出，当养分或碳水化合物从营养生长的部位转到芽的分生组织时，中心带的细胞被活化，使细胞分裂加快，诱导成花；花芽分化是由顶端分生组织内营养分配的改变引起的，激素的作用只是提高了顶端分生组织对营养物质的竞争能力，或抑制了竞争部位的活性，成花的转变是被动地在同化物质的输送中进行的（吴邦良，1995）。

1.3.7　基因启动假说

该假说主要内容为：核酸是一种遗传物质，它控制植物的生长、发育，核酸通常与蛋白质结合，以核蛋白的形式存在，基因是 DNA 分子长链中的一个片断或转录单位，遗传信息主要存在于组成基因的核苷酸序列中，在以 DNA 为模板合成 RNA 的过程中，遗传信息被转录、复制，最后指导对成花具有诱导作用的特殊蛋白的合成。通常成花激素（florigen）到达茎尖被认为是成花基因的开关，此时指导形成花原基的特异蛋白合成的基因开始起作用（吴邦良，1995；李嘉瑞等，2000）。

1.4　影响果树花芽分化的因素

1.4.1　影响花芽分化的内在因素

1.4.1.1　果树花芽分化与童期

植物能否开花、何时开花，要受到遗传的控制。确定植物生命周期的遗传程序调控植物营养生长和生殖生长的时间。植物在进入生殖生长前，必须获得足够的营养以用于开花、果实和种子的发育，以便于下一代的繁殖，这使得植物具有一段足够长的时间对外界的成花诱导条件不敏感，在这一段时间里植物进行营养生长，积累营养物质，这段时间为幼年期或童期。实生果树进行花芽分化前，必须进入性成熟阶段，而在此之前的童期，实生果树在正常的自然条件下不能稳定地、持续地开花。当实生果树通过童期后进入具有稳定、持续成花能力的成年期，达到花熟期或感受态。果树进入感受态才能接受外界环境因子的诱导进行花芽分化。

果树发育阶段的变化，只发生在顶端分生组织，因此，随着树体的长大，在整个树冠范围内，应存在不同的发育阶段，进入成年期的果树，由下向上、由内向外，可以同时存在幼年阶段和成年阶段，在幼年阶段和成年阶段之间，还存在阶段发育介于幼年阶段和成年阶段的过渡阶段（图1-6）。

实生果树的童期具有典型的形态特征，主要表现为枝条直立生长，具有针刺或针枝，从组织结构上看，枝条木质部发达，以木质纤维为主。叶片小而薄，叶表皮细胞大，单位面积气孔少。李怀福和胡小三（2005）比较了山金柑实生苗和成年树的枝叶形态，结

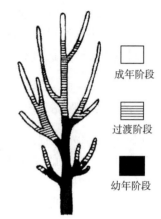

成年阶段

过渡阶段

幼年阶段

图1-6 实生果树阶段发育模拟图
（Parsecker，1949）

果表明童期阶段的山金柑实生苗的小枝分枝角度较小、刺较长、叶片较小。童期的果树在生理生化特性上与成年期的果树也不同，童期枝条一般表现为呼吸强度高，组织中的还原糖、淀粉、蛋白质、果胶等物质的含量较低，C/N 较低。童期叶片中的 RNA 含量低而 RNA 酶活性高，RNA/DNA 值较低（梁立峰，2000）。

童期的长短受到遗传的控制，不同的树种，童期的长短往往有很大的差别。如荔枝、龙眼等果树的童期较长，为十几年，而柑橘相对较短，需要7～8 年，其中山金柑只需要 1 年半（李怀福等，2005）。不同的品种，童期的长短也不同，如红橘为 5.8 年，温州蜜柑为 6.7 年（梁立峰，2000）。

1.4.1.1.1　童期果树不开花的原因　处于童期的果树不能开花的原因，总结如下几方面：一是植株未达到成花所需要的叶面积，叶片的光合作用对于果树到达感受态起主要的作用，叶面积不足影响光合产物的积累；二是未成熟叶与成熟叶比例不合适；三是根和芽的距离，根系与芽的接近程度是影响成花的重要因素，根和芽的距离需要达到一定的节数以上才能开花；四是顶端分生组织处于非感受状态（incompetence），不能对来自外界以及其他器官的成花信号产生反应。

1.4.1.1.2　缩短果树童期的方法

控制果树生长的环境条件，使果树加速生长　果树必须通过童期才能开花，果树虽然不能跨越童期，但在人工气候室中通过控制果树的生长条件，给

予果树最适生长条件，令其加速生长，增加节数，同时利用生长调节剂控制节间生长，可以缩短果树童期所经历的时间。这项技术已经在柑橘上获得成功，使柑橘在播种后 12 个月内开花。当然，这种环境控制设施距离生产上的应用还很远。

加强栽培管理　通过加强栽培管理，加速果树的生长，可以缩短童期。如对童期的果树多施氮肥，可以加速细胞分裂，促进植株的生长，缩短童期，而且是氨态氮肥比硝态氮肥更有利于缩短童期。

嫁接　从实生果树采芽高接到成年树上，不能改变果树的童性，但可以提早开花。如把处于童期的 1 年半的实生杧果苗嫁接到成年植株上，同时把实生苗的叶片摘除，并在成年枝上环割，可以使实生苗提早开花。童期的叶片不能形成促进成花的物质，或存在抑制开花的物质，而童期的生长点是可以接受刺激，因此，决定童期的除顶端分生组织外，还有叶片（曾骧，1992）。

环割、环剥、环缢　实生树达到一定高度时，环割、环剥、环缢等措施可以促进碳水化合物在地上部的积累，缩短童期。另外，果树的根系也会影响童期，限根、断根等抑制根系生长的措施可以缩短童期，促进开花。

植物生长调节剂处理　当果树处于过渡期，用植物生长调节剂处理可以缩短其童期。植物生长调节剂的种类很多，应用在不同种类果树的效果不同，但在缩短童期的应用上，常绿果树多使用生长延缓剂、生长抑制剂或乙烯利。生长抑制剂抑制顶端分生组织生长，使果树丧失顶端优势，外施赤霉素（GA）不能逆转这种抑制效应。天然的生长抑制剂有脱落酸（ABA）、茉莉酸、肉桂酸、香豆素等；人工合成的生长抑制剂有三碘苯甲酸（TIBA）、整形素、西维因等。生长延缓剂抑制不抑制顶端分生组织的活动，而是通过抑制节间分生组织的活动，使节间变短，叶数和节数不变，处理后使株形紧凑、矮化，它们都能抑制赤霉素的生物合成，外施赤霉素能逆转其抑制效应。生长延缓剂全是人工合成的，如矮壮素（CCC）、调节安（DMC）、比久（B_9）、烯效唑、多效唑（PP_{333}）等。赤霉素对成花起抑制作用，随着树体长高，茎尖的 GA 量逐渐减少，对成花的抑制作用减弱，植株逐渐失去童性（Wareing et al，1976），生长延缓剂能抑制赤霉素的生物合成，减少 GA 的含量，因而可以缩短童期。

转基因　目前已克隆到许多与童期相关的基因，以这些基因的转基因植株作亲本可以使杂交后代实生苗的童期缩短，促进成花，如甲基转移酶反义基因、玉米 epc 基因、苹果 MDAS 基因等（张新忠等，2004）。Leandro 等（2001）把拟南芥控制开花的基因 LEAFY（LFY）和 APETALA1（AP1）基因分别转入 5 周龄枳橙幼苗外植体，然后取转化的幼苗梢尖（0.5cm 长）嫁接到实生的枳橙无菌砧木苗中进行无菌培养，当接穗长到一定程度，再一次嫁接到实生的枳橙砧木上，在温室中培养，结果是转 *LFY* 基因植株在温室中生长 16 个月后开花，而转 *AP1* 基因植株在温室中生长 13 个月后开花，这些转基因植株都能结出正常的果实，并在随后的几年亦连续开花结果。

1.4.1.2 基因对成花的调控

植物接受成花诱导信号，顶端分生组织发生变化并开始花的发育。花的发育分两个阶段，首先是茎分生组织转变成花的分生组织，然后是花各部分器官的发育。两类基因分别参与了花发育的两个阶段，一类是花分生组织决定基因（floral meristem-identity genes），在早期的分生组织内表达，控制花的发端；另一类是同源异型基因（homeotic genes），在花内不同部位表达，决定花的器官身份（organ identity），即花器官决定基因（Parcy et al，1998），而控制花发育过程的基因可分为分生组织特性基因、花器官特性基因、成花计时基因以及定域基因。

花分生组织决定基因，已知的并已深入研究的基因有拟南芥的 *LFY*、*AP1*、*CAULIFLOWER*（*CAL*），以及金鱼草 *FLORICAULA*（*FLO*）和 *SQUAMOSA*（*SQUA*）。拟南芥的 *LFY* 和金鱼草 *FLO* 为同源基因，*LFY* 的突变会导致拟南芥花向花序的部分转变，*FLO* 的突变会导致金鱼草的花完全转变成花序。拟南芥的 *AP1* 和金鱼草 *SQUA* 为同源基因，它们既是花分生组织决定基因，又是花器官决定基因，*AP1* 的突变使拟南芥的花表现出花序的特征，*SQUA* 的突变使金鱼草的多数花分生组织转变为花序。*CAL* 的突变体的表形与花椰菜（cauliflower）很相似，在拟南芥花分生组织决定中，*CAL* 可以大部分代替 *AP1* 的功能，但不能代替 *AP1* 的花器官决定功能（国凤利，2000）。

通过对拟南芥和金鱼草的花器官特征基因的研究，Coen 和 Meyerowitz（1991）提出了花器官发育的 ABC 模型，认为 A 功能基因在花萼和花瓣中起作用，B 功能基因在花瓣和雄蕊中起作用，C 功能基因在雄蕊和雌蕊中起作用；A 和 C 功能基因相互抑制，由 A 功能基因单独作用控制花萼的发育，A 和 B 功能基因共同调控花瓣的发育，B 和 C 功能基因共同调控雄蕊的发育，C 功能基因单独调控雌蕊的发育。在拟南芥中，A 功能由 *AP1*、*APETALA2*（*AP2*）决定，B 功能由 *APETALA3*（*AP3*）和 *PISTILATA*（*PI*）决定，C 功能由 *AGAMOUS*（*AG*）决定。在金鱼草中，A 功能由 *SQUA* 决定，B 功能由 *DEFICIENS*（*DEF*）和 *GLOBOSA*（*GLO*）决定，C 功能由 *PLENA*（*PLE*）决定（马月萍等，2003）。

SUP、*LUG*、*AP2*、*AG*、*CLF* 在拟南芥中起定域基因作用，即限定有关基因在特定的花器官中表达的作用。如 *AG* 在最外两轮器官（花萼和花瓣）中

的表达受到 A 类基因 $AP2$ 的限制。AG 抑制 $AP1$ 在雄蕊和心皮中表达。LUG 和 SUP 不参与花器官性状的控制，只起定域基因作用。SUP 抑制 B 类基因 $AP3$ 和 PI 在心皮中表达。LUG 基因可能与 $AP2$ 一起共同抑制 AG 基因在花萼和花瓣中表达，可能还存在一个未鉴定的基因抑制 $AP3$ 和 PI 在花萼中表达。最近研究表明，CLF 也有抑制 AG 在花瓣和萼片中表达的作用（刘春玲等，2001）。

成花计时基因控制成花时间早晚，拟南芥中成花计时基因主要有 CO、EMF、GI。在正常的无性繁殖阶段，CO 转录的 mRNA 呈渐进方式积累，当达到一定域值时，通过激活下游基因使植物由营养生长向生殖发育转变，开始了花的发育。CO 对成花过程的影响与日照长短有关。长日照下，成花的早晚主要由 CO 基因所控制，而且 CO 的表达量也受日照时间的影响；短日照下，CO 的表达则不受日照时间的调控，植物的成花过程由另一条不依赖于光周期的调控途径控制，其营养生长向生殖生长的转变主要由 FCA 等自主成花途径控制。另外 CO 对花发育有直接和间接促进作用（Putterill，1995；Lopez，2000；Onouchi，2000；Samach，2000）。gi 突变体在长日照开花较迟，且对春化作用的敏感性减弱，表明 GI 基因在调节植物对环境条件作出开花反应的过程中起重要作用。EMF 在以莲座为代表的营养生长和花序为代表的生殖生长的转变过程中起重要作用（刘春玲和林伯年，2001）。

1.4.1.3 碳水化合物与花芽分化

许多研究表明，碳水化合物在果树花芽分化中起重要的作用，对于木本果树，环割、环剥等措施增加花芽形成部位的碳水化合物含量，同时也促进花芽分化。低温和干旱胁迫可以诱导多数的常绿果树成花，在这些诱导成花的过程中，也伴随着树体碳水化合物的积累。Nakajima 等（1993）研究表明，盆栽的幼苗在低温和干旱的胁迫过程中，叶片糖含量增加而淀粉含量减少，花芽的数量则随着水分胁迫时间的延长而增加。陈厚彬等（2004）比较了'糯米糍'、'桂味'、'妃子笑'等 3 个荔枝品种高成花率树与低成花率树可溶性糖和淀粉含量的变化，发现低温来临前各器官淀粉含量差异不大，到花发端之前，3 个品种高成花率树的淀粉含量以小枝（粗度 1cm）为最高，形成从小枝到末端秋梢和叶片的下降梯度，而低成花率树的淀粉含量则未见这种梯度。认为这种淀粉含量分布可能是荔枝枝梢接受成花诱导、反映诱导成花效果的一个标志。

通常认为，糖作为植物呼吸作用的原料以及结构物质和贮藏物质，糖对基因表达和植物生长发育的影响归因于糖代谢和产生能量。近年的研究表明，糖还作为信号物质调控植物的生长发育，参与糖信号转导的物质有钙依赖蛋白激酶（calcium-dependent protein kinase，CDPK）、蛋白磷酸化酶（protein phosphatase，PP）、分裂原激活蛋白激酶（mitogen activated protein kinase，MAPK）、SNF1 相关激酶（SNF1-related PK，SnRK）、SNF1 为蔗糖非发酵的蛋白激酶以及转录因子（Sheen et al，1999）。蔗糖和己糖通过多种信号途径调节大量基因的表达，为植物适应环境条件的变化提供相应机制，并控制重要的生理和发育进程，其中也包括花的发育（谢祝捷等，2002）。

因此，糖除了作为结构和能源物质参与花芽分化的过程外，还作为信号物质调控果树的开花，但关于糖信号在常绿果树花芽分化中的作用的研究有待深入。

1.4.1.4 激素与花芽分化

1.4.1.4.1 细胞分裂素 细胞分裂素（CTK）参与植物的花芽分化，但在不同的植物中的表现不完全相同，多数的研究结果显示细胞分裂素对果树花芽分化有促进作用。李沛文等（1985）比较了荔枝大年树花芽和小年树营养芽的细胞分裂素含量，发现在花芽分化临界期以后细胞分裂素的含量逐渐增加，在花器官分化期达到最高峰，到雌蕊分化期又下降到低于原来的水平；而小年树营养芽细胞分裂素含量保持在一个稳定的低水平。张上隆等（1990）的研究表明，温州蜜柑在花原基出现期，玉米素含量达到高峰值，认为玉米素含量的升高是柑橘花芽形态分化的必要条件之一。黄羌维（1996）比较了'福眼'龙眼的大年树和小年树芽的细胞分裂素，发现大年树在花序主轴原基分化至主轴花序上苞片原基的叶腋间出现侧花序原基的期间，细胞分裂素含量急剧增加，他认为细胞分裂素影响龙眼花芽分化的关键时期是在花序主轴分化期。邱金淡（1999）测定了石硖龙眼花芽分化期间的激素含量变化，发现在生理分化期和花序原基出现的时期，均检测到细胞分裂素的高峰值。由此看来，细胞分裂素对果树的生理分化和形态分化都有不同程度的影响。尽管细胞分裂素对常绿果树花芽分化的作用研究主要是通过测定果树在花芽分化的整个过程的动态变化，或者比较大年树和小年树的芽中的细胞分裂素含量，但在其他植物上的研究，已经深入到分子水平，可以肯定，细胞分裂素作为一种调节物质调控植物的花芽分化。培养基中必须添加一定浓度的细胞分裂素才能诱导外植体的花芽分化（陈永宁等，1989；夏小娣等，1995）。把细胞分裂素合成酶（ipt）基因转入烟草，转基因烟草中脉末端可产生花芽，并且花芽中的细胞分裂素含量高于野生型植株中的芽（Estruch et al，1993）。

1.4.1.4.2 赤霉素 赤霉素（GA）对植物成花的作用比较复杂，既有促进成花作用也有抑制成花的作用。赤霉素可以促进裂叶牵牛、月见草等一二年生植物在非诱导条件下开花；促进需低温植物的抽薹开花；不需低温的各种园艺植物如天南星和朱蕉的开花（傅永福，2000）。赤霉素对常绿木本果树的作用，主要表现为抑制花芽分化（Sedgley，1990）。结果过量的温州蜜柑营养梢叶片内 GA_1、GA_{19}、GA_{20} 的含量在花芽诱导期间呈现高峰（Ogata et al，1996），GAs 可能通过促进营养梢伸长而抑制花芽分化。Koshita 和 Takahara（2004）以温州蜜柑为试材，研究不同程度控水对花芽分化的影响，结果表明，在花诱导期，重度水分胁迫植株其叶片中的 $GA_{1/3}$ 含量远高于中度水分胁迫植株，但成花比中度水分胁迫植株差（图 1-7A），他们认为，叶片中的 $GA_{1/3}$ 含量影响温州蜜柑的花芽分化。利用赤霉素生物合成抑制剂 PP_{333} 处理温州蜜柑，明显促进了植株的成花（Yamashita et al，1997），这也从另一个角度说明了 GAs 对温州蜜柑成花的作用。

梁武元等（1987）分析了荔枝花芽分化过程中的内源 GA 的变化，发现大年树枝梢顶端的 GA 含量比小年树低。柑橘的控水试验表明，控水处理降低了枝条中的 GA 含量，促进花芽分化（邓烈等，1991）。陈杰忠等（2000）以 3 年生盆栽红杧为试材，研究水分胁迫对杧果成花的效应，发现水分胁迫能改变杧果内源激素的水平，减少 GA 的含量，同时植株的营养生长受到抑制，促进成花，控水处理植株的成花率达到 75%，而对照植株成花率只有 6%。

黄羌维（1996）实验也说明了 GA 对龙眼成花的抑制作用。他以九年生福眼品种为试材，在花芽分化前喷布 PP_{333} 和 GA。结果表明，GA 处理明显提高了芽内的 GA 含量，降低了植株的成花枝率；而 GA 生物合成抑制剂 PP_{333} 处理则降低了芽内 GA 含量，显著提高了植株的成花枝率。唐晶等（1995）采用赤霉素于冬季喷洒紫花杧果 2 次，可抑制花芽分化，次年 3 月每株土施 5～10g 多效唑，可诱导杧果花芽形成和开花，使紫花杧果成熟期推迟至 10 月中旬。

GAs 抑制果树花芽分化还决定于特定的类型，多数的赤霉素类型抑制花芽分化，但有研究表明，GA_4 有促进花芽分化的作用（曹尚银等，2003）。对于花芽分化的不同时期，GAs 的作用可能不同。在龙眼上的研究结果表明，在花序原基分化以前，小年树的 $GA_{1/3}$ 含量是同期的大年树的 100 倍（黄羌维，1996），在形态分化期，成化率高的植株 $GA_{1/3}$ 含量比成花率低的植株高（邱金淡，1999）。龙眼在花诱导期间需要相对较低的 $GA_{1/3}$ 水平，而在形态分化期间，需要相对较高的 $GA_{1/3}$ 水平（邱金淡，1999）。

1.4.1.4.3　生长素　生长素（IAA）对果树花芽分化的作用目前还没有一致的看法。Bernier（1988）认为，低浓度的生长素是花芽分化所必需的，但在高浓度下则抑制开花。梁武元等（1987）认为，IAA 含量低有利于荔枝的花芽分化，但 IAA 含量太低也不适合花芽分化。Koshita 和 Takahara（2004）

的控水促花试验结果表明，在花诱导期，重度水分胁迫的温州蜜柑，其叶片中的 IAA 含量与中度水分胁迫植株相当；而在花的分化阶段，重度水分胁迫的植株 IAA 含量低于中度水分胁迫植株，但成花比中度水分胁迫植株差（图 1-7C），认为可能是 IAA 对花的诱导不起作用而对花芽的发育起作用。

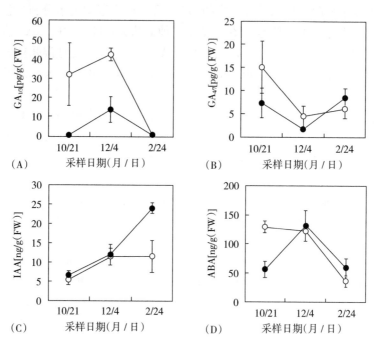

图 1-7　在重度水分胁迫（○）和中等水分胁迫（●）下植株叶片中
GA$_{1/3}$（A）、GA$_{4/7}$（B）、IAA（C）和 ABA（D）的含量
竖线柱表示 SE（$n=3$）
（Koshita & Takahara，2004）

1.4.1.4.4　脱落酸　脱落酸（ABA）一般抑制长日照植物的开花（王隆华，1992），但对常绿果树的开花，一般起促进作用。陈杰忠等（2000）以三年生盆栽红杧为试材，研究水分胁迫对杧果成花的效应，发现水分胁迫显著提高了杧果梢尖内源 ABA 的含量（图 1-8），同时植株的营养生长受到抑制，成花率显著提高，控水处理植株的成花率达到 75%，而对照植株成花率只有 6%。侯学英等（1987）在'糯米糍'荔枝上的研究结果表明，在花芽分化临界期和花序轴分化初期，大年树花芽的脱落酸含量稍有下降，而小年树营养芽的脱落酸含量迅速下降到比花芽低得多的水平，从花序轴分化期至雄蕊、雌蕊分化期，大年树花芽的脱落酸含量则明显高于小年树营养芽的含量（图 1-9），指出内源脱落酸对荔枝花芽分化有促进作用。

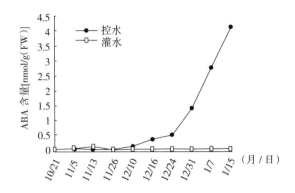

图 1-8　控水和灌水植株梢尖 ABA 含量的变化

（陈杰忠等，2000）

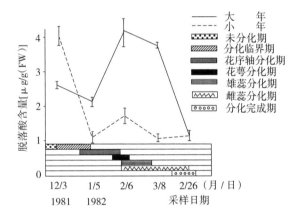

图 1-9　'糯米糍'荔枝花芽分化过程中内源脱落酸的变化动态

（侯学英等，1987）

　　营养生长的停顿或暂时停止是果树花芽分化的基本条件，脱落酸可明显地造成营养生长的停止，引起细胞分裂素在花芽内累积，因此，促进花芽分化（李沛文等，1985；曹尚银等，2003）。

1.4.1.4.5　乙烯　乙烯对果树花芽分化的作用主要表现为促进作用。乙烯可以促进常绿果树杧果的花芽分化，杧果秋冬季应用乙烯发生剂乙烯利可以提高新梢成花比例，在结果大年可使更多侧芽成花芽；乙烯利还可促使自然条件下不开花或低产的树或小年树开花（陈香玲等，2005）。

　　乙烯促进果树花芽分化最为突出的例子是促进菠萝的开花，这是菠萝产期调节技术的基础，生产上已经广泛应用乙烯发生剂乙烯利催花，使菠萝可以随时开花，实现周年供应。菠萝苗使用 100mg/L 乙烯利可使植株的成花率达

80％以上，并使植株提前开花（Singh，1999）。乙烯的抑制剂硝酸银可抑制乙烯对菠萝开花的诱导作用，乙烯生物合成抑制剂（氨基乙氧基乙烯甘氨酸 AVG）可以完全抑制菠萝的开花（傅永福，2000）。

乙烯除了促进果树的花芽分化外，还可促进某些果树的性别分化，乙烯利处理可以明显增加荔枝和龙眼的雌花比例。Kumar（1998）在番木瓜的苗期喷洒乙烯利，在营养生长转入生殖生长阶段再喷一次，结果发现 240～960mg/L 乙烯利处理使 90％的植株开雌花或两性花，所诱导的雌花或两性花都能结果。

1.4.1.5　多胺与果树的花芽分化

多胺（polyamine，PAs）是生物体代谢过程中产生的具有生物活性的低分子量脂肪族含氮碱，多胺广泛地分布在高等植物中。高等植物中含有的多胺主要有 5 种，分别是腐胺、尸胺、亚精胺、精胺、鲱精胺，常见的有精胺（spermine，Spm）、亚精胺（spermidine，Spd）、腐胺（putrescine，Put）等。PAs 能加快植物 DNA 的转录，提高 RNA 聚合酶活性和氨基酸渗入蛋白质的速率，影响核酸代谢，促进蛋白质合成，从而促进生长，延缓衰老；PAs 还能与膜上阴离子基团结合，起稳定膜的作用，当植物处于各种逆境条件下时，细胞内常常积累大量 PAs，提高植物对逆境胁迫的反应（刘顺枝等，2004）。PAs 与乙烯关系密切，Spm 与乙烯竞争同一底物 S_2 腺苷蛋氨酸（SAM），影响乙烯的生物合成（Martin-Tanguy，2001）。

PAs 有促进果树花芽分化的作用，对果树花的诱导及发育都有影响。在果树的生理分化期，外源 PAs 处理可以显著提高木本果树的成花枝率（徐继忠等，1998）。Kushad 等（1990）研究了甜橙花发育过程中内源 PAs 含量的变化，结果表明，在花发育的早期，Put、Spd 合成量显著增加，之后随花的进一步发育而降低，至初花期二者又迅速增加，Spm 的浓度在花发育的前 3

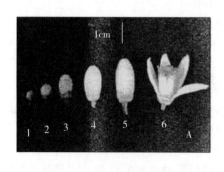
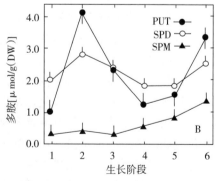

图 1-10　甜橙花发育的 6 个阶段（A）及其花的 PAs 含量变化（B）

（Kushad et al，1990）

个阶段都很低，没有明显变化，到花发育的第 5、第 6 阶段，Spm 的浓度虽然增加的幅度不是太大，但已达到显著水平（图 1 - 10）。在完全发育的花中，80％的 PAs 集中在花的雌蕊中，花瓣和花萼只占 20％，这表明 PAs 含量的变化与柑橘花的发育有关。

1.4.2　影响花芽分化的环境因素

植物开花对环境的适应包括以下几个方面：一是光周期敏感型，这类植物以成熟叶片为感应器，将外界光周期信号传递到生长点，决定是否进行生殖生长或继续保持营养生长状态；二是春化型，这类植物以生长点为感应器，当植物长到一定大小时茎尖感受低温信号，决定以后进行生殖生长；三是营养积累型，这类植物对光周期和低温均不敏感，而是当营养生长到一定时期，便自动进入生殖生长状态（白素兰等，1999）。

1.4.2.1　温度

温度是影响果树分布的主要限制因素，有趣的是，长期适应在冬季温度较低的温带或寒带生长的落叶果树，其花芽分化的类型多数属于夏秋分化型，即果树的花芽分化需要较高的温度，一般认为，6～8 月的高温有利于这些果树的花芽分化。如苹果的花芽分化要求日平均温度达到 20～27℃。如果温度不够高，则这些落叶果树不能进行花芽分化。相反，多数的热带、亚热带常绿果树，需要在较低的温度下进行花芽分化，冬季的低温有利于花芽分化，其花芽分化属于冬春型。

荔枝的花芽分化被认为需要低温的诱导，这种观点来自于对荔枝起源和栽培分布的研究。荔枝起源于中国，分布在热带、亚热带地区，但荔枝栽培的适宜区是在冬季没有霜冻而又有低温的地区，低温可以使荔枝在花芽出现以前进入休眠。在热带地区，冬季温度高，荔枝的营养生长旺盛，如果没有采取栽培措施控制其营养生长，则不能开花结果。在印度南部的热带地区，没有季节性的低温条件，荔枝只能在纬度较高的地区开花结果（Menzel，1983）。

低温诱导荔枝花芽分化的进一步的证据来自控温试验。Menzel 和 Simpson（1988）在控温条件下研究了昼夜温度为 30/25℃、25/20℃、20/15℃和15/10℃等处理对 'Tai So'、'Bengal'、'Souey Tung'、'Kwai May Pink'、'Kwai May Red'、'Salathiel' 和 'Wai Chee' 等 7 个荔枝品种生长和成花的影响，结果表明，昼夜温度为 30/25℃、25/20℃处理的所有植株都不能成花，而 20/15℃和 15/10℃处理的植株可以成花，其中 15/10℃处理的植株完全可以成花。陈厚彬（2002）利用控温室研究 '糯米糍' 荔枝花芽分化对温度的反应，结果表明，15/8℃的低温处理可以使 '糯米糍' 荔枝在非开花季节开花。

Menzel 和 Simpson（1988）认为，低温有两方面的作用，一是诱导荔枝的休眠，二是诱导成花；成花诱导所需要的低温不会高于令枝梢停止生长进入休眠所要求的低温；在一定的温度范围内，温度越低，越有利于荔枝的花芽分化。

荔枝在低温条件下，首先是结果母枝顶芽进入休眠，然后才能进行花芽分化，如果冬季日平均温度在 3～10℃持续一段时间，虽然嫩叶或嫩梢有轻微冻伤，但能促进花芽分化。我国学者对荔枝产区多年的气候条件与开花结果的状况进行分析后认为：冬季日平均气温在 11～14℃有利于花芽分化和花穗形成；日平均气温在 14℃以上，温度越高、时间越长，营养梢小叶生长越迅速，消耗有机养分越多，花穗发育不良；温度 18～19℃以上，可形成带叶花穗；20～25℃时花的原始体消失（邓万刚，2004）。

龙眼花芽分化也需要低温，温度是花芽分化过程的主要驱动变量（邓九生等，1994），在不发生寒害的前提下，温度越低越有利于花芽分化。油梨的花芽分化同样需要低温，每天只要有 1h 的 25℃或 30℃的高温即会抑制油梨的花芽分化（Buttrose et al，1978）。

温度对果树花芽分化的影响，除了表现在温度影响成花诱导的成败，还影响花的质量。在 Menzel 和 Simpon（1988）的控温试验中，20/15℃和 15/10℃处理的各个荔枝品种均可以成花，但低温的程度不同，花穗的质量也不同，低温（15/10℃）增加不带叶花穗的比率（表 1-1），这种不带叶的纯花穗，其花的发育比带叶的花穗好，坐果率也高。油梨和甜橙也有类似的现象，高温容易导致带叶花穗的出现（Moss，1976；Salomon，1984）。

表 1-1　温度对荔枝不同品种成花枝率的影响

（Menzel & Simpson，1988）

品　种	15/10℃			20/15℃		
	营养梢	带叶花穗	不带叶花穗	营养梢	带叶花穗	不带叶花穗
Tai So	0	93.0c	7.0a	50.0	49.8b	0
Bengal	0	70.7bc	29.4ab	49.2	32.0abc	8.6a
Squey Tung	0	39.4ab	60.7bc	58.3	3.2a	28.3ab
Kwai May Pink	0	54.5b	45.6b	20.0	68.7c	8.2a
Kwai May Red	0	7.0a	93.0c	80.0	3.0a	5.3a
Salathiel	0	0	100	16.5	19.5ab	58.1bc
Wai Chee	0	0	100	4.0	13.5ab	80.5c

注：数值为 7 株树的平均值，字母不同表示差异显著（P<0.05）。

1.4.2.2　光照

光是自然界中影响植物生长发育最重要的环境因素之一，光照对果树花芽分化的影响包括光周期、光照强度和光质的影响。根据成花转变对光周期的反应可将植物分为 3 种类型，即长日植物、短日植物和日中性植物。一般认为，果树中除了黑穗醋栗以及柑橘中的少数种类为短日照植物外，其他大多数的果树的花诱导对光周期不敏感，日照长短不影响成花（吴邦良等，1995）。荔枝被认为是日中性植物，其成花诱导对日照长短不敏感（Menzel，1983），但关于荔枝成花与日照长短关系的研究并不多。‘三月红’为早熟品种，在亚热带地区，末次梢必须在 9 月下旬前成熟进入休眠，10 月份已经进入花芽分化阶段，但此时的温度并没有明显的下降，花芽分化期间的温度并不低，但可以成花；如果末次梢成熟的时间晚，枝梢成熟后遇到的温度更低，也不能诱导成花，其中是否还有光周期在调控早熟‘三月红’的成花，有待进一步的研究。可能并非所有的荔枝品种均为日中性植物。关于光周期与常绿果树花芽分化的关系研究甚少，目前还了解不多。

虽然多数的果树对光周期不敏感，但光照强度却对果树的花芽分化有明显的影响。花芽分化期间好的日照条件有利于成花，恶化光照条件的因素都会减弱花芽分化，如树冠过度的荫蔽、遮光等都会减少花芽的数量，甚至不能成花。低光照抑制花芽分化可能与碳水化合物积累减少、碳氮比降低和影响激素平衡有关；强光抑制新梢生长，促进花芽分化（吴邦良等，1995）。另外，光的质量也影响花芽分化，紫外线会抑制生长，钝化 IAA，诱发乙烯产生，促进花芽分化（李嘉瑞等，2000）。

1.4.2.3　水分

在花芽分化的临界期，短期适度控水，有利于抑制新梢的生长、促进光合产物的积累，有利于果树的花芽分化。但水分对果树花芽分化的作用比较复杂，往往与低温掺和在一起，难以区分是低温还是干旱在起作用。对多数的热带、亚热带常绿果树来说，花芽的出现通常是在一段时间的低温和干旱之后，在亚热带地区，冬季的低温伴随着干旱，因此，很难把低温和干旱的作用加以区分。对于某些果树来说，干旱可能是花芽分化的主效因子；对于另一些果树来说，低温可能是主效因子；也有部分的果树，花芽分化对低温和干旱均敏感。在热带地区栽培的杧果，全年最低温度不低于 20℃，旱季的水分胁迫是热带杧果成花诱导的主效因子，而对于一些适宜在亚热带栽培的品种，低温更有利于花芽分化。Southwick 和 Davenport（1986）的试验表明，‘Tahiti’橡檬的花芽分化对低温和干旱均敏感。而 Chaikiattiyos 等（1994）的控温试验结果表明，‘Lisbon’柠檬的花芽分化需要干旱胁迫而不是低温，15/10℃的低温处理并没有使'Lisbon'柠檬成花，而水分胁迫则可以，并且胁迫的程度越深，花的数量也越多，开花也更集中。

生态学的调查和试验研究结果显示，水分胁迫有利于荔枝的花芽分化，秋冬季的干旱有利于花芽分化，花发端（floral initiation）前高的土壤水分适度促进营养生长、抑制开花，而低的土壤水分适度限制营养生长、促进开花（Menzel，1983）。黄辉白和陈厚彬（2003）指出，水分胁迫对于秋梢的停止生长和成熟是必需的，但对于花诱导本身则非所必需，因为尚无证据可证明干旱能够代替荔枝的低温成花诱导，在冬季降雨多的年份仍可以获得很好的花。广东的从化产区，1983年1月份的均温在13℃以下，短时还出现过6℃的低温，尽管1982—1983年冬季是20年来最为潮湿的冬季，整个冬季的降雨量高达500mm，但90%的荔枝（'糯米糍、'淮枝'等）开花繁茂，当年为丰年。

1.4.2.4　无机营养与花芽分化

氮是果树重要的矿质元素，是蛋白质和核酸生物合成的原料，也是激素和非激素调节物质的前体。果树在进行花芽分化时，特别是进入形态分化时，需要进行不断的细胞分裂，并合成特异的不同于营养器官的蛋白质、核酸，同时还需要激素和非激素调节物质来调控花芽分化的各个过程，因此，氮是果树花芽分化不可缺少的物质，氮素营养的缺乏必然会影响花芽的形成。不同形态的氮对果树花芽分化的作用也不同，一般是在氮不足的时候，硝态氮和氨态氮的供应可能都有利于花芽分化，但如果氮素相对充足时，则氨态氮更有利于花芽分化。氨态氮有利于花芽分化可能与多胺有关，氨态氮促进多胺的前体精氨酸的合成，而精氨酸又促进多胺的生物合成，因而有利于成花（曾骧，1992）。

磷是蛋白质和核酸的主要成分，也是构成生物膜的重要组分——磷脂的主要成分之一，还是高能化合物ATP的主要成分之一，这些物质都是花芽分化的形态建成所不可缺少的物质。因此，磷对果树花芽分化起重要的作用，生产上认为在果树进入生殖生长前，应多施磷肥以利于花芽分化。

钙是果树生长发育过程中必需的元素，钙的缺乏必然会影响果树的花芽分化。另外，钙影响果树花芽分化另一重要途径是作为植物的第二信使，与钙调素（CaM）协同作用，在花芽形成和分化过程中起重要作用。各种与成花诱导有关的环境信号如低温、干旱胁迫、光周期的改变以及植物内在的因素如激素等的改变所引起的反应，在多数的反应中钙都参与了其中的信号转导过程。钙作为第二信使与钙调素协同作用，参与成花有关的信号转导过程，外界和植物体内部的变化会使胞质溶质中的钙离子浓度发生变化。细胞溶质中的钙有两种可能的来源，一是胞外Ca^{2+}通过钙离子通道的开启进入胞内，二是胞内钙库（如内质网、液泡等）向细胞溶质释放出Ca^{2+}。CaM是钙结合蛋白，是分子结构高度保守的蛋白，当钙与 CaM 结合后引起下游的一系列反应，从而调控植物的成花过程。梨成花短枝中芽的 Ca^{2+} 含量在花芽发端之前有一个积累高峰，以后随着花芽分化的进行而逐渐减少，在花芽分化的前期用钙的螯合剂 EGTA 处理植株，会抑制中、长枝成花（彭抒昂等，1998a，1998b）。钙离子专一性螯合剂 EGTA 处理也延缓或抑制了草莓的成花；此外，钙调素拮抗剂 TEP 处理草莓，同样抑制了草莓在自然条件下的成花（罗充等，2001）。在其他作物上的离体培养结果表明，培养基中 Ca^{2+} 浓度对一些植物的花芽分化有影响，无钙时这些植物不能进行花芽分化，钙浓度过高也会抑制花芽分化（孔海燕，2003）。

1.5　果树的性别分化与控制

获得高质量的果实是果树栽培最终的目的，果树能否进行花芽分化是获得产量的基础，但花芽分化的质量会影响以后的开花坐果，进而影响到果树的产量，其中的雌雄花比例是花芽分化质量的衡量标准之一，只有具有发育正常的雌蕊的花才能结果，在生产上，通常希望提高这类花的比例以获得高产。因此，了解果树性别分化、调控花的性别具有重要的现实意义。

1.5.1　果树性别类型

果树花的结构一般包括花萼、花瓣、雄蕊和雌蕊 4 个部分，由于不同种类的果树花的着生情况和花器官的组成不同，使得果树表现出多种多样的性别特征。就常绿果树来说，有些果树的花结构比较特殊，如荔枝的花没有花瓣，而同属于无患子科的龙眼则有花瓣；多数的常绿果树雌雄同株，也有些果树雌雄异株，如杨梅；有些果树的花性和株性很复杂，如番木瓜的花有雌花（female flowers）、雄花（male flowers）和两性花（intersexual flowers），在两性花当中又有长圆形两性花、雌型两性花、雄型两性花，而株性则有雌株（female plant）、雄株（male plant）和两性株（hermaphroditic plant），这些不同类型的花所结的果实也有很大的差别，甚至严重影响到果实的品质。

概括起来，果树单花的性别类型有：雌花，花中只有雌蕊，没有雄蕊或雄蕊发育不完全；雄花，花中只有雄蕊，没有雌蕊或雌蕊发育不完全；两性花（雌雄同花），在同一花中具有发育完全的雄蕊和雌蕊两种性器官。

植株个体的性别类型有：雌株，植株上只着生雌花；雄株，植株上只着生雄花；两性株，植株上仅着生两性花；雌雄异株，植株上既着生雌花，又着生雄花；雌花、两性花同株，植株上既着生两性花，又着生雌花；雄花、两性花同株，植株上既着生两性花，又着生雄花；雌花、雄花、两性花同株（杂性株），植株上既着生两性花，又着生雌花和雄花。

1.5.2　性别分化的程序

单性花的性别决定是由性器官原基的选择性诱导或败育引起的。在发育的初始阶段，两种性器官原基都会出现，即单性花发育的初期先经过一个两性花时期，但其维持的时间在不同植物中有所不同。由于性决定基因的作用，其中一种原基在特定的阶段发育停滞，使这一生殖器官败育而丧失功能，这种停滞在不同植物种类中往往在形态发生的不同阶段发生，而另一性器官则正常发育至性成熟，形成特定性别的花（寿森炎等，2000）。荔枝的花有雌花、雄花、两性花，其性别分化也经过一个两性花时期。吕柳新和陈景渌（1990）观察到荔枝单花开始分化时，都具有雄蕊和雌蕊原基，直至性母细胞减数分裂期，两性器官的分化仍正常同步进行，其雌、雄蕊的特化和性别歧异，是在通过减数分裂之后才开始发生的。林晓东和吴定尧（1999）提出了荔枝不同类型花歧化发育的假设模式：胚珠在孢子母细胞时败育，严重萎缩，导致雄花的形成；若胚珠在功能大孢子出现前后败育，则在胚珠形成椭圆的、内含皱折的空腔，决定雄能花的形成；若胚珠能通过2核胚囊期，则建成雌蕊结构完整的雌能花。

1.5.3　影响果树性别分化的因素

果树的性别分化过程复杂，受到多种内外因素的影响，在这些因素的共同作用使控制性别分化的基因按照时间和空间顺序表达。

1.5.3.1　激素与果树的性别分化

关于激素与果树性别分化的关系，通过研究外源激素处理对果树性别分化的影响，以及比较分析不同性器官内源激素的水平，结果都显示激素在果树性别分化调控中起主要的作用，但调控的机理仍没有完全清楚。Yin 和 Quinn（1992）提出激素调控性别分化机理的假说，认为在细胞内存在雌性和雄性感受器，当一种性别被抑制，另一种性别便被诱导，两种感受器不同的敏感水平和激素浓度范围相互作用共同调节性别表达（寿森炎等，2000）。

肖华山等（2003）分析了荔枝花性别决定中雄蕊和雌蕊内源激素含量的动态变化，结果表明，雌蕊的发育与较高浓度的 IAA 和 iPAs（异戊烯基腺苷，细胞分裂素类）相关，GA 和玉米素（ZRs）在较低浓度时有利于性器官发育，而较高浓度则抑制了对应性器官发育；在败育的雄蕊或雌蕊中都含有较高浓度的 ABA；但从激素平衡的角度分析，促进生长物质与抑制生长物质的比值相对高时，即雄蕊的 ABA 浓度相对较低，雄蕊发育正常；当该比值相对较低时，即雌蕊的 ABA 浓度相对较高，雌蕊发育正常。

外源激素处理可以改变果树的性别，番木瓜用乙烯发生剂乙烯利处理能诱导雌花的产生（Kumar，1998），乙烯可以明显增加荔枝和龙眼的雌花比例，在花芽分化期用乙烯利处理荔枝，处理的花穗中大部分以 7 朵为一小穗单位的中间一朵雄花变成雌花，说明乙烯利有抑制雄蕊的发育、促进雌蕊发育的作用，提高雌花的比例。

激素对果树性别分化的影响比较复杂，在不同的植物上应用可能会有相反的效果。乙烯促进雌花的分化在多种果树上都获得较好的效果，但雷新涛等（2001）在板栗上的研究表明，乙烯利处理后显著促进雄花的分化，提高了雄花的比例；而 GA$_3$ 处理后明显促进雌花的分化，增加了雌花的比例。GA 在板栗上是促进雌花的分化，而在黄瓜上则是促进雄花的分化。

1.5.3.2　多胺与果树的性别分化

多胺与果树的性别分化有密切的关系，在不同的花器官中，多胺的组成和含量水平不同。在完全发育的柑橘花中，80% 的 PAs 集中在花的雌蕊中，花瓣和花萼只占 20%（Kushad 等，1990）。不同的果树在性别分化及其发育过程中所需要的多胺种类和数量是不同的，总体来说，多胺更有利于雌花的发育。喷施 Put 和 Spd 能显著增加核桃雌花数量，提高雌雄比（徐继忠等，2004）。

1.5.3.3　树体营养与性别分化

果树树体的营养水平影响性别的分化。荔枝环割或环剥后，促进了地上部的养分积累，同时提高雌花的比例。肖华山等（2002）比较了'东刘 1 号'荔枝可育的雌蕊和'元红'荔枝败育的雌蕊在不同的发育阶段其有机碳和氮的含量，结果表明两者的有机碳没有差异，但可育雌蕊的氮含量一直大于败育的雌蕊，到大孢子成熟时，两者之间的氮含量相差 2.3 倍。认为雌蕊在发育过程中需要较高的氮素营养，即 C/N 比值低有利于雌蕊的发育。

表 1 - 2　雌蕊在不同发育时期碳氮化合物质量百分率的动态变化

（肖华山等，2002）

发育时期	C			N			C/N		
	F	A	F/A	F	A	F/A	F	A	F/A
I	49.3	50.1	0.98	3.89	2.91	1.34	13.0	17.2	0.76
II	48.9	49.7	0.98	3.43	2.32	1.48	14.3	21.4	0.67
III	49.9	49.9	1.00	3.17	1.63	1.94	15.7	30.6	0.51
IV	42.1	46.9	0.90	3.03	1.33	2.28	13.9	35.2	0.39

注：F 为可育 Fertility，A 为败育 Abortion；F/A 为可育/败育 Fertility/Abortion。

1.5.3.4　环境条件与性别分化

环境条件尤其是温度和湿度影响果树的性别分化。荔枝在不同的年份，由于气候条件的不同，雌雄花的比例有很大的差别。有些年份花穗小，雌花比例高，坐果率也高；有些年份花穗大，但雄花的比例高，坐果率很低。这种大的花穗除了由于雌花数量少导致坐果少外，大量的雄花开放会消耗大量的养分，导致坐果率低，甚至不能坐果。有关环境条件与常绿果树性别分化的研究并不多。

Menzel 和 Simpson（1991）在控温条件下研究了在刚出现花序原基后把荔枝置于不同的温度处理，这些温度处理包括：昼夜温度为 30/25℃、25/20℃、20/15℃ 和 15/10℃，处理的荔枝品种有：'Tai So'、'Bengal'、'Souey Tung'、'Kwai May Pink' 和 'Wai Chee'。结果表明，花序原基出现后，温度越高，雌花的比例越低（表 1-3）。此外，花序原基出现后，水分胁迫会减少雌花的比例。根据研究结果，他们提出如果冬季每天的最高温度超过 25℃ 的地区，最好不要栽种荔枝；当花序原基出现后，应进行充分的灌溉以防止水分胁迫的出现。

表 1-3　温度对荔枝不同品种雌花和雄花数量以及雌雄比的影响

（Menzel et al，1991）

品种	每穗雌花数				每穗总花数				雌花（%）			
	15/10℃	20/15℃	25/20℃	30/25℃	15/10℃	20/15℃	25/20℃	30/25℃	15/10℃	20/15℃	25/20℃	30/25℃
Tai So	36a	57	35	26	45a	108ab	117	207b	74.2a	50.5bc	30.9	11.4
Bengal	87a	83	NF	NF	96a	127b	NF	NF	98.2b	60.0c	NF	NF
Squey Tung	247b	32	NF	NF	383b	44a	NF	NF	59.4a	55.4b	NF	NF
Kwai May Pink	44a	51	57	23	72a	205c	176	103a	64.2a	23.7a	28.1	22.8
Wai Chee	79a	71	48	21	116a	148bc	97	111a	65.2a	47.5b	78.4	18.7

注：NF 代表没有花，数值为 7 株树的平均值。字母不同表示差异显著（$P < 0.05$）。

1.5.3.5　性别分化的遗传控制

1.5.3.5.1　性别分化的遗传基础
植物性别分化本质上由植物的基因所决定。对于雌雄异株的植物，不同的性别体现了植物体中遗传物质的差异。而对于雌雄同株异花植物，在同一株植物上产生不同性别的花，性别分化比较复杂，控制性别的基因应该包含了控制单性花时空表达的基因。总体来看，植物性别决定的遗传控制可以分为性染色体控制和性别决定基因控制两种类型。

在一些雌雄异株植物中，性别决定的遗传基础与动物很相似，可以从细胞学上鉴别出性染色体，其性别由性染色体决定，这种决定性别的方式属于性染色体控制类型。植物的性染色体控制类型又包含两类系统，即活性 Y 染色体作用系统和雌性染色体与常染色体平衡系统。

番木瓜的性别决定属于活性 Y 染色体作用系统。属于活性 Y 染色体作用系统的植物，通常雄性具有异配型性染色体（XY），雌性具有同配型性染色体（XX），由 Y 染色体在性别决定中起主导作用，而 X 染色体是雌雄性个体都需要的。

具有雌性染色体与常染色体平衡系统决定性别的植物，其性别的决定由 X 染色体和常染色体的比值来决定，当 X 染色体与常染色体的比值高时是雌性，当 X 染色体与常染色体的比值低时是雄性，当介于两者之间时表现为雌雄同株。

植物性别决定的遗传控制除了性染色体控制类型外，还有性别决定基因控制类型。性别决定基因控制类型的植物不具有性染色体，它由单个或多个基因位点决定性别。

1.5.3.5.2　性别分化与基因表达　由于果树是多年生大型植物，多数果树，特别是木本果树的离体培养困难，关于果树性别分化与基因表达的研究远远落后于拟南芥和金鱼草等植物，但性别分化与基因表达的关系具有普遍性，因此，我们可以借鉴这些植物上的研究成果。

植物的性别分化就是性决定基因在诱导信号等作用下，发生去阻遏作用，使特异基因选择性地表达，从而实现性别分化程序表达的过程。同源异型基因是使分生组织不正常发育，产生异位的器官或组织的基因，它们在植物的两性花发育中起重要的作用，控制着花的发育和性别的分化。

在两性花发育的早期，茎尖花分生组织分成 4 个同心圆的花轮，不同的轮发育成不同类型的花器官。第一轮为花萼，第二轮为花瓣，第三轮为雄蕊，第四轮为雌蕊或心皮，其中第三和第四轮为性器官，由不同组合的同源异型基因在分生组织中的表达控制每一轮器官的类型。

Coen 和 Meyerowitz（1991）提出了花器官发育的 ABC 模型，认为 A 功能基因在花萼和花瓣中起作用，B 功能基因在花瓣和雄蕊中起作用，C 功能基因在雄蕊和雌蕊中起作用；A 和 C 功能基因相互抑制，由 A 功能基因单独作用控制花萼的发育，A 和 B 功能基因共同调控花瓣的发育，B 和 C 功能基因共同调控雄蕊的发育，C 功能基因单独调控雌蕊的发育。根据这一模型，3 种功能的基因对植物性器官的产生都起作用，花器官原基是产生花萼和花瓣，还是产生性器官雌蕊和雄蕊，主要是由 A 和 C 功能基因是否表达来决定；而花原基细胞是发育成为雄蕊还是雌蕊，则与 B 功能基因的表达与否决定（赵德刚，2000）。

在拟南芥中，在外两轮的花萼和花瓣中表达的基因有 MADS box 基因（具有 MADS box 序列的基因）AP1 和不含 MADS box 的基因 LFY 和 AP2；在花瓣和雄蕊中特异表达的基因有 MADS box 的基因 AP3 和 PI，当这两个基因的任意一个发生突变，会导致雄蕊变成雌蕊，花瓣变成花萼；MADS box 基因 AG 在花的内两轮即雄蕊和雌蕊中表达，决定性器官的发生，当该基因发生突变时，导致在雄蕊着生的位置长出花瓣，在雌蕊着生的位置长出花萼。在金鱼草中，DEF 和 GLO 分别与拟南芥的 AP3 和 PI 同源，在花瓣和雄蕊中表达；PLE 与拟南芥的 AG 同源，在性器官中表达；与拟南芥 LFY 同源的基因 FLO 和与拟南芥 AP1 同源的基因 SQUA 在花萼和花瓣中表达（赵德刚，2000）。

控制雌蕊和雄蕊形成的基因与植物的性别决定有密切的关系。拟南芥的 AP3、PI 和金鱼草的 DEF 具有 B 功能，基因突变会导致雄蕊变成雌蕊，花瓣变成花萼；而拟南芥的 AG 和金鱼草的 PLE 具有 C 功能，它们的突变使花变成具有无育性的两轮花萼和两轮花瓣的结构。

1.5.4 果树雌雄配子的形成

多数的常绿果树的雌雄配子的发育时间与落叶果树不同，多数的落叶果树在休眠之前只分化到雌蕊原基，在萌发前的 4 周左右才进行雄配子和雌配子的分化。而柑橘、荔枝、龙眼等常绿果树的雌雄配子随着花芽的萌发逐渐分化成熟。李金珠（1987）观察了荔枝雌配子发育的过程：当雄蕊的花药内呈造孢细胞分化时，子房中的胚珠原基突起；胚珠原基进一步分化，在胚珠表皮下第三层细胞内，有一个细胞膨大成为孢原细胞；孢原细胞进行平周分裂，向外形成周缘细胞，向内形成造孢细胞；造孢细胞迅速发育称为大孢子母细胞，而周缘细胞则进一步分裂增加珠心组织，使大孢子母细胞包藏在发达的珠心组织中；大孢子母细胞经过减数分裂形成 4 个大孢子，其中珠孔端的 3 个大孢子解体，而合点端的孢子发育成为功能大孢子；功能大孢子进行 3 次有丝分裂形成 8 核胚囊。果树雄配子体的发育过程为（李嘉瑞等，2000）：花药内的孢原组织中，壁细胞的中间层和绒毡层形成 4 个花粉囊；花粉囊内的造孢细胞形成花粉母细胞，每一个花粉母细胞经过减数分裂形成 4 个花粉粒；花粉形成后继续分裂成一个营养核和一个生殖核；当花粉在柱头上萌发，营养核和生殖核进入花粉管内，生殖核进行细胞分裂，成为 2 个精细胞。

1.6 果树的成花决定与成花逆转

1.6.1 成花决定与成花逆转

果树经过一段时间的营养生长后能够感应外界信号的刺激，产生成花刺激物，这些物质被输送到生长点使之发生一系列的诱导反应，之后生长点上的分生组织进入一个相对稳定的状态，这种状态成为成花决定态（floral determination state）。即果树在完成成花诱导后具备分化花芽能力但还没有开始分化花芽时所处的阶段，此时一旦外界条件适宜，果树就可以开始花的发育。但是，植物的发育途径不是一成不变的，往往受到环境条件的影响，甚至可以发生逆转，完整植株的成花决定态相对比离体组织的稳定（傅永福等，1997）。处于成花决定态的果树，如果此时遇到不利于花或花序发育的环境条件，果树仍可以由生殖生长逆转为营养生长，这种现象称为成花逆转（flowering reversion）。成花逆转包括3种类型（Battey et al，1990）：一是花逆转，花分生组织回复到营养分生组织，形成上部带叶、下部带花器官的特殊结构，即所谓多育花（proliferous flower）或逆转花（reverted flower）（傅永福，2000）；二为花序逆转（inflorescence reversion），花序轴上分生组织不再形成花芽，而是形成带叶的营养枝；三为部分开花（partial reversion），开花植株上长出营养芽，重新恢复营养生长。多种南方果树存在成花逆转现象，如龙眼和荔枝。龙眼的花序顶端有一个梢的雏形，称为梢状芽，为圆锥状混合花序（吕柳新等，1995）。这种圆锥状混合花序可能在成花逆转中扮演着较重要的角色。通常，花穗抽出后，穗轴上的幼叶也会逐渐展开转绿，但在花穗发育过程中自行脱落，从而使花序成为不带叶的花序。而在将发生成花逆转的情况下，穗轴上的幼叶并不脱落，致使花穗成为以叶片为主的新梢。由于所冲出来的梢基部及周围为叶，而顶部（或称中心部）为花，因此，四川龙眼产区称之为叶包花（图1-11，B）。但实际上，还存在花包叶（图1-11，A）的现象，即花序的

A.花包叶　　　　　　　　　　B.叶包花

图1-11　'石硖'龙眼梢状芽及"冲梢"

（邱金淡等，2001）

顶部冲梢，而基部成为正常的花枝轴（林顺权等，2001）。由此看来，龙眼的成花逆转现象比较复杂，可以归入部分开花，也可以归入花序逆转，部分开花或花序逆转是"冲梢"的程度不同造成的（林顺权等，2001）。

荔枝同样也存在成花逆转的现象，梢尖顶芽和雏形叶的叶腋出现"白点（whitish millet）"（图1-2）是花芽诱导成功的标志，"白点"实质上是身披白色绒毛的萌动芽体（陈厚彬，2002），"白点"出现以后如遇到高温高湿环境，雏形叶会展开，花序原基的进一步发育受阻，芽向营养梢的方向发育（俗称"冲梢"现象），这实际上也是一种成花逆转现象。

1.6.2　引起成花逆转的原因

1.6.2.1　环境条件

植物在长期的进化过程中对环境适应的同时又对环境产生了依赖性，外界环境的变化可导致植物体产生相应的变化。植物的发育途径也不是一成不变的，往往受环境条件的影响而改变，甚至可以逆转（傅永福等，1997）。逆转在不同种类的植物中由不同的因素引起，有的则由多个因素引起。例如，将长日照条件下开花的植物转入短日照条件下，就会发生逆转。荔枝在白点（花序原基）显现后，如果遇到不适宜的环境条件，

图1-12　荔枝发育中的侧花序原基和即将脱落的小叶（箭头所指）

如高的环境温度和高的相对湿度，则花序原基退化，其花序原基下的小叶成长成为营养叶，相反，遇到适宜的环境条件，则花序原基继续分化出侧花序原基，侧花序原基进而再分化出花，而同时花序原基下的小叶脱落（图1-12）。有研究表明，"白点"出现后的发育状态受到之前的低温诱导的充分程度以及随后的温度影响。低温诱导越充分（冷凉低温够低，时间够长），转入高温后越能形成纯花序（Menzel et al，1995；陈厚彬，2002）。若低温诱导不充分，"白点"形成后受高温影响易发生"冲梢"和带叶的弱花序。龙眼的成花逆转受到温度、湿度和光照的影响，在华南地区，龙眼比荔枝更容易出现成花逆转的现象。龙眼出现"红点"（萌动的芽体，花序原基）的时间比荔枝出现"白点"的时间迟，此时气温回升，常常会遇到高温、高湿的天气，"红点"下的小叶迅速展开，发生"冲梢"现象。据观察，持续4～6d高于18℃以上气温，在湿度大的情况下就会诱发龙眼的"冲梢"（柯冠武等，1998）。适度的雨量有

利于花芽分化，由于秋旱影响夏延秋梢和采后秋梢的萌发和成熟，所以会间接影响龙眼的花芽分化（林顺权等，2001）；陈海清和陈秀发（1992）认为，3月份若日照时数长则促进 GA_3 合成而抑制 ABA 的产生，GA_3 利于营养生长而不利于生殖生长，因而容易造成"冲梢"，根据调查的结果，他们认为只要3～4月光照时间小于115～138h，且5月份光照大于125～113h，则龙眼丰年，否则将导致小年。

成花逆转是植物对环境条件的一种应答，一般来说，引起逆转的环境因素与诱导条件相反（白素兰等，2000）。Mangalathus 和 Lang（1993）利用外植体研究花芽分化时指出，有利于花芽形成的培养条件也有利于成花决定态的稳定，不利于成花决定态的条件会削弱成花决定态的稳定性并阻止花芽的分化。

1.6.2.2　植株的激素和营养水平

激素的平衡影响成花逆转，在培养基中，较高细胞分裂素水平和较低的生长素水平有利于花芽分化；相反，较低细胞分裂素水平和较高的生长素水平有利于营养芽的形成（傅永福，2000）。

植株在进行花芽分化前如果有足够的养分贮备，则有利于花芽分化，也减少成花逆转的发生。龙眼的花芽是从上一年生长的夏梢和夏延秋梢中形成，龙眼结果母枝在花芽分化前营养积累的情况与花芽分化密切相关，分化前累积的蛋白质氮和全氮量与当年产量呈极显著正相关，镁含量也与当年产量呈显著或极显著相关；由于营养不足而使枝梢未能成熟而进行分化将导致成花逆转，但施用氮肥过多也会产生较严重的成花逆转现象（林顺权等，2001）。

1.6.2.3　完成成花决定的程度

成花决定态是可以被某一组织的一些细胞获得，而不需整个组织中所有细胞同时获得的状态。植物成花诱导越充分，完成成花决定的程度越深，发生逆转的机会越低。荔枝花芽是在成熟的秋梢上发生，如果枝梢成熟时间恰当，在不发生冬梢的情况下，枝梢成熟的时间越早，感受低温或干旱的时间越长，诱导越充分，则发生逆转的几率越低，容易形成纯花序。而晚秋梢或冬梢上抽出的花序，诱导不充分，容易形成质量差的带叶花序，甚至逆转为营养梢。当然，晚秋梢或冬梢上抽出的花序容易发生逆转还与其他因素有关，如养分积累差、枝梢质量差等。

1.6.2.4　成花逆转相关基因

有研究发现在花蕾脱落区中内切-$1,4$-β-葡聚糖酶（EGases）的积累与花蕾脱落的比例成正相关，且 EGases 是在花蕾脱落的后期起作用，它可能参与细胞分离过程（Gonzalez-Bosch et al，1997）。曾志等（2009）研究发现EGases 基因在龙眼成花逆转花芽中表达增强，认为龙眼成花逆转过程中许多逆转花芽的脱落可能与 EGases 的大量表达有关。

NeK 激酶家族（NIMA related protein kinases）与中心体及细胞周期密切相关，在有丝分裂中参与 G2/M 期的关键点的调控，促进中心体成熟并影响染色体的凝集和纺锤体形成（Yang et al，2006）。曾志等（2009）研究发现 Nek 激酶家族酶基因在龙眼成花逆转时期表达量减弱，认为成花逆转很可能与 Nek 激酶家族酶的表达量下降有关，Nek 激酶的异常可能干扰了花芽有丝分裂的正常进行，影响到染色体的凝集和纺锤体的形成，从而影响了龙眼的正常生殖生长。

几丁质酶（chitinase CHI1）与植物营养生长密切相关，导入外源几丁质酶基因的植株营养生长更加迅速（Patilvr et al，1994）。曾志等（2009）研究发现几丁质酶基因在龙眼成花逆转时期表达增强，认为其可能参与促进龙眼营养生长的调控，从而影响到龙眼的生殖生长。

1.6.3　成花逆转的调控

1.6.3.1　培养适时健壮的结果母枝

荔枝和龙眼都是常绿果树中容易发生成花逆转的植物，经过多年的观察和实践，生产上已经掌握了减少成花逆转的技术。使花穗适时早抽生可以预防荔枝"冲梢"的发生，这就需要培养适时的秋梢结果母枝，田间的观察结果表明，在不发生冬梢的情况下，早抽生的结果母枝上容易形成纯花穗。另外荔枝花芽的形态建成比叶芽需要更丰富的能源、能量以及结构物质，所以秋梢结果母枝充实壮健，养分积累多，有利于花芽分化，减少"冲梢"的发生。黄德健和符兆欢（2003）根据多年观察研究，提出钦州市各种荔枝品种的秋梢结果母枝抽生和成熟的适宜时间：早熟的'三月红'在 8 月底抽出，10月上旬前成熟；中熟的'黑叶'荔枝等应在 9 月中旬抽出，11 月中旬前成熟；迟熟'禾荔'、'灵山香荔'等在 10 月上旬抽出，12 月中旬前成熟。通过有效控制抽梢期和结果母枝成熟期，使植株在冬末春初适时抽出花穗，使花穗能够在较长时间的低温下发育，可有效预防"冲梢"的发生，形成不带叶的纯花穗。

1.6.3.2　成花逆转的化学调控

利用生长调节剂调控果树的成花逆转可以从两方面着手：一是在花芽分化的诱导期，利用生长延缓剂控制植株的营养生长，减少营养的消耗，促进花芽分化；二是在芽体萌动、抽出花原基或花序原基的时候，利用生长延缓剂抑制叶片的继续发育，使花原基或花序原基继续发育成为花或花穗。唐志鹏等（2006）用 1 000mg/L 多效唑和 800mg/L 乙烯利在 11 月中旬处理六年生的鸡嘴荔，10d 后再处理一次，显著提高了植株的成花率。在花穗发生"冲梢"初期，喷洒 250～300mg/L 乙烯利（相隔 5～6d，连喷两次），可抑制红叶生长和顶芽伸长，对缓解龙眼花穗"冲梢"均有一定效果（柯冠武等，1998）。

1.6.3.3　成花逆转的物理调控

环剥、环割、断根等物理调控技术可以控制植株的营养生长，有利于养分的积累，花芽质量好，可以减少成花逆转的发生。唐志鹏等（2005）研究了冬季主干环割处理对鸡嘴荔成花率的影响，试验结果表明：冬季主干环割能有效地控制冬梢的抽生，促进花芽分化，提高末级枝条成花率。另外，就荔枝来说，环剥、环割、断根等处理一般会推迟"白点"显现的时间，这可能是间接增加了荔枝接受诱导的时间，在诱导充分的情况下，成花逆转发生的几率可能因此而降低。另外，在花穗发生"冲梢"初期，摘除花穗上未展叶的小叶，也能有效控制荔枝和龙眼的"冲梢"（柯冠武等，1998；陈杰忠等，2002）。

1.6.3.4　加强树体营养

果树花芽形成与树体的营养状况有密切的关系，树体养分储备充足，有利于花芽分化。龙眼花芽的形成与前一年的营养状况有密切关系，这需要采取积极有效的综合农业技术措施，包括：各种元素肥料配合使用，一般以氮和钾的配比在 1∶0.42 以上较优；在保证开花结果的同时，还可以抽发一定数量的秋梢作为翌年较好的结果母枝；对一些营养过旺的树体来说，采用断根以控制肥水过量供应，从而迫使树体停止生长，消除和抑制冬梢生长，可以保证枝梢有丰富的营养以供花芽分化；环割也能促进龙眼营养积累，达到控梢促花的效果（林顺权等，2001）。

1.7　大小年结果与花芽分化

1.7.1　果树大小年结果的含义

在果树生产中，常可见到产量大幅度波动的现象，即在某一年中产量很高，而在下一年中产量很低，甚至完全没有产量，这种现象周而复始，循环发生，带有一定的节奏性，这种周期性的结实现象称为大小年结果（alternate bearing）。产量高的年份称为大年（on year），产量低的年份称为小年（off year）。一般来说，果树产量的波动在每一年都有发生，一般的产量波动并不是大小年，这种波动的幅度至少达到一定的标准才是大小年。陆秋农等认为，连续两年产量的变化幅度在 20% 以上才能称为大小年结果。大小年结果的现象很普遍，常绿果树中的杧果、油梨、枇杷、荔枝、龙眼、柑橘和杨梅都有大小年结果现象（表 1-4）。

表 1-4 具有大小年结果现象的常绿果树

（Monselise et al，1982；吴邦良等，1995）

科	种 名	资料来源
漆树科	杧果 *Mangifera indica*	Sign，1971
樟 科	油梨 *Persea Americana*	Chandler，1950
木樨科	油橄榄 *Olea europaea*	Morettini，1950
蔷薇科	枇杷 *Eriobotrya japonica*	章恢志，1957
无患子科	荔枝 *Lichi chinesis*	Chandler，1950
	龙眼 *Euphoria longana*	陈文训，1963
芸香科	甜橙 *Citrus sinensis*	West & Barnard，1935
	宽皮柑橘 *Citrus reticulata*	Jones et al，1975
	温州蜜柑 *Citrus unshiu*	田中等，1962
杨梅科	杨梅 *Myrica rubra*	李三玉，1987

1.7.2 果树大小年结果的原因

1.7.2.1 大小年结果的遗传控制

不同的树种之间，大小年结果特征有很大的差异。落叶果树的苹果、梨、柿、长山核桃、板栗以及常绿果树的柑橘、枇杷容易出现大小年结果现象，而樱桃、桃、枣、猕猴桃以及一些灌木果树基本上不表现大小年结果习性；大小年结果习性在同一树种不同品种之间的差异也很明显，荔枝中的'糯米糍'和'桂味'等品种大小年结果现象明显，而'淮枝'和'黑叶'等品种则表现比较稳产，大小年结果习性不如前者明显。显然，这种不同种类之间大小年结果习性的差异是由遗传组成上的不同所造成的，大小年结实可能是多次结实的木本植物所固有的一种自然本性，它受遗传性所控制，已发现在苹果和小苹果的杂种后代中以及梨属不同种间杂种后代中出现大小年结果习性复杂的分离现象，也即这种现象是可以遗传的（吴邦良等，1995）。

1.7.2.2 砧木对大小年结果的影响

砧木对果树的生长势以及进入开花结果的时间都有影响，一般情况下，嫁接到矮化砧木上的果树往往表现为生长势变弱，提早开花结果，而嫁接在乔化砧上的果树生长势变强，开花结果时间延迟。同样，不同的砧木对果树能否稳定成花以及稳定结果都有影响。有研究显示，嫁接在矮化砧木上的果树往往会加重大小年结果的发生（Jonkers，1979）。在地中海地区，酸橘砧被认为是引起宽皮柑橘大小年结果习性加重的原因之一（Monselise et al，1982）。

1.7.2.3　过度结果对大小年结果的影响

对于多数的落叶果树和少数的常绿果树来说，其花芽分化属于夏秋型，果树花芽分化是在夏秋季进行，而此时也是果实发育期，果实的存在抑制了花芽分化，这是引起大小年结果的主要原因之一。原因是果实可以产生抑制花芽分化的 GA_3，同时果实还与芽竞争碳水化合物，减少芽内碳水化合物的积累，因而果实的存在抑制了花芽分化。果实对成花的影响，种子在其中起了重要的作用。Prang 等（1997）首先研究了不同类型的赤霉素对苹果成花的影响，发现 GA_3 会明显抑制成花，而 GA_4 对成花没有影响。他们进一步分析了不同发育时期的果实从果柄中输出的赤霉素，发现有籽的'金冠'、'明星'和'乔纳金'苹果种子大量输出 GA_3，这些植株的成花枝率低，而无籽的'斯宾塞'苹果主要输出 GA_4，植株成花枝率高。

对于多数的常绿果树来说，花芽分化属于冬春型，果树花芽分化是在冬春季进行，此时除柑橘等少数果树外，多数的果树已经采收，种子似乎对花芽分化已经没有影响。但是，Stutte 和 Martin（1986）在油橄榄上的研究表明，即使在花后 2 周把粗度为 2～3cm 的枝条上的果实全部疏除，也不能促进成花；如果用针把胚乳刺穿，把种子杀死而保留果实，则可以促进成花。Lavee（1989）指出，油橄榄大小年结果很明显，必须尽早疏果才能克服大小年结果。Whiley 等（1996）在油梨上的研究结果也表明，延迟采收会抑制成花，加重大小年结果的发生。Lavee（1989）认为，大年结果的油橄榄，如果推迟疏果，即使在花芽分化前的 6 个多月已经把果实疏除，仍然会抑制花芽分化，因为幼果种胚形成的激素，可以作为一种信号输送到叶片，使叶片的代谢发生改变，叶片因此而产生抑制花芽分化的物质，这些物质产生的速率与种胚输出的信号强度以及环境条件有关，叶片通过贮存信号从而起到抑制成花的作用。这些信号引起叶片代谢改变所产生的化合物，可能是酚类和黄酮类化合物，它们可以抑制花芽分化。Lavee 和 Avidan（1994）比较了油橄榄大年和小年结果树叶片氯源酸水平，发现大年结果树的氯原酸含量高于小年树，认为树体较高的氯原酸含量会促进营养生长、抑制花芽分化。

过度结果除了在果树中输出抑制成花的信号外，养分的过度消耗也是引起小年的原因之一。在大年里，果实发育需要消耗大量的养分，使树体的养分过度消耗，导致树体过渡衰弱，缺乏花芽分化所需的养分，不能成花或成花少。

1.7.2.4　不良的成花气候条件对大小年结果的影响

多数的常绿果树，花芽分化属于冬春型，需要一定的低温条件才能进行花芽分化，特别是在诱导期，低温不足会减少成花或者形成的花质量差，因而坐果率也低。我国的荔枝产区大小年结果现象严重，而荔枝成花的主效因子是低温，秋冬季的低温不足是引起大小年结果的主要气象因素之一，低温出现的时间过迟，强度不够强或低温持续的时间不够长等都会影响荔枝的成花。在我国的华南地区，冬春季低温不足引起冬春型果树成花困难，但是，极端的低温也不利于果树的成花。1999 年 12 月 22～27 日，华南广泛地区遭受特大寒潮袭击，导致荔枝、龙眼和杧果等果树不能成花，甚至死亡。朱建华等（2004）在广西扶绥县渠黎华侨林场龙眼园的调查结果表明，受害重的植株，全株枯死或枝干枯死至第一、二级分枝甚至主干；受冻较轻的植株大部分在恢复生长 1 年后于 2001 年进入开花结果，而受冻较重枯死至主干或第一、二级分枝的植株则难于成花。周碧燕等（2002）利用人工气候室对处于花芽分化期间的盆栽糯米糍荔枝进行低温处理，发现经过极端低温处理后的植株产生伤害，叶片相对电导率增加，成花率下降。

1.7.2.5 树体的营养水平对大小年结果的影响

树体的营养水平与大小年结果有密切的关系，衡量树体营养水平的指标包括树体碳水化合物、氮素营养以及矿质营养的水平。在大年结果树中，果实发育消耗大量的养分，使树体的养分过度消耗，这是导致第二年小年结果的主要原因之一。

罗孝政（2000）分析了龙眼大年和小年结果之后树体的碳水化合物水平，发现大年结果之后的植株，在冬季碳水化合物特别是淀粉的积累水平明显低于小年结果之后的植株。Fernández - Escobar 等（1999）分析了油橄榄大年结果之后的树体矿物质营养水平，发现大年结果之后，树体的 N、P、K、Mg 水平都明显降低。周俊辉（2004）比较了本地早宽皮柑橘大年结果和小年结果之后的树体无机营养，结果表明，大年结果之后的树体营养水平与小年结果之后树体相比，蛋白氮和全氮含量，无机磷、有机磷和全磷含量，K、Mg 及 Fe、Mn、Cu、B 等的含量都处于较低的水平。由此可见，经过大年结果之后，树体营养大量消耗，使花芽分化前的树体养分严重不足，导致次年花量减少，甚至不能成花。

1.7.3 防止果树大小年结果的成花调控技术

果树大小年结果在一定程度上受遗传控制，但这并不意味着大小年结果就不可避免。随着果树栽培技术的不断进步，果树大小年结果现象已经部分得到控制。如通过选育大小年结果习性相对不明显的品种；利用先进的栽培管理技术，特别是应用生长调节剂对果树的营养生长和生殖生长进行有效的调控；有效防御自然灾害（包括病虫害和不良的气候条件），以减少自然灾害对大小年结果造成的影响。控制果树大小年结果的途径有多种，其中包括了对成花的调控和对果实发育的调控，这里主要阐述通过成花调控来控制果树大小年结果的途径。

1.7.3.1 减少大年结果树花芽形成的数量

减少大年结果树花芽形成的数量，减少结果量，可以使果树合理负载，减少养分的过度消耗，可以增加第二年的花芽形成数量，使每年都可以相对较稳定成花，从而减轻大小年结果的发生。要控制花芽形成的数量，可以在花芽形成之后，也即肉眼可见到花芽出现之后，疏除过多的花芽；也可以在花芽分化的生理分化期，利用适当的抑制成花技术，直接控制花芽形成的数量。前者可操作性较强，后者难度较大，但后者的意义更大，它更能有效减少养分的不必要消耗。

赤霉素能抑制多数常绿果树的花芽分化，9年生福眼龙眼在花芽分化前喷布 GA，降低了植株的成花枝率（黄羌维，1996）。利用 GA 控制成花，在多数常绿果树上都有很好的效果，但要控制成花的数量，则难度很大，因为不同的果树个体之间的差异、不同的气候条件等都会影响 GA 的药效，因此，这种 GA 控制成花量的技术在生产上的应用仍难有成效。但在澳大利亚，利用 GA_3 抑制柑橘成花来控制大小年结果已经可以在生产上应用。伏令夏橙在秋季喷施 $50mg/L\ GA_3$，可以避免过度成花，使预期的大年结果树获得中等的成花量，因而也获得合理的产量，从而减少大小年结果（Monselise et al，1982）。

1.7.3.2 增加小年结果树花芽形成的数量

在大年结果之后，采取促进花芽分化的措施，增加小年结果树花芽形成数量，可以减轻大小年结果。赤霉素能抑制多数常绿果树的花芽分化，利用赤霉素生物合成的抑制剂如多效唑、烯效唑等生长延缓剂，可以有效抑制 GA 生物合成，促进花芽分化。童昌华等（1989）研究表明，在花芽生理分化期前喷施多效唑，能极显著地促进成花，其中温州蜜柑类的适宜浓度为 700mg/L，椪柑为 1 000mg/L。丁舜之（2001）在大年温州蜜柑采果后 10 d 左右，喷施多效唑，也明显促进花芽分化，增加花芽的数量。其他的生长延缓剂矮壮素（CCC）、比久（B_9）对甜橙和宽皮柑橘等也有明显的促进成花效果。

除了利用生长调节剂处理促进花芽的形成外，也可以利用某些化学药剂处理促进果树的成花，增加小年结果树花芽形成的数量，氯酸钾是目前发现的促进龙眼成花最有效的化学药剂。氯酸根与硝酸根的分子结构相似，是硝酸还原酶的竞争抑制剂，可抑制硝酸的还原过程，阻断硝态氮的利用，提高 C/N 比值（黄旭明等，2004）。利用氯酸钾处理，无论是土施还是叶面喷施，都可以取代龙眼成花诱导所需的低温和干旱条件，使龙眼几乎可以在任何季节开花（Manochai 等，2005）。这种催花技术已应用于龙眼的反季节生产，也可以促进正造龙眼的成花，如果是在小年树上处理，可以增加小年龙眼树的成花数量，在一定程度上减轻龙眼的大小年结果的发生。Manochai 等（2005）研究了不同气候条件、不同浓度处理以及不同枝梢成熟时间对氯酸钾处理效果的影响，结果表明，叶龄在 40～45d 处理效果较好；土壤淋施的药剂用量为 4～8g/m²；叶面喷施的浓度为 1 000～2 000mg/L，以温度低的季节处理效果为好。

另外，适度的环剥、环割、刻伤等措施可以暂时增加果树地上部的碳水化合物储备，促进花芽分化，增加小年结果树的成花量。

1.7.3.3 合理负载

在大年里树体的过度负载是导致次年小年结果的主要原因之一，过度结果使树体的养分大量消耗，导致树体过度衰弱。另外，对于花芽分化与果实发育在同一植株中同时进行的果树，果实中的种子会输出抑制成花的信号，即使在采收以后才进行花芽分化，果实中输出的信号仍然会对以后花芽分化造成影响。因此，减少大年结果树的结果量，使树体合理负载，减少养分的消耗，减少成花抑制信号的输出，是减少大小年结果的有效途径，也是生产上一贯使用的方法。合理负载主要通过疏花疏果来实现，而且越早进行越有利于成花。在油橄榄上的研究表明，越早疏果越有利于成花，如果推迟疏果，即使在花芽分化前的 6 个多月已经把果实疏除，仍然会抑制花芽分化（Lavee，1989）。当然，疏花疏果，应该要兼顾到坐果率和最终的保留量，对于坐果率低、生理落果严重的果树种类或品种，不宜过早疏花疏果。

合理负载，也即确定适当的留果量，通常以叶果比为衡量的标准。不同果树种类或不同的品种间，叶果比是不同的，果树的负载量应根据其叶果比来确定，如甜橙为 50～60∶1（李隆华等，2002），椪柑为 80～100∶1，胡柚为 60～70∶1，脐橙为 70～90∶1，温州蜜柑为 25～35∶1，枇杷为 10～15∶1（黄福山等，2003）。

疏花疏果可以采用人工的方法，也可以采用某些生长调节剂或某些药剂处理，常用的药剂有乙烯利、萘乙酸、二硝基化合物类等。El - Zeftawi（1976）用 250mg/L 乙烯利喷施 'Imperial' 宽皮柑橘，有良好的疏果效果，并减少大小年结果。采用人工的方法疏花疏果容易掌握分寸，是一种安全可靠的方法，但费时、费工。化学疏花疏果不容易掌握尺度，需要掌握好药剂的使用浓度，并注意不同的树体状况、不同的气候条件对药效的影响，因此，在生产上的应用受到一定的限制。

1.7.3.4 适时采收

多数的常绿果树如荔枝和龙眼的多数品种，果实成熟后就应采收，否则果实品质下降，风味变劣。但也有某些果树种类或品种如柑橘，果实成熟后仍可以留在树上相当长一段时间，而品质的下降不明显或较缓慢，生产上称这些种类或品种具有耐树藏的特性，这种方式称为留树保鲜。留树保鲜可以延长收获期、提高果园效益，但这对果树的花芽分化是很不利的，特别是在大年，延迟采收不利于树体恢复生长、抑制花芽分化，加剧大小年结果的发生。因此，适时采收对减少大小年结果是很有必要的，对于某些种类或品种，如果提早采收对果实品质的影响不是很大，在大年结果年份还应提早采收。

1.7.3.5　加强果园的管理

加强果园水分和养分管理，合理灌溉和施肥，及时修剪等都有利于增加树体的养分储备，减轻大年结果引起的养分过度消耗，有利于增加次年的花量，减少大小年结果的发生。

1.8　开花

1.8.1　开花日期

果树开花日期与其花芽分化的特点和时期有关。对于一年只分化一次的冬春型果树，如多数的柑橘种类或品种、荔枝、龙眼、黄皮等果树，花芽分化经历了秋冬的低温，当花的各个器官发育完成后，已经是到了气温回升的春季，只要温度足够高，即可开花。果树种类、品种和气候条件的不同会影响开花的时间和花期的长短。在亚热带地区栽培的柑橘，一般在春季开花，如华南地区的甜橙一般在 3 月上旬开始开花，花期 30～40d，盛花期 10～15d。荔枝主要在春季开花，但品种不同开花的时间有较大的差别。在广州地区，早熟的'三月红'、'水东'等品种在 11 月即抽生花穗，在 2 月上旬已开始开花；而中迟熟品种如'糯米糍'、'淮枝'等一般要到 1 月中下旬才开始抽生花穗，3 月中下旬开花。橄榄的开花较迟，一般 5 月中下旬开始开花，6 月中下旬终花。

对于多次分化型的果树如杨桃、番石榴等，一年可以进行多次花芽分化，因此一年可以多次开花，开花的时间不固定，但也有相对集中的时期。在广州地区，杨桃一年中有 4 次相对集中的开花期，分别是 5 月下旬至 6 月上旬、7 月中下旬、9 月下旬、11 月上旬。番荔枝一年中的大部分时间可进行花芽分化，在广州地区，5 月上旬开花最多，之后一直到秋季都会断断续续开花（彭松兴，2003）。

随时分化型果树如香蕉、菠萝等，开花时间主要决定于植株的生长状况，当植株达到一定的营养面积后，在一年当中的任何时间均可进行花芽分化，一旦花各部分器官的发育完成后即可开花。当香蕉假茎上的叶片达到一定数目时，也即达到一定的营养面积时便可开花，因此，如果温度高、养分和水分充足可以使香蕉提早开花。

1.8.2 开花的特点

不同种类、品种的果树开花特点不同。柑橘正常发育的花是完全花，但通常雄蕊先成熟。荔枝雌雄同株同穗，异花异熟，同一花穗雌、雄花开放的高峰期不相遇，依其开放过程可分为三类（李建国，2003）：一是单性异熟型：在整个花期中，雌雄蕊不同时成熟，故雌、雄花不同时开放，雄花（雌花）开后，间歇二至数天，雌花（雄花）才开放。这种开花特性对授粉不利，如'黑叶'、'糯米糍'等品种。二是单次同熟型：在整个花期中，虽雌、雄蕊成熟各有先后，但雌、雄花仍有几天同时开放。如'淮枝'、'白腊'等品种。三是多次同熟型：在整个花期中，雌、雄花同时开放在一次以上，如'三月红'、'桂味'等品种。一般情况下，多数荔枝品种先开雄花，接着开雌花，最后再开雄花。番石榴的花为完全花，且绝大多数发育良好，雄蕊多数，花多数在早晨开放，花期约 10d。橄榄花序上的花是自下而上逐步开放，雄花和两性花多 3 朵并生成一小穗，中间 1 朵先开，旁边 2 朵后开，或当中央的 1 朵花将开放时，两旁的花多逐渐凋萎而不能开放；雌花多单生，3 朵并生的较少（潘东明，2003）。香蕉为无限佛焰花序，苞片与着生花的节相间排列，小花通常双列着生，每节有小花 12～20 枚，花序基部 5～15 节为雌花，首先开放，中部着生的中性花随后开放，顶部为雄花最后开放，由于花序轴不断伸长生长，雄花可连续开放至采收（陈厚彬，2003）。

（周碧燕，华南农业大学园艺学院；李娟，
仲恺农业工程学院园艺园林学院）

参 考 文 献

白素兰，孙敬三.1999.光温外界信号、植株状态与成花决定 [J]. 植物学通报，16（4）：381-386.

白素兰，谢中稳，刘永胜，等.2000.植物的成花逆转 [J]. 植物生理学通讯，36（3）：252-257.

曹尚银，张秋明，吴顺.2003.果树花芽分化机理研究进展 [J]. 果树学报，20（6）：345-350.

陈海清，陈秀发.1992.龙眼产量与气候之关系 [J]. 福建果树（3）：39-40，56.

陈厚彬，黄辉白，刘宗莉.2004.荔枝树成花与碳水化合物器官分布的关系研究 [J]. 园艺学报，31（1）：1-6.

陈厚彬.2002. 荔枝成花诱导和花分化及其温度关系研究 [D]. 广州：华南农业大学博士论文.

陈杰忠，赵红业，叶自行.2000. 水分胁迫对杧果成花效应及内源激素变化的影响 [J]. 热带作物学报，21（2）：75-78.

陈杰忠.2003. 果树栽培学各论 [M].3 版. 北京：中国农业出版社.

陈杰忠.2003. 果树栽培学各论 [M]. 北京：高等教育出版社.

陈杰忠.2003. 果树栽培学各论：南方本 [M]. 北京：中国农业出版社.

陈香玲，卢美英.2005. 乙烯利在植物成花方面的应用及研究进展 [J]. 广西农业科学，36（2）：110-112.

陈永宁，李文安.1989. 薄层细胞培养在花芽分化研究中的应用 [J]. 细胞生物学杂志，11（2）：64-69.

邓九生，钟思强.1994. 龙眼荔枝生产系统计算机模拟模型结构分析 [J]. 广西热作科技（4）：34-36.

邓烈，李学柱，何绍兰.1991. 柑橘花芽分化与内源激素及淀粉酶活性的关系 [J]. 西南农业大学学报，13（1）：87-91.

邓万刚，张黎明，唐树梅.2004. 环境因子对荔枝花芽分化的影响研究进展 [J]. 华南农业大学学报，10（1）：17-21.

丁舜之.2001. 中熟温州蜜柑大年如何成花 [J]. 柑橘与亚热带果树信息，17（11）：24-25.

傅永福，孟繁静.1997. 植物成花转变过程的基因调控 [J]. 植物生理学通讯，33（5）：393-400.

侯学英，梁立峰，季作梁，等.1987. 荔枝花芽分化期内源脱落酸的含量动态 [J]. 园艺学报，14（1）：12-16.

黄德健，符兆欢.2003. 钦州市荔枝"冲梢"原因分析及预防措施 [J]. 广西农业科学（4）：28-29.

黄福山，袁卫明，俞文生.2003. 枇杷大棚栽培疏花疏果技术 [J]. 江西园艺（6）：10.

黄辉白，陈厚彬.2003. 以阶段观剖视荔枝的花芽分化 [J]. 果树学报，20（6）：487-492.

黄辉白.2003. 热带亚热带果树栽培学 [M]. 北京：高等教育出版社.

黄羌维.1996. 植物生长调节剂对龙眼内源激素及花芽分化的影响 [J]. 云南植物研究，18（2）：145-150.

黄旭明，陆洁梅，王惠聪.2004. 氯酸盐在龙眼生产上的运用和研究现状 [J]. 中国南方果树，33（3）：29-30.

柯冠武，唐自法，刘荣芳.1998. 福建龙眼低产原因及解决途径 [J]. 中国南方果树，27（1）：25-26.

孔海燕，贾桂霞，温跃戈.2003. 钙在植物花发育过程中的作用 [J]. 植物学通报，20（2）：168-177.

雷新涛，夏仁学，李国怀，等．2001. GA₃ 和 CEPA 喷布对板栗花性别分化和生理特性的影响 [J]. 果树学报，18（4）：221-223.

李怀福，胡小三．2005. 山金柑实生苗童期的研究 [J]. 特产研究（1）：23-25，39.

李金珠．1987. 荔枝大孢子发生和雌配子体发育的研究 [J]. 热带作物学报，8（2）：55-59.

李隆华，黄治远，李骏，等．2002. 桔橙 7 号叶果比试验初报 [J]. 西南园艺，30（2）：23.

李沛文，季作梁，梁立峰，等．1985. 荔枝大小年树营养芽及花芽分化与细胞分裂素的关系 [J]. 华南农业大学学报，6（3）：1-8.

李平，陈伟光，温华良，等．2004. 番石榴成花习性的调查 [J]. 园艺学报，31（1）：76-77.

李三玉，季作梁．2002. 植物生长调节剂在果树上的应用 [M]. 北京：化学工业出版社．

梁武元．梁立峰，季作梁，等．1987. 荔枝花芽分化过程中内源赤霉素和吲哚乙酸含量动态 [J]. 园艺学报，14（3）：145-151.

林顺权，胡又厘．2001. 龙眼的成花逆转与"冲梢"调控 [J]. 植物生理学通讯，37（6）：581-583.

林晓东，吴定尧．1999. 胚珠发育与荔枝花型的关系 [J]. 园艺学报，26（6）：397-399.

刘春玲，林伯年．2001. 成花基因研究进展 [J]. 果树学报，18（6）：352-357.

刘顺枝，王泽槐，李建国，等．2004 多胺在果树开花坐果中的作用 [J]. 广州大学学报，3（3）：210-214.

吕柳新，陈景渌．1990. 荔枝雌雄性器官发育的相互消长 [J]. 中国果树（1）：9-12.

吕柳新，林顺权．1995. 果树生殖学导论 [M]. 北京：中国农业出版社．

罗充，彭抒昂，马湘涛．2001. Ca²⁺-CaM 信号转导系统与草莓花芽分化 [J]. 西南园艺，29（1）：3-5.

罗孝政．2000. 龙眼大小年结果机理的研究 [D]. 广州：华南农业大学硕士学位论文．

马月萍，戴思兰．2003. 植物花芽分化机理研究进展 [J]. 分子植物育种（4）：539-545.

孟繁静．2000. 植物花发育的分子生物学 [M]. 北京：中国农业出版社．

彭抒昂，罗充，李国怀．1998. 钙在梨成花中的动态及作用研究 [J]. 华中农业大学学报，a，17（3）：267-270.

彭抒昂，罗充，章文才．1998. CaM 在梨花芽分化过程中的含量变化 [J]. 园艺学报，b，25：220-223.

彭松兴．1993. 阿蒂莫耶番荔枝侧芽萌发与着花研究 [J]. 华南农业大学学报，14（2）：99-110.

邱金淡．1999. 龙眼花芽分化及调控的研究 [D]. 广州：华南农业大学硕士学位论文．

寿森炎，汪俏梅．2000. 高等植物性别分化研究进展 [J]. 植物学通报，17（6）：528-535.

唐晶，李现昌，杜德平，等．1995. 紫花忙花期调控试验 [J]. 果树科学，12（增刊）：82-84.

唐志鹏，蒋晔，甘霖，等．2006. 乙烯利和多效唑对鸡嘴荔内源激素和花芽分化的影响[J].

湖南农业大学学报，32（2）：136-140.

唐志鹏，潘介春，陆贵锋.2005.环割对鸡嘴荔成花及坐果影响的研究［J］.广西农业生物科学，24（2）：127-129.

童昌华，李三玉，1990.PP$_{333}$对温州蜜柑控梢保果效应的研究［J］.中国柑桔，2（19）：22-24.

吴邦良，夏春森，赵宗方，等.1995.果树开花结实生理和调控技术［M］.上海：上海科学技术出版社.

吴光林，张光伦，黄寿波.1994.果树生态学［M］.北京：中国农业出版社.

郗荣庭.2000.果树栽培学总论［M］.3版.北京：中国农业出版社.

夏小娣，陆文梁.1995.外源激素对诱导风信子同一花被外植体不同部位细胞分化花芽的影响［J］.植物生理学报，21（3）：8-14.

肖华山，吕柳新，陈志彤.2003.荔枝花发育过程中雌雄蕊内源激素的动态变化［J］.应用与环境生物学报，9（1）：11-15.

肖华山，吕柳新，肖祥希.2002.荔枝花雄蕊和雌蕊发育过程中碳氮化合物的动态变化［J］.应用与环境生物学报，8（1）：26-30.

谢祝捷，姜东，戴廷波，等.2002.植物的糖信号及其对碳氮代谢基因的调控［J］.植物生理学通讯，38（4）：399-405.

徐继忠，陈海江，李晓东，等.2004.外源多胺对核桃花芽分化及叶片内源多胺含量的影响［J］.园艺学报，34（4）：437-440.

徐继忠，陈海江，邵建柱.1998.外源多胺促进红富士苹果花芽形成的效应［J］.果树科学，15（1）：10-12.

余叔文.1992.植物生理与分子生物学［M］.北京：科学出版社.

曾骧.1992.果树生理学［M］.北京：北京农业大学出版社.

曾志，王平，梁文裕，等.2009.龙眼成花逆转相关基因表达的cDNA-AFLP分析［J］.农业生物技术学报，17（6）：1050-1055.

张上隆，阮勇凌，储可铭.1990.温州蜜柑花芽分化期内源玉米素和赤霉酸的变化［J］.园艺学报，17（4）：270-274.

张新忠，束怀瑞.2004.植物童性及调控的研究进展（综述）［J］.河北科技师范学院学报，18（2）：23-28.

周碧燕，李宇彬，陈杰忠，等.2002.低温胁迫和喷施ABA对荔枝内源激素和成花的影响［J］.园艺学报，29（6）：577-578.

周俊辉.2004.宽皮柑橘大小年结果树矿质营养的变化［J］.西南农业大学学报，26（5）：616-619.

朱建华，黄世安，彭宏祥，等.2004.龙眼冻害程度与恢复生长、成花关系调查［J］.广西热带农业，（6）：20-21.

BATTEY N H，LYNDON R F.1990.Reversion of flowering［J］.Botanical Review，56（1）：162-189.

BERNIER G. 1998. The control of floral evocation, morphogenesis [J]. Annual Review Plant Physiology and Plant Molecular Biology, 39: 105 - 119.

BUTTROSE M S, ALEXANDER D, MC E. 1978. Promotion of floral initiation in 'Fuerte' avocado by low temperature and short day - length [J]. Scientia Horticulturae, 8: 213 -7.

CHAIKIATTIYOS S, MENZEL C M, RASMUSSEN S T. 1994. Floral induction in tropical fruit tees: Effects of temperature and water supply [J]. Journal of Horticultural Science, 69: 397 - 415.

COEN E S, MEYEROWITZ E M. 1991. The war of the whorls: genetic interaction controlling flower development [J]. Nature, 353: 31 - 37.

EL - ZEFTAWI B M. 1976. Effects of ethephon and 2, 4, 5 - T on fruit size, rind pigments and alternate bearing of 'Imperial' mandarin. Scientia Horticulturae, 5: 315 - 320.

ESTRUCH J J, GRANNELL A, HANSEN G, et al. 1993. Floral development and expression of floral homeotic genes are influenced by cytokinins [J]. Plant Journal, 4: 378 -384.

FERNÁNDEZ - ESCOBAR R, MORENO R, GARCÍA - CREUS M. 1999. Seasonal changes of mineral nutrients in olive leaves during the alternate - bearing cycle [J]. Scientia Horticulturae, 82: 25 - 45.

GONZALEZ - BOSCH C, DEL C E, BENNETT A B. 1997. Immumodetection and characterization of tomato endo - [beta] - 1, 4 - glu - canase cell protein in flower abscission zones [J]. Plant Physiology, 114: 1541 - 1546.

JONKERS H. 1979. Biennial bearing in apple and pear: a literature survey [J]. Scientia Horticulturae, 11: 303 - 317.

KOSHITA Y, TAKAHARA T. 2004. Effect of water stress on flower - bud formation and plant hormone content of satsuma mandarin (*Citrus unshiu* Marc.) [J]. Scientia Horticulturae, 99: 301 - 307.

KUMAR A. 1998. Feminization of androecious papaya leading to fruit set by Ethrel and chloroflurenol [J]. Acta Horticulture, 463: 251 - 259.

KUSHAD M M, ORVOS A R , YELENOWSKY G. 1990. Relative changes in polyamines during citrus flower development [J]. Hortscience, 25: 946 - 948.

LAVEE S, AVIDAN N. 1994. Protein content and composition of leaves and shoot bark in relation to alternate bearing of olive trees [J]. Acta Horticulture, 356: 143 - 151.

LAVEE S. 1989. Involvement of plant growth regulators and endogenous growth substances in the control of alternate bearing [J]. Acta Horticulture, 293: 311 - 322.

LEANDRO P, MARTIN T M, JUARAZ G, et al. 2001. Constitutive expression of Arabidopsis *LEAFY* or *APETA*, genes in citrus reduced their generation time [J]. Bio. Nature, 19 (3): 263 - 267.

LOPEZ P S. 2000. CONSTANS mediates between the circadian clock and the control of flowering in *Arabidopsis* [J]. Nature, 410: 1116 - 1120.

MANGLATHUS S R，LANG A. 1993. Flower formation in explant of photoperiodic and Nicotiana biotypes and its bearing on the regulation of flower formation [J]. PNAS，90：4636 -4642.

MANOCHAI P，SRUAMSIRI P，WIRIYA - ALONGKORN W，et al. 2005. Year around off season flower induction in longan (*Dimocarpus longan*，Lour.) trees by KClO₃ applications：potentials and problems [J]. Scientia Horticulturae，104：379 - 390.

MARTIN - TANGUY J. 2001. Metabolism and function of polyamines in plants：recent development (new approaches) [J]. Plant Growth Regulation，34：135 - 148.

MENZEL C M，SIMPSON D R. 1991. A description of lychee cultivars [J]. Fruit Varieties Journal，45 (1)：45 - 56.

MENZEL C M，SIMPSON D R. 1995. Temperatures above 20℃ reduce flowering in lychee (*Litchi chinensis* Sonn.) [J]. Journal of Horticultural Science，70：981 - 987.

MENZEL C M，SIMPSON D X. 1988. Effect of temperature on growth and flowering of litchi (*Litchi chinensis* Sonn.) cultivars [J]. Journal of Horticultural Science，63：349 - 360.

MENZEL C M. 1983. The control of floral initiation in lychee：a review [J]. Scientia Horticulturae，21：201 - 215.

MONSELISE S P，GOLDSCHMIDT E E. 1982. Alternate bearing in fruit trees [J]. Horticultural Reviews，4：174 - 203.

MOSS G I. 1976. Temperature effects on flower initiation in sweet orange (*Citrus sinensis*) [J]. Australian Journal of Agricultural Research，27：399 - 407.

NAKAJIMA Y，SUSANTO S，HASEGAWA K. 1993. Influence of water stress in autumn on flower I nduction and fruiting in young pomelo trees [*Citrus grandis* (L.) Osbeck] [J]. Journal of the Japanese Society for Horticultural Science，62：15 - 20.

OGATA T，HASUKAWA H，SHIOZAKI. 1996. Seasonal changes in endogenous gibberellin contents Sasuma Mandarin during flower differentiation and the influence of palcobutrazol on Gibberellin Synthesis [J]. Journal of the Japanese Society for Horticultural Science，65：245 - 255.

ONOUCHI H. 2000. Mutagenesis of plants over - express CONSTANS demonstrates novel interactions among *Arabidopsis* flowering - time genes [J]. Plant cell，12：885 - 900.

PARCY F，NILSSON O，BUSH M A，et al. 1998. A genetic framework for floral patterning [J]. Nature，395：561 - 566.

PATILVR H，WIDHOLM J M. 1994. Possible correlation between increased vigour and chitinase activity expression in tobacco [J]. Crop Science，34 (4)：1070 - 1073.

PRANG L，STEPHON M，SCHNEIDER G，et al. 1997. Gibberellin signals origination from apple fruit and their possible involvement in flower induction [J]. Acta Horticulture，463：235 - 241.

PUTTERILL J. 1995. The CONSTANS gene of *Arabidopsis* promotes flowering and encodes a protein showing similarities to zinc finger transcription factors [J]. Cell, 80: 821 - 824.

SACHS R M. 1977. Nutrient diversion: a hypothesis to explain the chemical control of flowering [J]. Hortscience, 12: 220 - 219.

SALOMON E. 1984. Phenology of flowering in citrus and avocado and its significance [J]. Acta Horticulture, 149: 53.

SAMACH A. 2000. Distinct roles of CONSTANS target genes in reproductive development of *Arabidopsis* [J]. Science, 288: 1613 - 1616.

SEDGLEY M. 1990. Flowering of deciduous perennial fruit crops [J]. Horticultural Reviews, 12: 223 - 264.

SHEEN J, ZHOU L, JANG J C. 1999. Sugars as signaling molecules [J]. Current Opinion in Plant Biology, 2: 410 - 418.

SINGH D B, SINGH V. 1999. Flowering and fruiting in Kew pineapple as affected by plant growth regulators [J]. Indian Journal of Horticulture, 56 (3): 224 - 229.

SOUTHWICK S M, DAVENPORT T L. 1986. Characterization of water stress and low temperature effects on flower induction in *Citrus* [J]. Plant Physiology, 81: 26 - 29.

SPIEGEL - ROY P, GOLDSCHMIDT. 1996. Biology of citrus [M]. Cambridge: Cambridge University Press.

STUTTE G W, MARTIN G C. 1986. Effect of killing the seed on return bloom of olive [J]. Scientia Horticulturae, 29: 107 - 113.

WAREING P F, FRYDMAN V M. 1976. General aspects of phase change with special reference to *Hedera helix* L. Acta Horticulture, 56: 57 - 68.

WHILEY A W, RASMUSSEN T S, SARANAH J B, et al. 1996. Delayed harvest effects on yield, fruit size and starch cycling in avocado (*Persea americana* Mill.) in subtropical environments. I. the early - maturing cv. Fuerte [J]. Scientia Horticulturae, 66: 23 -34.

YAMASHITA K, KITAZONO K, IWASAKI S. 1997. Flower bud differentiation of Satsuma mandarin as promoted by soil - drenching treatment with IAA, BA or paclobutrazol solution [J]. Journal of the Japanese Society for Horticultural Science, 66: 67 - 76.

YANG X, NIU Y. 2006. Regulation of Nek kinase family to centrosome and its correlation with tumorigenesis [J]. Journal of International Pathology and Clinical Medicine, 26 (5): 376 - 378.

YIN T, QUINN J A. 1992. A mechanistic model of one hormone regulating both sexes in flowering plants [J]. Bulletin of the Torrey Botanical Club, 119: 431 - 441.

第2章　　授粉受精与坐果

　　果树动用大量的资源进行开花过程（flowering）是要完成其生殖生长，产生种子，繁衍后代。营养丰富的肉质果实是果树生殖生长的附属产品，是为传播其种子的动物提供的"犒赏"，是人类从事果树生产的目标产品。开花过程的核心内容是雌雄配子的结合，即授粉受精过程，这是种子产生的前提，也往往是坐果的前提。

　　果树授粉受精可能发生于同一朵花内，也可能发生在同一树上的不同花间，还可能在不同树的花之间。这很大程度上取决于果树花的结构和性别类型。

2.1　果树花的结构与性别类型

2.1.1　花器结构

　　花由各种花器构成，一般包括花梗（pedicle）、花托（receptacle）、萼片（sepal）、花瓣（petal）、蜜腺（nectory）及雄蕊（stamen）和雌蕊（pistil）构成（图2-1）。但并不是所有果树的花均拥有上述器官，如荔枝花多无花瓣，其单性花则缺少雌蕊或雄蕊。

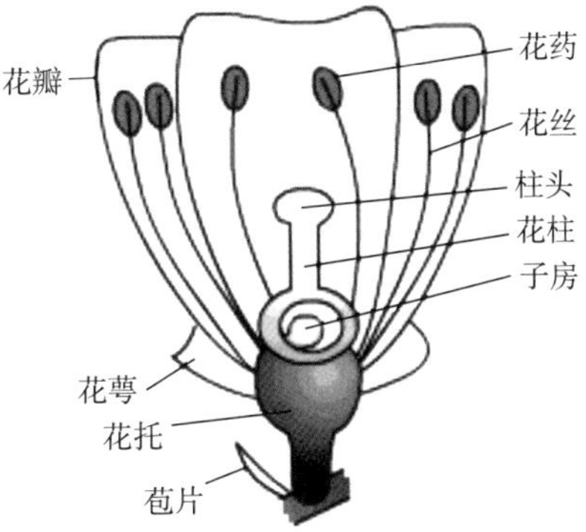

　　雄蕊由花药（anther）和花丝

图2-1　花结构示意图

（filament）组成。花药内含有花粉囊（pollen sac），是花粉发育的场所。雌蕊由心皮（carpel）构成，包括柱头（stigma）、花柱（style）以及子房（ovary）。心皮是叶片的变态，由大孢子叶（megasporophyll）形成。雌蕊可能由不止1个心皮组成，根据其数目，有一心皮雌蕊、二心皮雌蕊和多心皮雌蕊。一心皮雌蕊的心皮两边相互衔接"围"成子房；二心皮或多心皮时，各心皮边缘相互愈合形成子房，愈合的部位往往形成缝合线。一心皮雌蕊的果树包括大部分核果，如杧果和油梨；油橄榄和葡萄为二心皮雌蕊；香蕉为三心皮雌蕊；

柑橘有更多的心皮构成雌蕊。雌蕊的基部是子房，内有胚珠（ovule），着生在子房的胎座上（placenta）。

花器构造和着生方式因果树种类而异（图 2 - 2）。雌蕊、雄蕊及花被（perianth）离生，着生在花托上，这种类型的花称为子房上位花（hypogyny，superior ovary），如柑橘、荔枝、龙眼等；有些花的花托凹陷形成杯状，其边缘着生雄蕊、花瓣和萼片，子房位于"杯"的中央底部，这种结构特点的花为子房周位（perigyny，inferior ovary），多数核果属于此类。上位和周位花的子房发育成真果（true fruit）。当子房被花托组织所紧密包裹，而萼片、雄蕊和花瓣着生在子房上部，这种结构的花为子房下位（epigyny），其果实是由子房和花托发育而来，属于假果（false fruit），香蕉、枇杷等常绿果树属于此类型。

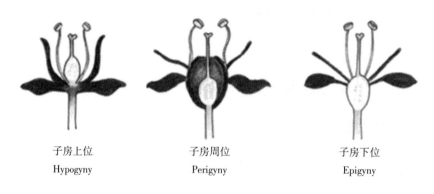

子房上位	子房周位	子房下位
Hypogyny	Perigyny	Epigyny

图 2 - 2　花器的不同构造与子房着生位置的类型示意图

2.1.2　花的性别类型

花的核心器官是雄蕊和雌蕊，它们赋予了花的性别。根据花是否同时拥有雌蕊或雄蕊，可将果树的花分为单性花（monosexual flower）和两性花（bisexual flower 或 hermaphrodite）。单性花包括缺失雌蕊的雄花（male 或 staminate flower）和缺失雄蕊的雌花（female 或 pistillate flower）；而两性花有完整的雌蕊和雄蕊，也称为完全花（perfect flower）。也有一些过渡类型的花，在结构上拥有雄蕊和雌蕊，但其中之一的性器官发育不全或败育丧失了功能，而只能表现单性花的功能，这种类型的花称为假两性花（pseudohermaphrodite）。如果雄蕊发育不全而不能产生正常的花粉，此花在功能上为雌花，称为雌能花（functional female flower）；而雌蕊丧失功能，则为雄能花（functional male flower），在荔枝中常见（图 2 - 3）。

图 2-3　荔枝的雄花（左）、雌能花（中）和雄能花（右）

雌、雄花或两性花多着生于同一植株上，有时也会着生于不同植株上，而出现不同类型的植株性别，包括单型和多型两大类（加藤幸胸等，1982）。

单型包括两性花、雌雄异花同株（monoecious）、雄花两性花同株（andromonoecious）、雌花两性花同株（gynomonoecious）和杂性花同株（polygamous，在同一植株上有两性花、雄花和雌花）。多型包括雌雄异株（dioecious）、雄花两性花异株（androdioecious）、雌花两性花异株（gynodioecious）、雌花雄花两性花异株（trioecious）。

果树花的性别表现受遗传、激素和环境因素调节。雌雄同株和雌雄异株的单性花在发育早期均有两性器官的原基，但在花的发育过程中，雌蕊或雄蕊发育终止，而表现对应的花性。如荔枝的性别分化可能在减数分裂后发生（吕柳新，1989）。花性器官的发育终止，是有选择性的，涉及程序性细胞死亡（Coimbra et al，2004）。决定雌蕊还是雄蕊发育终止的关键因素是性别相关基因的表达。

在雌雄同株的瓜类中，通常各枝梢的基部着生雄花，而顶部着生雌花，存在某种梯度。控制其花性别的重要基因包括 F、A 和 M 基因（Tanurdzic et al，2004）。其中 F 基因为半显性（semidominant），控制雌性沿植株的梯度表达；A 基因是 F 基因的上位基因，为雌性表达所必需；M 基因则与雄花的雌蕊和雌花的雄蕊选择性发育终止有关，至于何者发育终止还取决于 2 个 F 等位基因的类型和激素平衡。其中，基因型为 M-ff 的植株为雌雄同株异花，即雌雄蕊发育都可能终止；M-F 型植株为雌株；mmF 型植株为两性花；而 mmff 型植株则为雄花两性花同株。在激素方面，GA 促进瓜类雄花产生；乙烯促进雌花形成，而乙烯可能起更为主导的作用，扮演促进雌蕊抑制雄蕊发育的双重角色，GA 可能在抑制乙烯合成上与之拮抗（Tanurdzic et al，2004）。F 基因产物可能决定了沿枝梢的乙烯发生量和梯度；而 M 基因表达产物与感应乙烯信号并在高于乙烯阀值时抑制雄蕊的发育（Yin et al，1995）。

多数雌雄异株的果树性别由 X 和 Y 性染色体组合决定，其中雄性为杂合体（XY），而雌性为 XX。Y 染色体含有抑制雌蕊发育和促进雄性发育的区域（Tanurdzic et al，2004）。也有少数植物的性别由 Z 和 W 染色体组合决定，如草莓属的杨莓（*Fragaria elatior*）和大果草莓（*F. gradiflora*）的雌株为 2 个异型染色体、雄株为 2 个同型染色体的性别决定（陈中海等，2000）。

番木瓜植株的性别类型很多，主要是由一个等位基因的多种形式（M、M^H 和 m）的组合决定，M、M^H 和 m 分别为雄性、两性和雌性花的表达所需要，6 种形式组合 MM，$M^H M^H$，MM^H，Mm，$M^H m$ 和 mm 中，前三者为致死性的，这些基因型的个体不能存活，Mm 产生雄花，$M^H m$ 产生两性花，而 mm 产生雌花，两性花自交后仅产生雌花和两性花的子代，两者比例为 1∶2（Samson，1980）。近年有学者证实，番木瓜拥有性染色体，其 Y 染色体在进化上比较原始（Liu et al，2004）。苗期识别番木瓜的性别具有重要意义，因为生产上两性花产生的果实品质最佳，目前 DNA 指纹技术鉴定植株的性别已经广泛利用。

环境因素和园艺措施对花的性别表现也有显著影响。在瓜类作物中，低温促进雌花，高温促进雄花（加滕幸胸等，1982）。杧果冬季诱导成花，春季开花，总状花序上可形成雄花和两性花。研究表明，高温有利两性花表达，提高两性花与雄花比例，因此迟形成的花穗两性花比例高于早形成的花穗（Schaffer et al，1994）。与杧果不同，荔枝在冷凉的低温下则有利形成雌花（Menzel et al，1994；Stern et al，2003）。如在 20℃以上，早熟品种'水东'和'Bengal'甚至不形成雌花，不过迟熟品种'怀枝'则在 25℃以上才显著减少雌花（Stern et al，2003）。因此，不同品种的花性别表达受温度的影响而有所差异。花形态分化期间，水分胁迫减少花量，抑制雌花分化（Menzel et al，1991）。施用氮素可使许多植物（包括雌性同株和异株者）的雌花比例增加（加滕幸胸等，1982）。修剪处理对花的性别表达也有影响，如木瓜雄株去顶，则诱发雌花开放，导致雄株结果（加滕幸胸等，1982）。粉蕉花穗上先形成雌花，后形成雄花，在花发育期间剪除雌花，则本应形成雄花的部位转而形成雌花。摘除'妃子笑'荔枝原发花序后，产生短而小的次生花序，花量减少，但雌花比例增加，坐果改善（吴定尧等，2000）。

果树花的性别类型很大程度上决定了授粉的方式、传粉的距离和对传粉媒介的依赖程度（表 2-1）。

表 2 - 1　主要常绿果树花的性别类型

（中川昌一，1978；加藤幸胸等，1982；邓西民等，1999；黄辉白，2003）

果树种类	性别类型	备　注
荔枝（*Litchi chinensis*）	雌雄异花同株，雄性两性花，杂性花同株	两性花较少见
龙眼（*Dimocarpus longan*）	雌雄异花同株，雄性两性花，杂性花同株	两性花较少见，有雌雄蕊均发育不完全的中性花
油梨（*Persea americana*）	两性花	
番木瓜（*Carica papaya*）	雌花雄花两性花异株，雌性两性花异株	
柑橘（*Citrus* spp.）	两性花	
菠萝（*Ananas* spp.）	两性花	
杧果（*Mangifera* spp.）	雄性两性花同株，杂性花同株	
椰子（*Cocos nucifera*）	雌雄异花同株	
瓜类（*Cucumis* spp.）	雌雄异花同株	偶有两性花，雌雄异株
椰枣（*Phoenix dactylifera*）	雌雄异株	
枇杷（*Eriobotrya japonica*）	两性花	
香蕉（*Musa* spp.）	雌雄异花同株，杂性花同株	有中性花
杨梅（*Myrica* spp.）	雌雄异株	偶有雌雄同株
油橄榄（*Olea europea*）	两性花	
腰果（*Anacardium occidentale*）	雄性两性花同株	
西番莲（*Passiflora* spp.）	两性花	
番荔枝（*Anona* spp.）	两性花	
杨桃（*Averrhoa carambola* L.）	两性花	

2.2　授粉与受精过程与生理变化

2.2.1　授粉方式

　　花药产生的花粉通过传粉媒介落到雌蕊的柱头上即完成了授粉过程。根据花粉来源可分为两类授粉方式：同一品种内的自花授粉（self - pollination）和不同品种之间的异花授粉（cross - pollination 或 allogamy）。自花授粉可发生在同一朵花内（autogamy），如闭花授粉；也可发生在不同花之间（邻花授粉，geitonogamy）。这些方式可能同时存在某一树种中。部分果树存在雌雄异熟现象（dichogamy），回避自花授粉或树内的邻花授粉，这是自然界避免自交受精的一种方式，另一种回避自交受精的方式是自交不亲和（self‐incompatibility），这两种方式将在 2.3 中详述。

根据花粉的传播媒介，有虫媒传粉（insect‐pollination）和风媒传粉（wind‐pollination）。多数情况下果树兼而有之，但主要依赖昆虫传粉。植物为吸引昆虫，往往形成鲜艳的花瓣，并有发达的蜜腺分泌蜜汁，吸引昆虫取食，作为其传粉的"犒赏"。此外，花粉内也含有大量的营养物质，如碳水化合物、氨基酸、蛋白质、脂类物质和维生素等，其中，碳水化合物包括淀粉、蔗糖和还原糖，可达到花粉干重的 30% 以上（加滕幸胸等，1982）。营养成分丰富的花粉也是吸引昆虫访花的重要食物。

单纯依赖风媒传粉的果树，需要形成大量的花粉，花粉粒小可随风长距离传播，柱头表面积大，易于"捕捉"随风飘来的花粉，个体间距离短，并雌雄花同时开放，还需要有空气流动。椰枣属于风媒果树，由于树体高大，在以色列常需要收集花粉进行飞机喷播花粉来进行人工授粉。由于不需要吸引昆虫，风媒传粉果树往往不需要花费额外资源来形成艳丽的花瓣和分泌蜜汁的蜜腺。

2.2.2 授粉（受精）过程

广义的授粉过程除了传粉外，还包括花粉在柱头上萌发，花粉管扎入柱头并向子房内的胚珠延伸，以及随后的受精过程。此外，花粉与雌蕊之间的亲和性识别也属于授粉生理学的范畴。

当花粉落到柱头上，会立即分泌出某种液体，同时很快吸水膨胀，并在数分钟至数小时内萌发出花粉管。如果是亲和的花粉，花粉管可以顺利扎入柱头，并在花柱内沿引导组织（transmitting tissue）的细胞间隙向雌蕊基部的胚珠延伸（图 2‐4）。花粉内的两个精核处于花粉管先端附近，随之延伸而向前移动。花粉管的伸长比一般细胞的延伸快，每小时可长数毫米。它可能不是依赖吸水产生膨压驱动，因为花粉管的伸长过程集中在先端，称为先端生长（tip growth）。在花粉管伸长的过程中，其先端有发达的高尔基体，不断向外分泌囊泡，内含细胞壁合成前体，从而为不断延伸的花粉管合成细胞壁。花粉内携带的营养有限，花粉管的伸长是异养过程，需要从花柱的引导组织中大量摄取养分（Herrero，1992）。花粉管的生长是高度定向的——朝向胚囊。其定向生长的机理可能涉及某种电信号或化学梯度。有研究显示，钙可能参与了花粉管的定向生长。在花粉管内，距先端越近，钙浓度越高，钙参与了囊泡分泌和花粉管细胞壁的构建，乃至花粉管的延伸（Taiz et al，1998）。此外，花柱的引导组织也会分泌一些物质，引导花粉管向胚囊延伸。如 Cheung 等（1995）发现引导组织分泌一种特殊的糖蛋白，也称引导组织特异蛋白

（Transmitting tissue specific protein，TTS），参与了花粉管的引导。

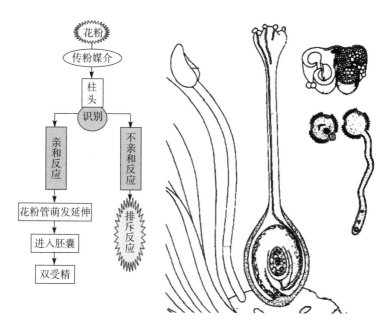

图 2-4　授粉过程示意图

在 25℃左右的气温下，荔枝花粉落到柱头 0.5h 后，花粉管便可萌发并进入柱头内（邱燕萍等，1994），24h 内可伸长至子房内（Stern 等，1997），到达胚囊完成双受精约需 2d 时间（邱燕萍等，1994）。在类似的温度下，油梨花粉管在授粉后 18～24h 穿入胚珠（Gazit et al，2002）。龙眼花粉萌发和花粉管伸长的速度很快。授粉后 5h 就可见少数花粉管穿过花柱到达子房，随着时间延长，观察到花粉管到达子房的比率增加。受粉后 42h，龙眼的受精基本结束，受精率约 50%（刘星辉等，1996）。杧果花粉粒散落在柱头上 90min 内即萌发，48～72h 内完成受精作用（Davenport et al，1997）。椰枣的花粉管则在 6h 内便可达到胚珠（黄辉白，1991）。柑橘的花粉管在花柱伸长时间较长，不同种类间以及自花授粉和异花授粉间有较大差异，从授粉到完成受精需要数日至数周的时间（中川昌一，1982）。

花粉管的生长速度体现"群体效应（population effect）"，即落在柱头上的花粉越多，花粉管的萌发和生长速度越快。如离体油梨雌花期的柱头上落下的花粉数量越多，花粉管能长到子房的花比例也越高（Gazit et al，2002）。近年有人发现这种效应与花粉产生的寡肽生长因子——Phytosulfokine 有关，它是一种含有 5 个氨基酸的硫化肽，参与细胞间的通信，可促进离体花粉的萌发

(Lord et al，2002)。不过每个胚珠仅允许 1 个花粉管进入，因此"群体效应"也可视为花粉管之间的生长竞争现象。

当花粉管进入胚囊后，其先端破裂，释放出两个雄核，分别与卵细胞核和极核结合，分别形成合子和受精极核。受精极核将发育为胚乳，而受精卵（合子）则发育成胚。在油梨和荔枝中，胚乳的细胞分裂启动比合子早。如荔枝受粉后 6d 受精极核开始分裂，而合子在花后 3d 内形成（Mustard，1960），其分裂则在授粉后 7～12d 发生（Jourbert，1986；吕柳新等，1989）。油梨的受精极核在授粉后 2～3d 开始，而合子分裂则迟 2～3d（Gazit et al，2002）。

2.2.3　授粉是一次生理刺激

花粉内不仅含有丰富的营养物质，还含有各种酶以及激素等信号物质（加滕幸胸等，1982）。花粉内的酶包括各种脱氢酶、氧化酶（氨基酸氧化酶、细胞色素氧化酶、多酚氧化酶、过氧化物酶、过氧化氢酶等）、水解酶（淀粉酶、蔗糖酶、酸性磷酸酯酶、蛋白酶等）、转移酶和羧化酶（PEP 羧化酶和谷氨酸羧化酶等）。这些酶参与了花粉管萌发以及延伸过程中的物质转化和代谢。

每克花粉的赤霉素和生长素含量在数纳克至数微克间（加滕幸胸等，1982），还含有乙烯合成前体（ACC）、芸薹素和细胞分裂素。这些激素可能诱导了授粉过程中出现的一系列的生理变化，这些生理变化合称为授粉后症候群（post-pollination syndrome），包括生长素大量合成、抑制生长的激素（ABA）含量下降、花粉内淀粉消耗、蛋白质合成加强、乙烯合成增加、呼吸作用提高、子房进一步发育启动（包括坐果）、花被和花柱的加速衰老。不过也有一些报道显示，授粉后 ABA 含量不降反升（张上隆等，1994）。在兰花上授粉后症候群已经有深入的研究（O'Neill et al，1997）。引发授粉后症候群的原初信号可能来自花粉的少量 ACC 或 IAA，它们诱导了自催化式乙烯产生，促进花瓣和花柱等器官的衰老和脱落，这些器官衰老的同时，其中的养分也撤离至子房中。Vivian-Smith 等（2001）最近发现花柱和花被器官会分泌抑制子房发育的信号，因此，它们的衰老对子房的发育也有重要的作用。在荔枝上，受粉后的二裂柱头向外剧烈弯曲，是一种典型的乙烯引发的偏上性生长现象（epinasty），授粉后的柱头也很快褐变。与此同时，随花粉管的深入，花柱上旺盛合成 IAA 的部位下移。在兰花上，有研究显示，IAA 向子房运输（O'Neill et al，1997），可能也是 IAA 极性运输的结果，从而使子房对授粉后大量产生的乙烯不敏感，并诱导子房进入旺盛细胞分裂状态。因此，授粉后子房的命运和花被的命运决然不同，前者获得"新生"，而后者走向衰老。授粉引发的子房生理变化，使其成为旺盛的代谢库，"吸引"养分流向它，以满足其进一步发育，坐果由之开始。不过对大多数果树而言，完成受精作用，才是完整的授粉过程，也是果实进一步发育的前提。

2.3　影响授粉受精的因素

授粉受精对大多数果树坐果至为关键。授粉受精受到各种内外因素的影响，其中不乏具有遗传背景的因素。

2.3.1　雌雄花或雌雄器官成熟期的时间重合程度

雄蕊释放花粉的时间与雌花开放时间是否重合很大程度上决定了能否成功授粉。荔枝和龙眼雌雄异花同株，在同一花穗中，雌雄花分批次开放，不同品种开花批次和雌雄花期重合的时间有所差异（图 2-5）。'三月红'雌雄花期可多次重叠，但大多数荔枝品种开 3 批花，分别为雄花、雌花和雄（能）花。由于荔枝雌雄花盛期在时间上相互交错，因此，多数雌花不能正常受精，授粉后子房脱落量大，坐果率低。

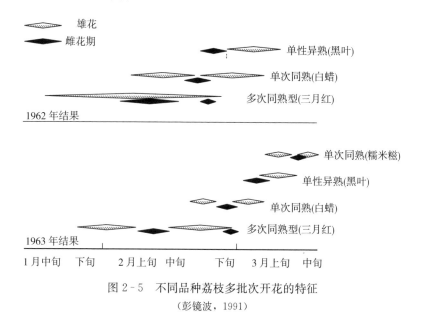

图 2-5　不同品种荔枝多批次开花的特征

（彭镜波，1991）

在两性花的果树中普遍存在雌雄异熟现象（dichogamy），而回避自花授粉。有雄性先熟（protandrous）和雌性先熟（protogynous）。番荔枝（atemoya，为 *Annona squamosa* L 和 *Annona cherimola* Mill 的杂交后代）和油梨（图 2-6）是典型雌性先熟的果树。其中，番荔枝花的三裂花瓣尚处于半开放状时，其雌蕊已经成熟，柱头具有容受性（receptivity），但此时雄蕊尚未发育成熟，不能释放花粉，为雌花阶段；待花瓣完全张开时，柱头的容受性丧失，此时雄蕊发育成熟，可释放花粉，为雄花阶段。此时授粉已经不能坐果，因此，番荔枝依赖邻花授粉坐果。在花半开放时，实施人工授粉对产量形成至关重要。

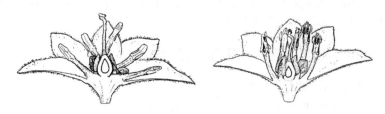

图 2-6 油梨的两性花的雌花阶段（左）和雄花阶段（右）

油梨花分两次开放，第一次开放表现雌性，因为雌蕊发育成熟，柱头具有容受性，而雄蕊的花粉未发育成熟，当天晚上花瓣会闭合；第二天再开放，但柱头已经萎蔫，丧失容受能力，而雄蕊发育成熟，花药打开释放花粉，表现雄性（图 2-6）（Ish et al，2002）。根据油梨花开放的时间，可将油梨品种分为 A 和 B 两种类型。其中 A 型为上午开雌花，第二天下午开雄花（如品种'Hass'和'Reed'）；而 B 型则为下午开雌花，第二天上午开雄花（如'Eittinger'、'Fuerte'和'Nabal'）（图 2-7）（Gazit et al，2002）。由于雌、雄蕊成熟的时间不一致，同一株内花个体之间不是同步开放，因此，不同花个体之间雄蕊释放花粉时间和雌蕊有容受能力的时间有短暂重合，可进行邻花授粉（图 2-7）。但是，在同一果园内最好有 A、B 两种类型的油梨品种，它们之间

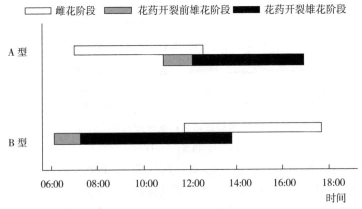

图 2-7 油梨两种类型的雌雄异熟现象和开花节奏
(Ish-AM et al，2002)

花粉释放和雌蕊有容受能力的时间重合长，在传粉昆虫活跃的情况下，异花授粉的机会大很多（图 2-7）。

2.3.2 花粉活力

花粉活力体现在花粉萌发率和花粉管生长速率上，有活力的花粉具有健全的形态结构和内含物，因此通过形态观察和内含物分析，可以初步判断花粉是否正常。在形态上个体偏小、形状不规则、凹瘪、内含物缺少、没有萌发孔的花粉往往是败育花粉，不能萌发。指示花粉活力的内含物，可用各种染色剂如碘—碘化钾、醋酸洋红、苯胺兰等显示；氮蓝四唑可被代谢过程产生的还原力 NADPH 还原为红色产物，也是显示花粉活力的理想方法（加滕幸胸等，1982）。Offord（2004）则采用二乙酸荧光素（fluorescein diacetate）来观察花粉活力。测定花粉活力更为可靠的方法是采用离体花粉的萌发实验，用萌发率表示。不过 Gazit 和 Degani（2002）认为花粉的萌发能力还是不能完全代表花粉活力，其花粉管的生长能力也是花粉活力的重要部分。Robbertse 等（1997）发现久置的油梨花粉虽能萌发，但授粉后花粉管不能深入到子房，说明花粉活力已经下降。杧果在花药开裂之始，有生活力的花粉可达到 90%，但几个小时内便会失去生活力。番荔枝花药开裂后 90min 内，花粉萌发率变化不大，但 120min 后，萌发率大幅度下降（图 2-8）。

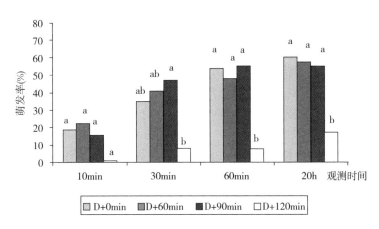

图 2-8 番荔枝花药开裂（D）后不同时间
（0min、60min、90min 及 120min）收集的花粉萌发率的动态变化
（Rosell et al，2006）

花粉活力在不同树种间有很大差异，一般三核型花粉的寿命短于二核型花粉（Brewbaker，1957）。花粉的活力在不同品种间有较大的差异，如油梨

'Fuerte'花粉萌发率为 14%，而'Ettinger'则为 64%（Gazit et al，2002）。荔枝'怀枝'、'桂味'和'糯米糍'的花粉萌发率较高，一般达到 70%；'三月红'和'黑叶'为 50%左右；而'妃子笑'花粉活力较低，萌发率仅 10%～20%（翁树章等，1990），这可能是'妃子笑'开花量大而坐果少的主要原因之一。

同一品种不同时期的雄花产生的花粉活力有所不同。Stern 和 Gazit（1996，1998）发现，头批开放的雄花花粉活力明显低于第二批雄花的花粉，而且空瘪花粉的比例也高，加上头批雄花的蜜汁分泌少，糖度低，难以吸引蜜蜂传粉，因此，第二批雄花对坐果的贡献更大。

花粉的活力还体现"群体效应"，花粉个体间可彼此促进花粉管的萌发和生长，花粉数目越多，促进效应越明显。更多花粉落到柱头上也会更强烈刺激子房的发育。如 González 等（2006）发现番荔枝柱头授粉量越多，虽然不改变果实的双 S 生长型，但使两次快速生长速度加快。中川昌一（1978）推测这一效应可能与更多花粉管的进入促进了花柱或子房酶系统的活性及植物激素合成有关。近年来有人发现花粉促进彼此花粉管生长的现象涉及一种 5 - 氨基酸硫化肽的细胞间通讯信号物的作用（Lord et al，2002）。

2.3.3　胚囊发育状态与柱头的容受性

胚囊是雌蕊的核心，位于子房内的胚珠中，是由胚珠中的胚囊母细胞经过减数分裂，产生的 4 个子细胞，其中之一再经过 3 次分裂发育而成。因此，成熟的胚囊具有 8 个单倍体细胞或核，包括 1 个卵细胞（egg cell）、2 个极核（polar nuclei）、2 个助细胞（synergids）和 3 个反足细胞（antipodal）。但是，并非每一种果树在开花时胚囊就已经成熟，部分果树需要授粉才能启动胚囊的发育，如'大造'荔枝开花后 2d 内胚囊发育尚不成熟，开花后 3～5d 才成熟（Stern 等，1997）。因此，开花后 3～5d 内进行人工授粉比开花后 1d 人工授粉的坐果率高。花的个体之间胚囊发育的状态差异也很大。Stern 等（1996）观察了'大造'和'Floridian'荔枝花后 2d 的胚珠，发现有 45%的胚珠缺少胚囊，有 20%的花两个胚珠均缺胚囊，而在有胚囊的胚珠中，大部分有极核，但缺乏卵细胞或助细胞，这是造成荔枝坐果率低的主要原因。他们的研究表明，具有坐果潜力的胚囊起码应含有卵细胞、1 个极核和 1 个助细胞（Stern et al，1996，1997）。

如果开花时胚囊是成熟的，胚囊的寿命很大程度确定了有效授粉的时间，即有效授粉期（effective pollination period）。授粉后花粉管还要一段时间才能延伸到胚囊，进行受精作用，因此，有效授粉期＝胚囊寿命－花粉管生长时间。胚囊寿命可受树体营养和环境因素的影响，树体营养充足，形成健壮的花，胚囊寿命长，花粉活力旺，有效授粉期长。此外，有研究显示，授粉作用本身也可使胚囊的寿命延长（Herrero，1992）。

落在柱头的花粉能顺利萌发并保证花粉管顺利穿过花柱到达胚珠，此时的雌蕊状态称为具有容受性（receptivity）。它也是确定授粉是否有效的重要因素。柱头容受性持续时间可以通过分析酯酶活性或过氧化氢酶活性，及用荧光显微镜观察花粉管的生长状况或用扫描电镜下观察柱头状态来判断（Offord，2004；Souza et al，2004）。有容受能力的柱头具有过氧化氢酶和酯酶活性。过氧化氢酶活性可采用 10% 双氧水监测，如在柱头上滴双氧水即刻出现大量气泡，说明柱头具有容受性；而酯酶的检测可用 α-乙酸奈酯处理柱头，有活性者会染成深蓝色。Souza 等（2004）用两种酶的检测方法结合授粉观察证明午间开花的黄色西番莲（*Passiflora edulis* Sims f. *flavicarpa* Degener）柱头的容受性在午后 14：00 之后迅速降低。荔枝的柱头容受性也可初步从柱头的颜色来判断，褐变后的柱头完全丧失容受性（表 2-2）。许多热带亚热带果树的柱头容受性维持时间较短，荔枝在 17～22℃ 下可维持 5d（表 2-2），而西番莲、油梨和部分番荔枝品种柱头容受性仅维持数小时至十几小时。

表 2-2　荔枝开花后柱头状态及容受性变化
（Stern et al，1997）

柱头形态	花后天数	柱头颜色	花粉萌发率（%）	花粉管到达胚囊的百分率
Y	1	亮白	100	100
Y	2	亮白	100	100
Y	3	白	100	100
Y	4	黄白	94	88
Y	5	褐黄	65	50
Y	6	褐	0	0

杧果则从花瓣开裂前的大约 18h 起到开裂后 72h，柱头具有对花粉的容受性，而以开花 3h 内为最佳授粉时间。柱头容受性会随柱头衰老而丧失。干旱或高温使柱头易衰老，很快丧失容受性。如在 27～33℃ 下，荔枝柱头容受性仅维持 36h，柱头喷水处理也会使柱头提早褐变（Stern et al，1997）。有效授

粉必须在柱头容受性丧失前完成，因此，柱头容受性持续的时间也是决定有效授粉期的重要因素。Stern & Gazit（2000）发现多胺（8～80mg/L 腐胺）喷施荔枝花序，可延长雌蕊容受性维持的时间，增加有效授粉机会，可提高坐果和产量。

2.3.4 授粉亲和性

亲和的授粉（compatible pollination）是正常受精的前提。授粉亲和性（compatibility）取决于花粉和雌蕊的亲缘性和遗传背景，是决定授粉是否有效的重要内因。大多数果树无法克服种间屏障、实现远缘杂交而繁殖种间杂交后代。这是导致远缘异交不亲和的主要原因。非远缘的异交发生在种内不同品种或基因型之间，一般不存在不亲和问题。然而许多果树具有回避自交繁育后代的机制，可以避免由隐性基因控制的不良性状的发生。其中的机制之一是自交不亲和（self-incompatibility，SI）。

自交不亲和表现为自花不育（self-infertile 或 self-sterile），即授粉后不能形成种子；通常也表现出自花不结果（self-unfruitful），即授粉后子房不能进一步发育成果实。自交不亲和的果树，如许多柑橘品种、油橄榄、榴莲、部分杧果品种等自交后坐果率很低，需要配置不同品种的授粉树（pollinizer）提高坐果率，但也有少数自交不亲和的果树自花授粉可以坐果，属于无种子的单性结果，如'无籽砂糖橘'。

自交不亲和主要有两种类型，即孢子体自交不亲和（sporophytic SI）及配子体自交不亲和（gametophytic SI）。孢子体不亲和取决于二倍体亲本，表现为花粉在柱头上不能萌发或花粉管不能顺利穿入柱头，意味着不亲和的排斥反应发生在柱头表面（图2-10），常见于三核型花粉植物包括十字花科、忍冬科、马齿苋科、紫茉莉科和菊科植物中（加滕幸胸等，1982）。

配子体自交不亲和的表现取决于单倍体的类型，花粉管可以在柱头上萌发并扎入到花柱中，但花粉管在花柱生长的过程受抑制，而不能顺利到达胚珠，意味着不亲和的排斥反应在花柱内发生（图2-9），出现花粉管先端膨胀或蜷曲（图2-10）。常见于二核花粉型植物如茄科、蔷薇科、玄参科、淘金娘科、豆科、毛茛科等植物中（加滕幸胸等，1982）。果树的自交不亲和多属于配子体不亲和，但有报道指出兼具两种类型的植物如西番莲科、大戟科、罂粟科和芸香科等（加滕幸胸等，1982）。

无论何种类型，自交不亲和的表现均是由相关的基因所调控。花粉在花柱上的表现取决于同一基因座——S 位点（S-locus）的不同基因（张晓明等，2005）。S 基因座包含多个基因，至少包括花粉 S-基因和花柱 S-基因。

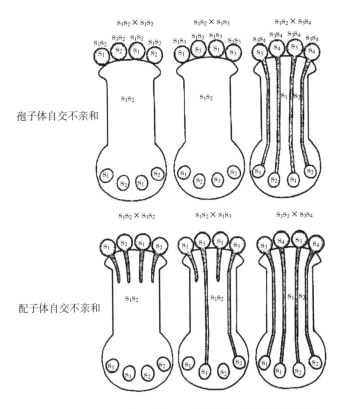

图 2-9　两种类型自交不亲和现象和异交亲和授粉的表现

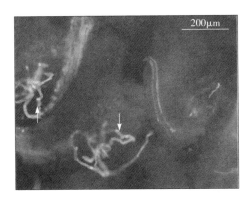

图 2-10　自交不亲和的'无籽砂糖橘'花粉管在花柱内出现蜷曲现象

（箭头指示为自花授粉后 96h，照片由胡桂兵提供）

　　引发芸薹植物的孢子体自交不亲和的 S 基因产物已经基本明确。花柱上 S-基因产物是一种跨膜的丝氨酸—苏氨酸激酶，也称 S-受体激酶（S receptor kinase，SRK），该蛋白有很大部分处于细胞外，分布于柱头的乳突表膜上。而花粉的 S-基因产物是一种富含半胱氨酸蛋白（cysteine-rich protein，CRP），位于花粉壁。柱头上的 SRK 与同型 S-等位基因的花粉 CRP 专一结合，产生有关信号，启动自花花粉的排斥反应。这是典型的细胞识别反应系统（Lord et al，2002）。

涉及配子体自交不亲和的 S-基因产物及不亲和机理有不同类型。罂粟科的自交不亲和属于配子体自交不亲和，授粉结果由单倍体花粉的基因型决定，但其不亲和排斥反应的表现与孢子体不亲和有些相似，在柱头上抑制不亲和的花粉管，使其生长停止。其花柱的 S-基因产物与花粉管 S-基因产物结合，在数分钟内引发系列的反应，其中涉及钙信号的传导途径，启动了细胞程序性死亡，使得花粉管内的 F-肌动蛋白（微丝）瓦解（Lord et al，2002）。

在茄科、玄参科和蔷薇科果树的花柱 S 基因产物则是一种糖蛋白，具有核糖核酸酶的活性，能分解 RNA，因此称为 S-RNase（张晓明等，2005）。它可分解深入花柱的花粉管内核糖体，从而抑制花粉管的生长。不过来自花粉的 S-基因产物是 S-RNase 的抑制物，除不能抑制自身 S 基因编码的 S-RNase 外，其他类型的 S-RNase 均受抑制。因此在自花授粉中，S-基因相同花粉的核糖体 RNA 不受保护，而被来自花柱的 S-RNase 分解，花粉管生长受抑制，表现自交不亲和。关于花粉 S-基因产物的性质，目前研究表明可能是参与蛋白质泛素化反应的泛素连接酶，其目标蛋白可能就是异型花柱的 S-RNase，被泛素化的 S-RNase 被降解，留下未被泛素化的同型 S-RNase（张晓明等，2005）。

自交不亲和除了表现在花粉管萌发或伸长生长受抑制外，还有所谓"滞后自花不亲和效应（late-acting self-incompatibility）"，如可可自花授粉后，花粉管可以正常萌发并生长到胚珠，但诱导大量乙烯产生，导致自花授粉的花脱落（Baker et al，1997）。榴莲自花授粉，花粉萌发及在花柱中的伸长生长并不受抑制，但在坐果期间表现不亲和特征，即自花授粉的坐果率明显低于异花授粉（Honsho et al，2004）。可见，自交不亲和往往是自花坐果的障碍，因此果园中需要间种其他品种充当授粉树。对具备单性结果能力的品种而言，自交不亲和可产生无籽果的有益性状，果园中需要避免混种其他品种，否则无籽性状消失，如无籽砂糖橘。

2.3.5 传粉昆虫的活动

多数果树虽可通过气流传播花粉，但主要依赖于访花昆虫进行授粉。因此，开花时有鲜艳的花瓣，散发芳香的气味，或分泌大量的蜜汁吸引众多访花昆虫，包括蜜蜂、苍蝇、黄蜂、土蜂、大蚂蚁、甲虫、蝴蝶等，但不同访花昆虫的传粉作用并不一样,鳞翅目昆虫的传粉角色弱于膜翅目昆虫。不同果树访花昆虫有所不同,杧果花可吸引蜜蜂,但似乎更能吸引苍蝇。番荔枝(ate-moya)花瓣半张开时,雌蕊具有容受性,而雄蕊发育尚未成熟,需要邻花授粉,此时,蜜蜂和苍蝇无法进入花内,能为其传粉的昆虫是一种叫露尾甲(nitidulid beetle)的小甲虫(Podoler et al,1985)。蜜蜂是果树最为重要和有效的传粉者,并且是为数不多的可大量人工养殖的经济昆虫,它的活动范围大,以蜂巢为中心 60~70m,覆盖 1hm²,其后脚胫能带大量花粉。蜜蜂拍打翅膀引发强烈的震动,并可产生静电,俘获花粉,钻入花内采集花粉或蜜汁的同时,将身体上附着的花粉碰触并传递到柱头上,完成授粉。对中等大的油梨树而言,有 5 只蜜蜂访花便可获得显著的坐果和产量(Ish-Am et al,2002)。

果树花对蜜蜂的吸引力与其蜜腺分泌的蜜汁糖浓度成正比(Stern et al,1996)。荔枝头批开放的雄花由于分泌的蜜汁少,且糖浓度低,不能有效地吸引蜜蜂,授粉几率小;而第二批的雌花和第三批的雄能花蜜汁量和浓度均提高,蜜蜂访花频率高,有利坐果(Stern et al,1996)。不同果树的花对蜜蜂的吸引力不同。例如油梨和杧果花对蜜蜂的吸引力弱于柑橘或荔枝花,如在果园内油梨与柑橘同时开花,那么蜜蜂会更多光顾柑橘和荔枝,从而影响油梨的授粉和坐果。因此,应当避免油梨与同时开花的荔枝和柑橘品种混种。在早春开花的果树,气温尚低的情况下,蜜蜂趋于在受光照避风温暖的树冠一侧活动,导致树冠的背光面或内腔坐果率偏低。

果园放蜂是保证坐果的重要措施,放置的蜂箱数量因树种、种植密度、开花多少和气候条件不同而异,一般每 1 英亩①(6.07 亩)置 1 箱(1 500~2 000头工蜂)蜜蜂(中川昌一,1978)。蜜蜂依赖太阳来定位,因此在搬运蜜蜂箱时,需在晚上蜜蜂归巢后进行。

2.3.6 气候因素

温度、湿度、气流、晴雨等气候因素对授粉受精乃至坐果均有显著的影响。

温度是影响授粉受精的最主要气候因素,可直接影响性器官的发育状态、花粉的活力和寿命、花粉管的生长速度、胚囊的寿命和柱头的容受时间。荔枝花芽分化要求冷凉天气,其胚珠的发育似乎也需要较冷凉天气。如 Stern 等(1996)发现从冷凉(22/12℃)到温暖(27/17℃)到高温(32/22℃),随着温度增加,'Mauritius'(大造)和'Floridian'(陈紫)的雌花正常胚囊(胚

---

① 英亩为非许用单位。1 英亩＝4.05×10³m²。

珠）的比率明显下降，在 32/22℃的高温下，花粉活力明显受到抑制（Stern et al，1998），说明高温环境不利于胚珠和花粉的发育。开花期间，温度升高也可使胚囊寿命和柱头容受性维持时间明显缩短，如荔枝在 20/17℃下柱头容受性可维持 5d，而在 33/27℃下只能维持 36h（Stern et al，1997）。'糯米糍'和'淮枝'花粉 15℃开始萌发，22℃是最适温度，34℃萌发率稍有下降。温度在 15～34℃荔枝花的呼吸温度系数（Q_{10}）是 2 左右，随温度增加，花乙烯释放增加，坐果率下降（季作梁等，1995）。枇杷是一种较能忍受低温的常绿果树，一般在 11～12 月开花，其开花授粉受精的最佳温度为 11～14℃。在广东珠三角地区的'早钟 6 号'在 10 月份出现的少量早花，往往因为花期温度过高，柱头容受性丧失，甚至整个小花干枯，坐果率低，但此时花粉活力正常（Chen 等，2007）。荔枝授粉受精最适宜温度在 19～22℃，高于 30℃或低于 15℃均不利（Menzel et al，1994）。龙眼则略高于荔枝（20～25℃），其开花时间也往往略迟于荔枝。低于 15℃的低温可使杧果的花粉管生长完全受抑制。枇杷的花粉活力在 21～22℃最佳，低于 14℃或高于 32℃花粉萌发率和花粉管生长也显著降低（中川昌一，1978）。油梨花粉萌发和花粉管生长在 25/20℃（昼/夜温度）下最为活跃，在 17/12 和 33/28℃下花粉管萌发和生长明显减弱甚至停止。不同品种温度适应性不同，如 B 型油梨的（如'Fuert'）在此极端温度下花粉管萌发和生长完全停止，但 A 型油梨（如'Hass'）的花粉管可在 17/12℃的低温下持续生长（Whiley et al，1994）。

晴朗干爽的天气有利于花药开放，释放花粉。阴雨天气不利于花粉释放和传播，特别是在花序淤积雨水时，尤其不利于邻花授粉或异花授粉，也不利于花粉管萌发（Akamine et al，1957）。在荔枝上，喷湿柱头模拟雨水还可使柱头的容受性加快丧失（Stern et al，1997）。高温干旱的天气也易使柱头加快脱水而丧失容受性。在椰枣上授粉前后喷水还可以减少坐果，起到疏果效应（Awad，2006）。

天气状况也影响传粉昆虫的活动，进而影响授粉受精和坐果。晴天蜜蜂可往返飞行数千米，但在阴冷天飞行距离大为缩短，不到千米；在 14℃以下几乎不能活动，在 21℃最活跃；风速过大影响其飞行，如在风速达到 11.2m/s 左右，蜜蜂便停止活动；降雨或空气湿度过大（＞90％）也妨碍蜜蜂访花活动（中川昌一，1978）。

2.3.7 营养状况

开花过程（包括授粉受精）是一个大量消耗营养储备，特别是碳素储备的过程。影响树体营养积累的因素也会影响大小孢子的发育和配子体寿命，进而影响授粉受精和坐果。花粉的萌发和花粉管的生长是一个异养过程，需要大量消耗雌蕊储藏的养分，包括碳水化合物。离体培养的花粉在添加 10% 以内的蔗糖下，其萌发率和花粉管伸长速度明显提高。热带亚热带常绿果树多在干旱冷凉的秋冬季节营养生长停止，此时是积累碳素营养的关键时期。此前，培养健壮秋梢作为结果母枝，是保证树体营养积累的基础，也是开花坐果的重要保障。果树环割处理可以促进树冠营养的累积，进而促进成花和坐果（Goren et al，2004）。荔枝龙眼等果树常出现带叶花序，大量的营养被叶片发育消耗，形成的花序弱，往往坐果差。

植物的必需元素有各自不可替代的功能，在授粉受精过程中一些元素还有特殊的作用。如钙是花粉管先端生长所必需，它参与了囊泡分泌和花粉管细胞壁的构建（Taiz et al，1998），在花粉管生长过程中需要消耗大量钙；钙还可能是引导花粉管向胚囊生长的重要物质，因此，在离体花粉管萌发实验中，花粉培养基中加入钙离子（1~10mg/L），能显著地促进花粉管的生长（加滕幸胸等，1982）。硼对授粉受精过程也起重要的作用，表现为几方面：硼与糖形成复合体，有利糖的吸收、运输和代谢；硼也是细胞壁果胶的重要成分，对细胞壁合成起重要作用；硼还可促进氧的吸收。花粉本身携带的硼一般是不足的，因此花粉管生长过程中需要的硼主要来自花柱。在许多果树的花粉离体培养中，在培养基中添加 100~500mg/L 硼酸也可显著促进花粉萌发和花粉管的生长（中川昌一，1978）。在杧果中，虽然外施钙和硼对落在柱头上的花粉萌发和花粉管生长并无显著影响，但促进了坐果（Jutamanee et al，2002）。此外，镁、锰、钴等对花粉萌发和花粉管伸长均具有积极的作用。

2.4　授粉受精与果实发育

授粉受精在坐果和果实发育的角色包括两方面，首先，授粉受精直接刺激了子房的发育进而坐果；其次，在果树中普遍存在着花粉直感现象，即授粉品种对果实性状有直接影响。

2.4.1　授粉受精与坐果

授粉受精是大多果树坐果的前提，其机理如图 2-11 所示。未授粉受精的子房通常会衰老，最终萎蔫脱落，完成授粉受精后，花的各器官经历不同的发育去向，花瓣、花柱和雄蕊衰老萎蔫，而子房或连同花托则进一步发育成果实，果实各组织的发育起源见图 2-12。根据果实的组织起源和结构，有核果（drupe 或 stone fruit）、浆果（berry）、仁果（pome）及聚合果和聚花果不同类型，兹不赘述。

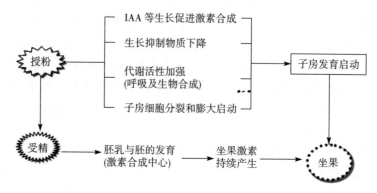

图 2-11　授粉和受精在坐果中的作用

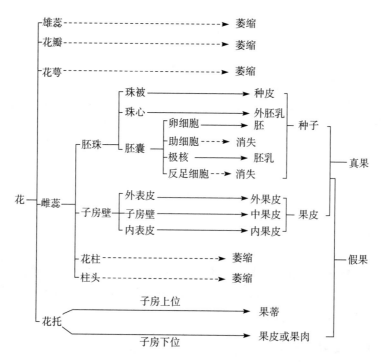

图 2-12　果实由花发育的组织起源

　　子房在花器官分化进行有限的细胞分裂和膨大，开花期间子房细胞分裂暂时停止，授粉受精后再次启动细胞分裂和膨大。授粉作用和受精作用在时间上有一定的差隔，短则数小时（葡萄），长则数月（扁桃）（黄辉白，1991）。授粉和受精作用在坐果和果实发育上所起的作用可能有所不同，是对坐果有两次生理刺激。授粉启动坐果，而受精使幼果进一步发育（Srivastava，2002）。授粉作用可能产生了刺激子房细胞再次分裂和坐果启动的最初信号，包括生长素、细胞分裂素和赤霉素等促进生长型激素；而受精作用启动了胚和胚乳的发育，即种子的发育，发育中的种子是合成促进生长型激素的重要场所，由于种子的形成，果实拥有激素合成中心，保证其进一步发育（图 2-11）。

授粉产生的激素信号启动了子房细胞分裂和膨大相关的基因表达。例如黄瓜授粉后，子房（幼果）中与细胞壁松弛和细胞膨大密切相关的膨胀素（expansin）基因强烈表达（孙涌栋等，2005）；在烟草上，Pezzotti 等（2002）发现授粉后一种 β-膨胀素专一在花柱和子房皮层表达，其表达发生在受精之前，它的表达促进细胞壁松弛，不仅参与了子房膨大，也促进了之前的花粉管延伸、穿透引导组织。百花瓜（*Lagenaria leucantha*）授粉后，调节细胞分裂周期的 D 型循环素（D-type cyclin，CycD3）基因短暂表达，CycD 参与了细胞从 G1 期进入 S 期的调节功能；而细胞分裂素类似物 CPPU［N-（2-chloro-4-pyridyl）-N′-phenylurea］可诱导未授粉的子房坐果和该基因的强烈表达（Li et al，2003）。

授粉刺激和受精刺激产生的激素信号也可被外源激素取代，因而诱导产生无籽果。值得注意的是，有效诱导单性结果的激素类型也因树种而异，说明不同果树种类限制坐果的激素有所不同，抑或其坐果所需的激素组合不同。茄科、无花果、草莓可以用生长素类似物完全取代授粉受精而坐果；葡萄的部分品种可由生长素或赤霉素直接诱导单性结果；百花瓜可由细胞分裂素类似物 CPPU 诱导正常大小的无籽果，而其他激素类似物效应不及 CPPU（Yu，1999）；张上隆等（1994）通过内源激素分析证明温州蜜橘的单性结果能力与其更高的细胞分裂素有关。大多数木本果树需要多种激素配合、多次处理才能取代授粉受精坐果（黄辉白，1991）。

2.4.2　单性结果现象

不经过受精作用而坐果的现象为单性结果现象。上述用外源激素处理取代授粉受精而坐果的现象称为诱导单性结果（induced parthenocarpy）。部分果树完全不依赖授粉受精或外源激素刺激完成坐果，这些果树具有自动单性结果（autonomous parthenocarpy）能力，如香蕉、菠萝、番木瓜和部分无核柑橘品种。具有自动单性结果能力的果树，其子房本身可产生足够内源激素，促进坐果。有部分果树的坐果依赖授粉但不需要受精，即仅需要授粉一次性刺激就可产生足够的激素完成坐果，属于刺激单性结果（stimulative parthenocarpy）。沙田柚（聂磊等，2002）和无籽砂糖橘（叶薇佳，2006）属于此类，但沙田柚的单性结果能力弱，需要配置授粉树才能获得理想的产量；而无籽砂糖橘与其他亲和品种混种，则产生有籽果。

非诱导的单性结果有专性单性结果（obligate parthenocarpy）和兼性单性结果（faculative parthenocarpy）之分。专性单性结果的果树不随环境变化而稳定地产生无籽果；而兼性单性结果的果树在不利于授粉受精的条件下进行单性结果，而在适宜授粉受精的条件下则进行正常授粉受精。因此，具兼性单性结果的果树可受环境的影响，即可产生无籽果和有籽果，如茄子和黄瓜部分品种在低温时产生单性结果，而温度适宜时产生有籽果。'无核荔'和'禾下串'荔枝属于兼性单性结果（刘颂颂等，1999；张展微等，1990）。

单性结果的能力因品种而异，即使是诱导的单性结果，诱导的难易因树种或品种而异，说明单性结果能力具有深刻的遗传背景。有研究证明单性结果性状是隐性基因控制。这些基因表达影响了内源激素的合成、转运和代谢（Gillaspy et al，1993）。在模式植物拟南芥中，发现了无须受精坐果的单性结果突变体（fruit without fertilization，fwf），被突变的基因产物（FWF）可涉及未受精时子房壁细胞分裂和膨大的抑制（Vivian-Smith et al，2001）。后来人们从 fwf 突变体中分离到生长素响应因子（auxin responsive factor）ARF8基因，表达产物是一种干扰蛋白（Giovannoni，2004）。模式植物的研究进展对果树单性结果分子机理的研究有重要借鉴作用。

有一种被称为"假单性结果"（pseudo-parthenocarpy）的细籽果现象（sternospermocarpy）也是值得研究的性状。细籽果是经历了受精作用而产生的果实，或多或少启动了种子（胚乳和胚）的发育，但种子发育中途终止而败育（abortion）。如果种子败育发生得很早，果内仅有种子的痕迹；如果种子败育发生很迟，则形成空瘪或不充实的种子。在荔枝上种子的败育迟早乃至种子的充实程度与液态胚乳的寿命呈正相关性：液态胚乳寿命越短，种子的发育程度越低，甚至出现空壳果（Huang，2005，图2-13）。与单性结果一样，细籽果或种子败育也有深刻的遗传背景，其表现在品种间有很大差异。种子或胚的发育涉及上千个基因，其败育的机理可能在不同树种或品种有很大不同。荔枝的细籽现象俗称"焦核"，在不同品种表现不一致，'糯米糍'、'小丁香'等为完全败育型品种，几乎所有果实个体的种子均败育，而'兰竹'、'陈紫'、'元红'、'桂味'、'白糖罂'、'水晶球'等为部分败育品种，其果实个体可同时出现焦核和正常的种子。细籽果现象也会受气候环境和花粉来源的影响（Stern et al，1996；Xiang et al，2001）。

不同果树种或品种间单性结果能力和种子败育的差异反映了它们坐果对授粉受精乃至种子的依赖程度的差异。根据果实发育对种子的依赖性，黄辉白

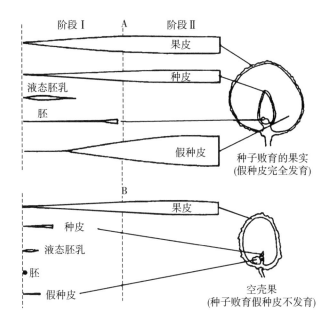

图 2-13 荔枝液态胚乳寿命与种子和假种皮发育程度的关系示意图

(Huang, 2005)

(1991) 将果树分为三类。具有自动单性结果能力的果树属于全不依赖种子型。草莓的果实（花托）一旦除去种子就停止发育，属于始终依赖种子型。而大部分果树属于果实发育前期依赖种子型。受精后早期发育的种子，特别是液态胚乳期是激素合成和种子进一步发育的关键时期，抽去液态胚乳会使种子和果实发育终止（李建国，2001）；但后期果实发育特别是成熟过程（如核果的第二次快速生长期及荔枝假种皮速生期）并不依赖种子（胚）的发育。了解果实发育对种子的依赖性对人工诱导单性结果或细子果的措施有重要的指导作用。

2.4.3 落果现象

许多常绿果树特别是枝梢末端开花的果树开花数量远远多于树体能承受的坐果量，因此，绝大多数雌花不能发育成果实而脱落，在果实发育中途还会陆续发生落果现象。例如，油梨花量可达到最终坐果量的 1 000 倍，以花计算的坐果率不到 0.1%（Gazit et al，2002）。能最终发育成为成熟果实的荔枝雌花通常不到 5%，因此有大量的雌花或幼果脱落（Stern et al，2003）。同样，一个杧果花穗可产生 300～800 朵两性花，但仅能结几个果，坐果率不超过 1%。但也有部分常绿果树坐果率相对较高，如龙眼的坐果率可以达到 10% 以上

（黄辉白，1995），素有"爱果不惜树"的说法。枇杷初坐果后很少落果，生产上需要人工疏除大量花果才能保证果实品质和来年产量。

落花或落果的发生受到环境因素的影响，但有一定的规律。

2.4.3.1 落果的规律

其一，授粉受精失败是导致大量落花的直接原因。如2.3所述，授粉受精的失败可由多种内外因素引起，包括授粉不足、花粉败育、胚珠发育不全、受精受阻等。Stern等（1996，1997）发现荔枝的雌花中大部分的胚珠发育不全，缺少胚囊，或有胚囊但缺少卵细胞和/或极核。这就注定了大部分的雌花不能完成正常受精作用，最终走向衰老脱落。谢花后留在花序上的果实数量，称为初始坐果量（initial fruit set）。有些授粉但未受精的子房可能在谢花后仍能滞留在树上一段时间，成为初始坐果的一部分，但最终在与其他幼果的竞争中被淘汰。当然，具有单性结果能力的果树不在此列。

其二，果实的脱落发生具有明显的阶段性。落果在特定的果实发育时期相对集中发生，形成了特定的"落果波相"，是一种内生的动态（Luckwill，1953）。多数果树落果集中发生在幼果阶段，这不同于叶片在衰老中脱落。由于后期落果绝对量少，因此，用初始坐果量为分母计算的绝对落果率可能并不能很好地显示落果动态。采用果实发育某阶段的相对落果率，更能准确反映落果的动态。如Stern等（1995）观察落果动态，发现荔枝（'大造'）有两个落果阶段，第一阶段历时1个月（果实2～6g），落果强度大，之后仅剩余5%～6%的幼果；第二阶段在胚快速发育阶段。不过，黄辉白等通过追踪相对落果率的变化，发现荔枝因品种不同有3～4个落果高峰，分别发生在花后1周内、花后2～3周、花后6～7周和采前落果（图2-14）。油梨在谢花后也有2～3

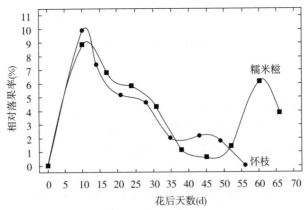

图2-14 '糯米糍'和'怀枝'荔枝相对落果率的动态变化

（Huang，2005）

次落果高峰，大部分在初始坐果后 1 个月内脱落，第二次高峰发生在 3～4 月龄的果实中，部分品种（'Ardith'）还会在 4～6 月龄期落果（Gazit 等，2002）。落果的波相在不同品种之间有所差异。'糯米糍'比'怀枝'多一个采前落果高峰（图 2-14）。油梨也可分为两类：初始坐果率高（20%～30%）但随后落果重者；初始坐果率低（<1%）但随后落果率低者（Davenport，1982）。

　　其三，落果的动态与种子发育有着密切的联系。从繁育和生态学的角度看，被子植物生殖过程的核心任务是形成种子，而果实的形成是为了吸引动物取食，借以传播种子。因此，没有种子或没有可育种子的坐果对树体而言显然是极不"经济"的。长期的进化过程，使得果树具有回避没有种子"无效坐果"的能力，因此，种子对坐果至关重要。如前所述，种子是通过激素决定果实的发育命运。有大量的证据表明，落果发生动态与种子的发育状态有着密切的关系。早期的幼果脱落与授粉受精失败（种子发育未启动）有关，而之后的落果可能与种子发育中途败育有关。如油梨种子空瘪的幼果在花后 3 周几乎全部脱落，而脱落的幼果 70% 是无籽或种子败育的个体（Gazit 等，2002）。Yuan 和 Huang（1988）观察到的几个荔枝落果高峰中，花后 1 周内的子房脱落是由于未受精的结果；3 周后的落果高峰正直液态胚乳盛期，脱落的果实缺乏液态胚乳；6～7 周的落果发生在种胚快速生长期间，果肉快速生长前；对于大核品种，种子丰满后一般很少落果，而采前落果则主要发生在种子败育的"焦核"品种中（图 2-14）。液态胚乳是种子乃至果实发育的关键时期，温带果树也在此时有一落果高峰。抽除液态胚乳的果实大部分将在 1 周内脱落（李建国，2001）。目前关于种子发育状态与落果的内在波相的关系至少有两种解释，一种解释是，种子不同发育阶段产生和分泌的坐果激素（IAA 等）呈一定的波动，因此有内在的落果波动（Luckwill，1953）。另一解释是，落果是有选择性地淘汰种子发育不正常的果实个体，由于种子发育不正常，因此产生坐果激素不足，而不能继续发育。当然，两种情况都可能存在。在脱落的果实中也不乏种子发育正常者，说明种子发育状况并不是决定果实脱落与否的唯一因子。单性结果的落果现象则与种子无关，落果的动态由其他因素引起。

　　其四，器官竞争引发落果。大量脱落的果实可能不仅涉及淘汰种子败育的个体，还可能是树体的资源有限，无法满足所有子房发育成果实，而需要淘汰部分果实，这也是果树资源优化利用的表现。树体资源主要是指果树的营养，特别是器官发育消耗最大的碳素营养。因此，果树碳素营养的产生与供应能力以及吸纳碳水化合物的库器官的多少与坐果量有密切关系。

　　果树碳素营养的产生与供应是坐果的重要物质基础。叶片是制造碳素营养的重要源器官，其数量对坐果至关重要。因此，坐果量需要相应数量的叶片，如'糯米糍'单穗正常坐果（以无环剥为参照）需要有 50 片叶以上（袁荣才等，1992）；'大造'正常坐果（达到最低相对坐果率），每果至少需有 3 片叶（Roe et al，1997）。不利于碳素营养生产（光合作用）的因素，如遮阴处理，会导致落果增加，对早期坐果尤其不利（袁荣才等，1992）。发育中的果实是强大的代谢库，吸引同化物向其运输。然而果实与果实之间，果实与生长中的营养器（新梢与根系）之间存在对资源的竞争。

果实与果实之间的竞争表现为去弱留强。强势生长的果实个体往往是果穗中的"中心果（king fruit）"或早发育的果。正常发育的种子也是果实强势生长的重要条件，因此种子发育异常者往往竞争不过种子正常的果实而遭淘汰。存在"滞后不亲和效应（late-acting self-incompatibility）"的果树，自花受粉的果实脱落的几率高于异花果实，显示杂交优势也表现在坐果能力上，这一现象在榴莲（Honsho et al，2004）、荔枝部分品种如'Mauritius'和'Floridian'（Degani et al，1995）以及油梨部分品种如'Hass'（Degani et al，1989）存在。这些果树更多地淘汰自花授粉果实，从而随着果实发育，杂交的果实个体的比例提高。

生长中的新梢也是强有力的库器官。在果实发育期间发生，尤其是在同一结果母枝上的新梢发生会对坐果产生不利影响，可产生大量落果。发育早期的果实比晚期的果实对新梢发生更为敏感；无籽或种子败育的果实比种子正常的果实敏感。因此，控制果实发育期间的新梢发生也是促进坐果的重要措施，如无籽砂糖橘是萌芽能力特别强的柑橘品种，若结果树夏梢大量抽生，会引起严重落果，所以控制夏梢是砂糖橘保果的重要措施。果实和新梢之间的竞争似乎体现"以量取胜"的规则，如坐果充分，往往可有效压制新梢发生；而坐果量过少，新梢容易发生，导致果实脱落（无籽或种子败育的品种尤其严重）。值得注意的是，柑橘等果实发育达到一定程度时，新梢发生的影响明显变弱。有研究还表明，当有新梢或幼果时，留树的成熟'Valencia'果实对落果剂（CMN-Pyrazole，一种乙烯促进剂）的敏感明显降低（Yuan et al，2001），坐果能力反而加强。

根系是较弱的库（Kramer et al，1979），坐果期间多数果树的根系生长相对较弱。但袁荣才和黄辉白（1993）在'糯米糍'幼年结果树上发现根系也具有强大的竞争力，根的生长甚至导致大量的落果。

其五，胁迫环境加剧落果。干旱胁迫、高温或低温胁迫、光照不足、病虫为害等均可引发严重的落果。如越冬反季节龙眼果实发育经历低温胁迫，坐果率明显比正造果的低。在干旱或低温胁迫下，落果不一定马上发生，而往往是在复水或升温后发生大量落果。一般情况下，种子败育的品种对逆境胁迫的敏感性高于种子发育正常的品种。

2.4.3.2　落果的机理与调控

脱落的效应部位在于离层。果实发育不同时期的离层发生的部位不同，早期果实脱落往往发生在果柄与结果枝或花穗梗之间，而后期落果的离层多发生于果柄与果实之间。离层活动涉及细胞壁胞间层水解和保护组分（木质化等）淀积等细胞壁修饰过程(Roberts et al,2000；Kostenyuk et al,2002)。脱落发生涉及一系列的细胞壁水解酶基因的表达改变(Wu et al,2004；Tucker et al,2007)。

离层的活动受内外信号诱导，通过内源激素平衡调控。Sexton（1997）认为乙烯是诱导离层活动的最主要的信号，而离区的内源生长素是抑制离层活动的主要激素，离区中乙烯和生长素的平衡，决定了远轴器官是否发生脱落。而一些内外因子影响离层乙烯的发生和生长素水平，以及离层对两者的敏感性。整合各种因素的影响，Sexton 建立了器官脱落的乙烯—生长素平衡调控模式（图 2-15）。从该模式看，许多逆境因素，如水分胁迫、病害、创伤、黑暗是通过增加离层的乙烯或增加对乙烯的敏感性引发果实脱落。

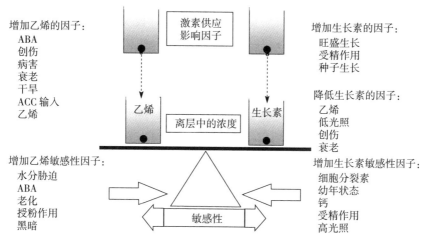

图 2-15　器官脱落的乙烯与生长素平衡调控模式

（Sexton，1997）

2.4.4　花粉直感现象

授粉（受精）除直接启动坐果外，授粉还会直接影响果实发育的生理状态，进而影响果实的性状。

多胚珠果实的大小和形状与胚珠受精状况密切相关。Cherymoya 番荔枝依赖人工进行单花授粉，授粉量不足可导致部分胚珠受精，形成的果实偏小或畸形，增加授粉量可提高果实重量，但不影响果实的生长型（Gonza′lez et al，2006）。

授粉对果实性状的影响还表现在花粉源（父本）的影响上，即花粉直感现象（metaxenia）。其定义是：不同品种授粉后，花粉当年内能直接影响其受精形成的种子或果实性状的现象。其中导致种子性状改变的现象为花粉种子直感；而导致果实性状（大小、形状、色泽、品质、成熟期等）改变的现象称为花粉果实直感。花粉直感在苹果、梨、板栗等落叶果树上有较多报道（秦立者等，2002）。在热带亚热带果实中也普遍存在，并且对果实发育的影响是多方面的。'解放钟'枇杷自花果实普遍比杂交授粉产生的果实小，而可食率高，其中以'长红3号'授粉产生的果实重量高于其他品种授粉产生的果实，但其果实含糖量明显降低（Xu et al，2007）。'桂味'荔枝接受不同品种花粉形成的果实在果重、果形指数、可食率、可溶性固形物、糖、酸、花青苷含量方面均有差异（邱燕萍等，2006，表2-3）。荔枝种子花粉直感现象明显，不同品种授粉对'桂味'和'糯米糍'种子（胚胎）发育状态有显著的影响，从而改变果实的"焦核（种子败育）率"（Xiang et al，2001），如'糯米糍'接受'大造'品种的花粉产生的果实焦核率明显降低，仅为7.5%，而自花授粉和其他品种杂交产生的果实焦核率一般超过80%；'桂味'接受'大造'的花粉产生的果实焦核率低至4.7%。看来，'桂味'和'糯米糍'果园中不宜存在'大造'品种。

表2-3 不同品种授粉对'桂味'荔枝品质的影响

（邱燕萍等，2006）

授粉品种	可食率（%）	可溶性固形物（%）	总糖（每100mL含量，g）	酸（每100mL含量，g）	维生素C（每100mL含量，g）	花青苷（每100cm²含量，U）	叶绿素（μg/g）
黑叶（Heiye）	80.44a	15.2b	15.61ab	0.14b	5.6c	57.86bc	77.84ab
红绣球（Hongxiuqiu）	75.56ab	16.0a	15.64ab	0.18ab	12.3a	71.13ab	78.50ab
雪怀子（Xuehuaizi）	52.20b	15.0b	14.06b	0.21a	3.3b	78.56a	75.54ab
妃子笑（Feizixiao）	80.40a	15.0b	15.18ab	0.18ab	7.3bc	59.98b	70.15b
将军荔（Jiangjunli）	78.05ab	16.2a	16.65a	0.17ab	8.3b	55.73c	65.19bc
糯米糍（Nuomici）	78.60ab	15.0b	15.43ab	0.19ab	8.5b	65.82b	51.58c
大造（Dazao）	79.94a	15.5ab	16.65a	0.20b	12.5a	70.06ab	85.68a
尚书怀（Shanshuhuai）	76.83ab	16.2a	15.96ab	0.16b	12.5a	61.57b	87.05a

（续）

授粉品种	可食率（%）	可溶性固形物（%）	总糖（每 100mL 含量，g）	酸（每 100mL 含量，g）	维生素 C（每 100mL 含量，g）	花青苷（每 100cm² 含量，U）	叶绿素（μg/g）
八宝香（Babaoxiang）	73.53ab	14.7b	14.16b	0.19ab	7.1bc	60.51b	57.02c
陈紫（Chenzi）	78.14ab	15.0b	15.08ab	0.21a	8.5a	61.04b	73.78ab
桂味（Guiwei）	82.78a	15.2b	15.43ab	0.21a	7.7b	60.51b	85.84a
怀枝（Huaizhi）	80.06a	16.2a	16.35a	0.15b	11.2a	71.38ab	58.42c

注：不同字母表示差异显著，P＞0.05。

　　部分荔枝品种，如'Mauritius（大造）'和'Floridian'（Degani et al，1995）、油梨部分品种（'Hass'）（Degani et al，1989）和榴莲（Honsho et al，2004）在坐果过程中，自花授粉产生的果实淘汰率高，而异花授粉产生的果实坐果率高。这一现象被纳入"滞后自花不亲和效应"的范畴，是否也属于花粉直感效应的影响值得商榷。

　　花粉直感还可能影响果实发育成熟期，如早熟椰枣品种对'Deglet Noor'品种授粉产生的果实比晚熟品种授粉的果实提早 1 个多月成熟（Nixon，1928）。

　　不同来源的花粉产生的果实在植物生长素、细胞分裂素和 GA₃ 等激素浓度不同，从而产生果实发育状态的差异（Denny，1992）。关于花粉直感机理还有待进一步揭示。

（黄旭明，华南农业大学园艺学院）

参 考 文 献

陈中海，陈晓静 . 2000. 雌雄异株果树的性别决定及性别鉴定研究进展［J］. 福建农业大学学报，29（4）：429 - 434.

邓西民，韩振海，李绍华 . 1999. 果树生物学［M］. 北京：高等教育出版社 .

黄辉白 . 1995. 具假种皮（荔枝、龙眼）果实生理研究进展［J］. 园艺学年评，1：107 - 120.

黄辉白 . 2003. 热带亚热带果树栽培学［M］. 北京：高等教育出版社 .

季作梁，叶自行 . 1995. 气温对荔枝开花坐果的影响［J］. 果树科学，12（4）：250 - 252.

加滕幸胸，志佐诚 . 1982. 植物生殖生理学［M］. 周永春和刘瑞征，译 . 1987. 北京：科学出版社 .

李建国 . 2001. 荔枝果实个体发育与减轻裂果研究［D］. 广州：华南农业大学博士学位论

文.

刘颂颂, 叶永昌, 招晓东, 等. 1999. 无核荔枝种子败育的胚胎学研究 [J]. 华南农业大学学报, 20 (2): 41-46.

刘星辉, 邱栋梁, 谢传龙, 等. 1996. 龙眼授粉生物学研究 [J]. 中国南方果树, 25 (1): 34-36.

吕柳新, 余小玲, 叶志明, 等. 1989. 荔枝胚胎发育机理探讨 [J]. 福建农学院学报, 18 (2): 149-155.

聂磊, 刘鸿先. 2002. 不同授粉处理对沙田柚果实发育中内源激素水平变化的影响 [J]. 果树学报, 19 (1): 27-31.

秦立者, 李保国, 齐国辉. 2002. 果树花粉直感研究进展 [J]. 河北林果研究, 17 (4): 371-375.

邱燕萍, 戴宏芬, 李志强, 等. 2006. 不同品种授粉对桂味荔枝果实品质的影响 [J]. 果树学报, 23 (5): 703-706.

邱燕萍, 张展薇, 邱荣熙. 1994. 荔枝胚胎发育的研究 [J]. 植物学通报, 11 (3): 45-47.

孙涌栋, 张兴国, 候蕊贤, 等. 2005. 授粉后黄瓜膨大相关基因的鉴别 [J]. 植物生理与分子生物学学报, 31 (4): 403-408.

翁树章, 李育英, 陈育英, 等. 1990. 广东荔枝主要品种花粉生活力研究初报 [J]. 果树科学, 7 (2): 91-96.

吴定尧, 林晓东, 叶钦海, 等. 2000. 抹除原发花序利用后发花序改善妃子笑荔枝坐果研究 [J]. 华南农业大学, 21 (1): 19-21.

叶薇佳. 2006. 无籽砂糖橘的无籽成因研究及 RAPD 分析 [D]. 广州: 华南农业大学硕士论文.

袁荣才, 黄辉白. 1993. 从调节源—库关系看环剥对荔枝幼树根梢生长与坐果的调控 [J]. 果树科学, 10 (4): 185-198.

袁荣才, 黄辉白. 1992. 通过调节源—库关系以改善荔枝坐果 [J]. 华南农业大学学报, 13 (4): 136-141.

曾骧. 1991. 果树生理学 [M]. 北京: 北京农业大学出版社.

张上隆, 陈昆松, 叶庆富, 等. 1994. 柑橘授粉处理和单性结实子房 (幼果) 内源 IAA、ABA 和 ZT 含量的变化 [J]. 园艺学报, 21 (2): 117-123.

张晓明, 朱墨, 姜立杰, 等. 2005. 果树自交不亲和花粉 S 基因研究进展 [J]. 果树学报, 22 (3): 261-264.

张展微, 邱燕萍, 向旭. 1990. 荔枝单性结实研究初报 [J]. 果树科学, 7 (4): 234-235.

中川昌一, 1978. 果树园艺原论 [M]. 曾骧, 译. 北京: 农业出版社.

AKAMINE E K, GIROLAMI G. 1957. Problems in fruit set in yellow passion fruit. Hawaii Farm Science [J], 5: 3-5.

AWAD M A. 2006. Water spray as a potential thinning agent for date palm flowers (*Phoenix dactylifera* L.) c. v. 'Lulu' [J]. Scientia Horticulture, 110: 44-48.

BAKER R P, HASENSTEIN K H, ZAVADA M S. 1997. Hormonal changes after compatible and incompatible pollination in *Theobroma cacao* L. [J]. HortScience, 32: 1231 - 1234.

BREWBAKER J L. 1957. Pollen cytology and self-incompatibility systems in plants [J]. Journal of Hered, 48, 271 - 277.

CHEN H, CHEN C, CHEN D H, et al. 2007. Introduction and regulation of harvest period of 'Zaozhong No. 6' loquat in the Zhuhai Area of China [J]. Acta Horticulturea, 750, 77 - 81.

CHEUNG A Y, WANG H, WU H M. 1995. A floral transmitting tissue-specific glycoprotein attracts pollen tubes and stimulates their growth [J]. Cell, 82: 383 - 393.

COIMBRA S, TORRÃO L, ABREU I. 2004. Programmed cell death induces male sterility in *Actinidia deliciosa* female flowers [J]. Plant Physiology and Biochemistry, 42: 537 -541.

DAVENPORT T L, NUNEZ-ELISEA R. 1997. The Mango: Botany, Production and Uses. (Litz RE ed) [M]. The United Kingdom: Centre For Agriculture And Bioscience International.

DAVENPORT T L. 1982. Avocado growth and development [J]. Proceedings of the Florida State Horticultural Society, 95: 92 - 96.

DEGANI C, GOLDRING A, GAZIT S. 1989. Pollen parent effect on outcrossing rate in 'Hass' and 'Fuerte' avocado plots during fruit development [J]. Journal of the American Society for Horticultural Science, 114 (1): 106 - 111.

DEGANI C, STERN R A, EI-BATSRI R, et al. 1995. Pollen parent effect on the selective abscission of 'Mauritius' and 'Floridian' lychee fruitlets [J]. Journal of the American Society for Horticultural Science, 120 (1): 523 - 526.

DENNY J O. 1992. Xenia includes metaxenia [J]. Journal of Horticultural Science, 27 (7): 722 - 728.

GAZIT S, DEGANI C. 2002. Reproductive biology. In: The Avocado: Botany, Production and Uses. (Whiley A W, Schaffer B, Wolstenholme B, eds). Wallingford: CABI Publishing.

GILLASPY G, BEN-DAVID H, GRUISSEM W. 1993. Fruits: A developmental perspective [J]. Plant Cell, 5: 1439 - 1452.

GIOVANNONI J J. 2004. Genetic regulation of fruit development and ripening [J]. Plant Cell, 16: 170 - 180.

GONZA'LEZ M, BAEZA E, LAO J L, et al. 2006. Pollen load affects fruit set, size, and shape in cherimoya [J]. Scientia Horticulturae, 110: 52 - 56.

GOREN R, HUBERMAN M, GOLDSCHMIDT E E. 2004. Girdling: physiological and horticultural aspects [J]. Horticultural Reviews, 30: 1 - 29.

HERRERO M. 1992. From pollination to fertilization in fruit trees [J]. Plant Growth Regulation, 11: 27 - 32.

HONSHO C, YONEMORI K, SOMSRI S, et al. 2004. Marked improvement of fruit set in Thai durian by artificial cross-pollination [J]. Scientia Horticulturae, 101 (4): 399 -406.

HUANG H B. 2005. Fruit set, development and maturation. In: Litchi and Longan: Botany, Production and Uses [M]. (Menzel C M, Waiite G K, eds) . Oxfordshire: Cabi Publishing.

ISH-AM G, GAZIT S. 2002. Pollinators of avocado. In: Tropical Fruit Pests and Pollinators (Pena JE, Sharp JL and Wysoki M) [M]. Wallingford: CABI Publishing.

JOURBERT A J. LITCHI. 1986. In: Handbook of Fruit Set, and Development. (Monselise S P, ed.) . Florida: CRC Press.

JUTAMANEE K, EOOMKHAM S, PICHAKUM A, et al. 2002. Effects of calcium, boron and sorbitol on pollination and fruit set in mango cv. Namdokmai [J]. Acta Horticulture, 575 (2): 829 - 834.

KOSTENYUK I A, ZON J, BURNS J K. 2002. Phenylalanine ammonia lyase gene expression during abscission in citrus [J]. Physiologia Plantarum, 116: 106 - 112.

KRAMER P S, KOZLOWSKI T T. 1979. Physiology of Woody Plants [J]. Academic Press.

LI Y, YU J Q, YE Q J, et al. 2003. Expression of CycD3 is transiently increased by pollination and N - (2 - chloro - 4 - pyridyl) - N' - phenylurea in ovaries of *Lagenaria leucantha* [J]. Journal of Experimental Botany, 54: 1245 - 1251.

LIU Z, MOORE P H, MA H, et al. 2004. A primitive Y chromosome in papaya marks incipient sex chromosome evolution [J]. Nature, 427 (22): 348 - 352.

LORD E M, RUSSELL S D. 2002. The mechanisms of pollination and fertilization in plants [J]. Annual Review of Cell and Developmental Biology, 18: 81 - 105.

LUCKWILL L C. 1953. Studies on fruit development in relation to plant harmony. I. Hormone production by the developing apple seed in relation to fruit drop [J]. Journal of Horticultural Science, 28: 14 - 24.

MENZEL C M, SIMPSON D R. 1991. Effects of temperature and leaf water stress on panicle and flower development of litchi (*Litchi chinensis* Sonn.)[J]. Journal of Horticultural Science, 66 (3): 335 - 344.

MENZEL C M, SIMPSON D R. LYCHEE. 1994. In: Handbook of Environmental Physiology of Fruit Crops. Vol (2) Subtropical and Tropical Crops (Schaffer B, Anderson P C, eds) . Florid: CPC Press.

MUSTARD M J. 1960. Megagametophytes of the lychee (*Litchi chinensis* Sonn.) [J]. Proceedings of the American Society of Horticultural Science. 75: 292 - 304.

NIXON R W. 1928. The direct effect of the pollen on the fruit of date palm [J]. Agricultural Research, 36: 97 - 128.

O' NEILL S D, NADEAU J A. 1997. Postpollination flower development [J]. Horticultural Reviews, 19: 1 - 58.

OFFORD C A. 2004. An examination of the reproductive biology of *Telopea speciosissima* (Proteaceae), with emphasis on the nature of protandry and the role of self pollination in fruit set [J]. International Journal of Plant Sciences, 165: 73 - 83.

PEZZOTTI M, FERON R, MARIANI C. 2002. Pollination modulates expression of the P-PAL gene, a pistil specific β-expansin [J]. Plant Molecular Biology, 49: 187 - 197.

PODOLER H, GALON I, GAZIT S. 1985. The effect of atemoya flowers on their pollinators: nitidulid beetles [J]. Acta Oecologia, 6 (3): 251 - 258.

ROBBERTSE P J, JOHANNSMEIER M F, MORUDU T M. 1997. Pollination studies in Hass avocado in relation to the small fruit problem [J]. South African Acocado Growers' Association Yearbook, 20: 84 - 85.

ROBERTS J A, WHITELAW C A, GONZALEZ-CARRANZA Z H, et al. 2000. Cell separation processes in plants-models, mechanims and manipulation [J]. Annals of Botany, 86: 223 - 236.

ROE D J, MENZEL C M, OOSTHUIZEN J H, et al. 1997. Effect of current CO_2 assimilation and stored reserves on lychee fruit growth [J]. Journal of Horticultural Science, 72 (3): 397 - 405.

ROSELL P, GALA'N SAU'CO V, HERRERO M. 2006. Pollen germination as affected by pollen age in cherimoya [J]. Scientia Horticulturae, 109: 97 - 100.

SAMSON J A. 1980. Mango, Avocado and papaya. In: Tropical Fruits. Tropical Agriculture Series (Rind D, Wrigley C, eds) . London: Longman.

SCHAFFER B, WHILEY A W AND CRANE J H. 1994. Mango. In: Handbook of Environmental Physiology of Fruit Crops. Vol (2) Subtropical and Tropical Crops (Schaffer B, Anderson P C eds) . Florid: CPC Press.

SEXTON R. 1997. The role of ethylene and auxin in abscission [J]. Acta Horticulture, 463: 435 - 444.

SOUZA M M, PEREIRA T N S, VIANA A P, et al. 2004. Flower receptivity and fruit characteristics associated to time of pollination in the yellow passion fruit *Passiflora edulis* Sims *f. flavicarpa* Degener (Passifloraceae) [J]. Scientia Horticulturae, 101: 373 - 385.

SRIVASTAVA L M. 2002. Plant Growth and Development: Hormones and Envrionment. San Diego: Academic Press.

STERN R A, EISENSTEIN D, VOET H, et al. 1996. Anatomical structure of two day old litchi ovules in relation to fruit set and yield [J]. Journal of Horticultural Science, 71 (4): 661 - 671.

STERN R A, EISENSTEIN D, VOET H, et al. 1997. Female Mauritius litchi flowers are not fully mature at anthesis [J]. Journal of Horticultural Science, 72: 19 - 25.

STERN R A, GAZIT S. 2000. Application of the polyamine putrescin increased yield of 'Mauritius' litchi (*Litchi chinensis* Sonn.) [J]. Journal of Horticultural Science and Biotechnology, 75: 612 - 614.

STERN R A, GAZIT S. 1996. Lychee pollination by the honeybee [J]. Journal of the American Society for Horticultural Science, 120 (1): 152 - 157.

STERN R A, GAZIT S. 1998. Pollen viability in lychee [J]. Journal of the American Society for Horticultural Science, 123 (1): 41 - 46.

STERN R A, GAZIT S. 2003. The reproductive biology of the lychee [J]. Horticultural Reviews, 28: 393 - 453.

STERN R A, KIGEL J, TOMER E, et al. 1995. Mautritius lychee fruit development, and reduced abscission after treatment with auxin 2, 4, 5-TP [J]. Journal of the American Society for Horticultural Science, 120: 65 - 70.

TAIZ L, ZEIGER E. 1998. Plant Physiology [M]. Sinauer Associates Inc, Sunderland, Massachusetts, USA.

TANURDZIC M, BANK J A. 2004. Sex determining mechanisms in land plants [J]. The Plant Cell, 16: 61 - 71.

TUCKER M L, BURKE A, MURPHY C A, et al. 2007. Gene expression profiles for cell wall-modifying proteins associated with soybean cyst nematode infection, petiole abscission, root tips, flowers, apical buds, and leaves [J]. Journal of Experimental Botany, 58 (12): 3395 - 3406.

VIVIAN-SMITH A, LUO M, CHAUDHURY A, et al. 2001. Fruit development is actively restricted in the absence of fertilization in *Arabidopsis* [J]. Development, 128: 2321 -2331.

WHILEY A W, SCHAFFER B. 1994. Avocado. In: Handbook of Environmental Physiology of Fruit Crops. Vol (2) Subtropical and Tropical Crops (Schaffer B, Anderson PC eds). Florid: CPC Press.

WU X, BURN J K. 2004. A β-galactosidase gene is expressed during mature fruit abscission of 'Valencia' orange (Citrus sinensis) [J]. Journal of Experimental Botany, 55: 1493 -1490.

XIANG X, OU L, QIU Y, et al. 2001. Embryo abortion and pollen parent effects in 'Nuomici' and 'Guiwei' litchi [J]. Acta Horticulture, 558: 257 - 260.

XU J H, CHENG C Z, ZHANG LM, et al. 2007. Pollen parent effects on fruit quality of 'Jiefangzhong' loquat [J]. Acta Horticulture, 750: 361 - 372.

YIN T, QUINN J A. 1995. Tests of a mechanistic model of one hormone regulating both sexes in *Cucumis sativus* Cucurbitaceae [J]. American Journal of Botany. 82: 1537 - 1546.

YU J Q. 1999. Parthenocarpy induced by N - (2 - chloro - 4 - pyridyl) - $N\%$- phenylurea (CPPU) prevents flower abortion in Chinese white-flowered gourd (*Lagenaria leucantha*) [J]. Environmental and Experimental Botany, 42: 121 - 128.

YUAN R C, HARTMOND U, GRANT A, et al. 2001. Physiological factors affecting response of mature 'Valencia' orange fruit to CMN-pyrazole. I. Effects of yong fruit, shoot

and root growth [J]. Journal of the American Society for Horticultural Science，126 （4）：
414 - 419.

YUAN R C，HUANG H B. 1988. Litchi fruit abscission：its patterns，effect of shading and
relation to endogenous abscisic acid [J]. Scientia Horticulturae，36：281 - 292.

第3章 果实个体发育与果实裂果

3.1 果实个体发育

果实（fruit）是由子房或连同花的其他部分发育而成的。果实的发育应从雌蕊形成开始，包括雌蕊的生长、受精后子房等部分的膨大、果实形成和成熟等过程。果实成熟（maturation）是果实充分成长以后到衰老之前的一个发育阶段。从坐果到果实成熟经历的时间称为果实发育期，果实发育期的长短因树种、品种而异，如荔枝、番荔枝、石榴、番石榴等，需 50～100d；龙眼、菠萝、猕猴桃等，需 100～200d；柑橘、枇杷、木菠萝、油梨等，需 200d 左右。有些树种或品种，需时很长，如危地马拉系统的油梨，长达 300～500d；伏令夏橙 400d 左右。大多数常绿果树，同树种不同品种的差异也较大，如香蕉、杧果、杨桃、越橘等早、中、晚品种变动在 50～140d。

3.1.1 果实个体发育一般规律

从雌蕊发育开始，果实发育可分为 3 个阶段：第 1 阶段为子房发育、授粉受精和初始坐果；第 2 阶段为果实生长主要以细胞分裂为主，包括种子形成和早期胚的发育；第 3 阶段为果实发育主要以细胞膨大为主，包括胚的成熟（Gillaspy et al，1993）。果实的最终大小要到这 3 个阶段完成后才能最终确定。

3.1.2 果实生长发育模式

果实的生长发育起始于产生它的花器原基分化形成时。从子房发育膨大成为 1 个食用果实，可以分为细胞分裂及细胞膨大两个阶段。细胞分裂期比较短暂，一般在子房发育初期即开花期已基本停止了。但停止的时期因果实的部位不同而异，通常子房内部细胞分裂停止较早，外侧细胞分裂停止较迟，经过细胞分裂阶段后果实进入细胞彭大阶段，经历的时间较长。整个果实的生长过程常用累加生长曲线（accumulative growth curve）和生长速率曲线（growth rate curve）表示，通常以果径、重量、体积等为纵轴，表示生长量，以发育时期（如花后天数）为横轴，表示生长时间进程，在平面上作成生长曲线。用生长速率表示则相应为单峰及双峰型，横坐标为花后周数和天数。

属于单 S 形生长模式的果实有香蕉、荔枝、菠萝、柑橘、枇杷、龙眼、澳洲坚果和杧果等。这一类型的果实在开始生长时速度较慢，以后逐渐加快，直至急速生长，达到高峰后又渐变慢，最后停止生长。这种慢—快—慢的生长节奏是与果实中细胞分裂、膨大、分化以及成熟的节奏相一致的。

属于双 S 形生长模式的果实有番荔枝、无花果、沙田柚、油橄榄、阿月浑子、台湾青枣和番石榴等。这一类型的果实在生长中期出现一个缓慢生长期，表现出慢—快—慢—快—慢的生长节奏。这个缓慢生长期是果肉暂时停止生长，而内果皮木质化、果核变硬和胚迅速发育的时期。果实第二次迅速增长的时期，主要是中果皮细胞的膨大和营养物质的大量积累期。单 S 型曲线与双 S 型曲线的主要区别在于前者只有 1 个快速生长期，后者则有 2 个生长高峰。

3.1.3　果实生长发育要素

无论是真果还是假果，它们的食用部分都是由薄壁细胞组成的，因此果实的大小主要取决于薄壁细胞的数量、细胞体积和细胞间隙的大小。

3.1.3.1　果实细胞分裂

果实由许多细胞组成。一个 160g 重的小元帅苹果有 5 000 万个细胞，430g 重的大苹果有 1.156 亿个细胞（Westwood，1967）。细胞数量是果实增大的基础，果实细胞数量的多少与细胞分裂时间的长短和分裂速度有关。通常果枝粗壮、花芽饱满，形成的幼果细胞数量较多。大果型和晚熟型的品种，一般花后细胞分裂持续的时间较长，细胞数量也多。细胞分裂始于花原基形成之后，一直持续到幼果生长期。Pearson 和 Robertson（1952）发现苹果果实细胞数量在开花前期增长 21 倍，开花期间停止增长，开花后幼果生长期 3～4 周内再增长 4～5 倍。葡萄果实细胞数目花前增加 17 倍，花后仅增加 1.5 倍（Coombe，1972）。在果实发育期完成 15%～20% 时，苹果、葡萄和甜橙果实停止细胞分裂。草莓和油梨果实的细胞分裂活动一直持续到果实成熟时为止。沙田柚果实生长发育的全过程可分为三个阶段，其中第一阶段就是细胞分裂阶段，持续约 45d，这一阶段果实各部分都进行细胞分裂，果实的重量增加和果实增大主要是由于果皮细胞数量急剧增加所致（黄明等，1998）。

3.1.3.2　果实细胞体积膨大

果实细胞分裂后细胞体积不断膨大，到果实成熟时细胞体积可增大几十倍、数百倍、甚至近万倍。石榴果实成熟时，外种皮细胞长度可达 2mm，其体积增大了约 1 万倍（Jackso et al，1966）。Bollard（1970）发现葡萄果实花后细胞数目增加 2 倍，而细胞体积增大了 300 倍以上。

果实细胞体积迅速膨大多发生在果实生长发育的中后期。如果细胞数量不变，收获时果实的大小主要依靠细胞体积增大的程度。李建国等（2002）研究大果型'鹅蛋荔'和小果型'淮枝'品种的果实发育过程发现'鹅蛋荔'和'淮枝'两品种中果皮细胞膨大趋势较为一致，开花前细胞膨大速度相对花后较慢，开花后细胞膨大加快，在果实成熟期间（花后 56～80d）细胞膨大速度进一步加快，'淮枝'果皮细胞大小自花后 28d 起比'鹅蛋荔'稍大。丰都红心柚果实年生长发育的第二个生长高峰主要就是由细胞增大和果实内部变化导致，这是决定果实重量和品质的重要阶段（傅德明，2006）。

果实细胞体积增大速率（cell growth rate，CGR）取决于细胞和细胞壁的特性，它们之间的关系可用下面的公式表示：

$$CGR=m（P-Y）$$

式中：m 为细胞壁的延展特性；P 为细胞膨压；Y 为阀值，指能迫使细胞体积开始增大的最小膨压。

细胞壁的特性是可变的。果实不溶性原果胶变为可溶性果胶后，细胞壁微纤丝间的结合力会减弱，m 和 Y 跟着变化。P 与细胞内的溶质积累有关。细胞内积累溶质增加，渗透势和水势降低，水分便从细胞外流入。随着细胞内水分增多，细胞的膨压增大。所以，糖分积累、充分供水、改变细胞壁结构特性有利于促使细胞体积增大，进而增大果实体积。

果实体积增大与细胞体积增大有相似之处。把果实整体看作一个细胞，其外皮相当于细胞壁，果实的体积增长与果实膨压和外皮特性密切相关。葡萄浆果转熟后体积膨大生长动力的形成与果实糖分积累和外皮松弛导致的总水势降低有关（黄旭明等，1998）。

3.1.3.3 果实体积空隙的增加

果实成熟时，细胞体积增大，细胞间隙也增大，空隙增多，果实体积密度会降低。空隙增多也是果实增大的一个重要因子。毛叶枣果实成熟时细胞间隙增大十分明显，果肉变疏松。成熟的苹果果实空隙可占总体积的 25%。葡萄花后细胞数量比花前增长两倍，而细胞体积却增大了 300 多倍。大果的空隙比小果的多，因而体积密度（比重）低（Westwood，1967）。多数果实生长发育后期，体积增大速率超过重量增加速率，因而生长发育后期果实密度降低。

3.1.4 果实各部分发育（荔枝为例）

3.1.4.1 胚胎发育

荔枝的花为二裂子房，每个子房具一个倒生胚珠，受精后一室发育为正常果实，另一室萎缩，形成一个单果，但也有二室均发育为双连果。荔枝的胚胎经双受精后初生胚乳核的分裂早于合子，大约花后6d初生胚乳核开始分裂，花后33d左右充满种腔，形成游离核型液态胚乳。液态胚乳以后慢慢被胚发育所吸收；而合子分裂则起于花后7～12d，于花后20d左右形成球形胚，花后30d左右形成心形胚，花后50～60d形成子叶形胚，此后，逐渐发育成饱满的种子而充满种腔（吕柳新等，1985）。胚胎发育对养分要求较多，对环境变化也较敏感，此期如树体营养不足或遇上不良气候条件，则易导致胚发育不良而产生落果或果实败育，造成减产。据研究，荔枝胚胎发育过程中有三次落果高峰，分别在合子至球形胚发育阶段，心形胚发育阶段和子叶胚发育阶段出现。胚胎发育异常是落果的主要内因，胚胎中途败育，使果实内源激素水平降低，不能满足发育所需，因而出现落果；所以，生产上在胚胎发育期外施生长调节剂可以提高坐果率。

3.1.4.2 果皮发育

荔枝果皮源于子房壁，由外、中、内果皮三部分组成（图3-1）。李建国

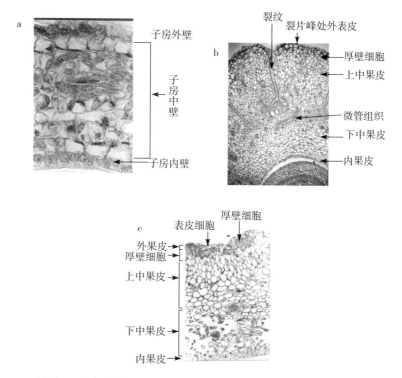

a. 开花前18d子房壁结构　b. 雌花开放后10d果皮结构　c. 成熟果实果皮的结构

图3-1 荔枝子房壁和果皮结构

（李建国等，2003a）

等（2003a）以'淮枝'荔枝为试材，对花前子房和花后果皮发育的解剖学特点进行了观察，其发育特点分叙如下：

内果皮系由子房壁的最内层细胞发育而成，与珠柄相连，由小而未木栓化的薄壁表皮细胞组成。开花 6d 以前子房壁最内层的细胞分裂最为旺盛，到开花前 2~3d 细胞分裂开始迅速下降，花后 0~47d 仍有一定比例的分裂。花后 10d 以内的内果皮层数为 1 层，细胞分裂方式以垂周分裂为主，主要作用是增加内果皮表面积，以适应胚珠和受精后胚胎发育生长的需要；从花后 13d 起，内果皮层数已变成明显的 2~3 层，细胞分裂方式以平周分裂为主，主要增加内果皮层数和厚度，至花后 47d 增至 11~13 层。内果皮的细胞膨大大体上可分为 3 个阶段，基本呈"快－慢－快"的单 S 型图式：①花前膨大期，花前 18d 至花后 0d，平均膨大速率为 $3.73\mu m^2/d$；②花后缓慢膨大期，花后 0~41d，平均膨大速率只有 $0.13\mu m^2/d$；③花后快速膨大期，花后 41~80d，平均膨大速率为 $6.33\mu m^2/d$。

中果皮由厚壁细胞层、上中果皮和下中果皮三部分组成。厚壁细胞层系指龟裂片峰下方的 1~2 层石细胞，这些石细胞在开花前 18d 原为薄壁细胞，但随着发育进程，其细胞大小和细胞壁厚度会逐渐增大，约在花后 10d 可见其细胞壁明显加厚，成为厚壁细胞层的石细胞。上中果皮是指外果皮以下至包括原形成层（或维管束）在内的部分，这部分细胞分裂存在花前和花后两个高峰，原形成层细胞具有较旺盛的细胞分裂能力，它们进一步分化为微管组织，微管组织中存在着大量导管。厚壁细胞层下方的上中果皮细胞的分生能力最低，开花 32d 后，在这些部位观察不到具有明显分生能力的细胞，表明此时细胞分裂趋于停止。上中果皮细胞的形状、大小不一，多数呈径向排列，细胞层次也不清楚，不易辨清细胞层数。下中果皮是指原形成层（或维管束）以下和内果皮以上的部分，主要由薄壁细胞组成，开花 19d 后可见细胞壁解体形成空隙，开花 22d 后细胞间空隙进一步加大，开花 32d 后细胞排列的层次模糊不清，基本形成类似叶片海绵状组织结构。在海绵状组织结构未完全形成之前，细胞排列多以切向为主，细胞切向直径大于径向直径，细胞层数可辨，开花 18d 前只有 2~3 层，开花 19d 后增多至 13~14 层，细胞层数增加 6~7 倍。上中果皮细胞的膨大可分为 3 个阶段：①第 1 次缓慢增长期，主要在开花 7d 内，平均膨大速率为 $3.21\mu m^2/d$；②快速膨大期，从花后 7d 至花后 41d，平均膨大速率为 $24.72\mu m^2/d$；③第 2 次缓慢膨大期，主要在花后 55d 以后，平均膨大速率为 $5.89\mu m^2/d$。下中果皮细胞膨大可分为 2 个阶段：①缓慢增长期，主要在花后 7d 之前，如花后 7d 细胞大小比花前 18d 细胞要大 1.11 倍；②快速膨大期，从花后 7d 至大部分细胞壁解体，如花后 41d 的细胞大小是花后 7d 细胞的

4.44 倍。

3.1.4.3　果肉生长发育

荔枝的果肉为假种皮，由假种皮原基分化生长而成。Banerji（1944）和 Joubert（1969）等认为假种皮原基由珠孔塞演化而来，而黄辉白、柯冠武等研究认为假种皮原基由珠孔对面的珠柄远轴端的薄壁细胞衍生而来。黄辉白等（1983）研究表明，'桂味'荔枝于花后 9d 在珠孔对面的珠柄远轴端出现假种皮原基；花后 28d 假种皮原基开始增大；花后 35d 珠孔塞的上方出现假种皮原基，而珠孔塞自身随后解体消失；花后 56d 假种皮进入快速生长，此时覆盖种子中部以下的种皮；花后 66d 假种皮已覆盖种子顶部（图 3 - 2）。后来叶秀粦等（1992）认为假种皮发端于外珠被，南非的 Steyn 和 Robbertse（1992）认为假种皮发端于珠柄远轴（花后 7d）和珠孔塞上方（花后 35d），他们的研究结果实质上也是支持了黄辉白等的结论。

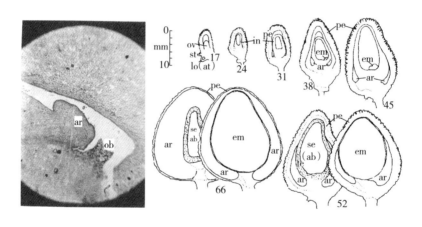

图 3 - 2　果实与假种皮发育

（黄辉白等，1983）

左：假种皮原基形成部位；右：荔枝（桂味）发育过程

st. 花柱　lo（at）. 萎缩的子房室　ar. 假种皮　ob. 珠孔塞　em. 胚

pe. 果皮　ov. 胚珠　se（ab）. 败育种子　in. 珠被　各图下标数字是指花后天数

黄辉白等（1983）观察'桂味'荔枝，发现假种皮原基于花后 9d 在珠孔对面出现。之后，环绕着珠柄陆续发生，各点的发育速度不一，珠孔侧慢，对侧快，花后 30d 形成完整一圈，且在珠孔侧可见到一条缝合线（邱云霞，1984），之后，假种皮以一个完整筒状组织均匀地向种子顶部生长，花后 40d 才能逐渐加快生长，最后种子包合。假种皮只附在种皮表面而无任何粘连，其基部与种柄顶端的环形连接处是水分及溶质进入的唯一通道，来自种柄的维管系统到此终止。假种皮内部不具维管组织，养分依靠共质体和质外体运输（邱云霞等，1986）。假种皮向上生长时，其细胞呈长形，果实接近成熟时，细胞变成了不规则形，成为充满浆汁的大型薄壁细胞（Joubert，1986）。据研究，在假种皮生长前期，水和溶质的进入基本同步，没有明显的交错现象；而到膨大生长阶段，水分的进入有超前于溶质的现象，此时若树体水分亏缺，则假种皮膨大生长受阻而导致果实细小；到了果实接近成熟阶段，溶质进入假种皮的速率减缓，水分仍能快速进入；此期如遇上台风雨，进入水分过多，则易造成裂果。

黄辉白等（1986）推断假种皮膨大生长的最终程度受到3个因子的调节：①种子挤占的空间，大核果的假种皮生长空间比"焦核果"小，所以大核果的果肉没有"焦核果"的肥厚；②假种皮液胞中的溶质浓度，溶质浓度高则渗透势低，利于水分持续进入，假种皮继续膨大生长；③"球皮对球胆效应"：果皮对假种皮的约束力，从而产生压力势，压力势高则水势上升，水分进入减缓乃至终止，假种皮膨大生长速度相应变慢。此外，不排除假种皮生长也受制于其与种胚间的养分竞争。

3.1.4.4 种子生长发育

种子的生长呈典型的单S型图式，花后4周生长缓慢，花后4~7周生长迅速，花后7周以后生长缓慢，花后8周以后干鲜重变化极少。胚乳在花后5周之前呈液态，之后被胚吸收。种皮的颜色经历嫩黄、嫩绿、绿、绿褐、红褐的变化，种皮的颜色变化反映了种子生理成熟的进程，一般当50%左右种皮变成红褐色时，种子的萌发率可以达50%左右，在果实成熟前1周种子基本达到完全生理成熟状态，这时的萌发率可达100%（Ray et al，1987；夏清华等，1993）。

3.2 果实大小及其调控

果实发育和最终大小受内部因子和外部环境的影响。内部因子主要是果实大小的遗传特性；细胞大小、数量、间隙以及与果实发育有关的果实内部生理生化变化都与遗传有关。外部因素包括气候因素，如温度、湿度和光照；土壤特性，如土壤中可利用水分及营养状况；植株特性，如树龄、母枝类型、坐果的位置、叶面积、树体当年和历年的负载量、碳水化合物的利用和分配等。本节主要介绍细胞学、子房与种子、碳水化合物及其代谢、植物生长调节物质、矿质营养、环境和栽培等因子对果实大小的影响。

3.2.1　影响果实大小的细胞学基础

控制果实大小的细胞学基础应从以下 3 个内部因子考察：一是心皮细胞数量；二是不同阶段细胞分裂数量；三是细胞膨大阶段持续时间和膨大率。到底哪个因子对决定果实大小最为重要至今尚未清楚。

对于果实大小主要决定于细胞数量的树种而言，花后形成的细胞数量要大大超过花前形成的数量，其花后形成的细胞数量占总细胞数量的 80%～97%（Goffinet et al，1995；Scorza et al，1991；Cheng et al，1992），对于果实大小主要决定于细胞大小的树种而言，在花前形成的细胞数量占总细胞数的 70%（Marcelis et al，1993），或许影响花前细胞分裂的因子比影响果实发育期间细胞分裂的因子对这类果实最终大小更重要。

对于具有相同遗传背景的同品种之间果实大小差异的细胞学研究表明，同一番茄品种的两个果实大小不同的突变体（Bohner et al，1988）、同一桃品种不同树之间的果实（Bradley，1959）以及同一株油梨树上不同大小果之间（Cowan et al，1997），果实大小的差异主要是由于细胞数量不同所造成的，受细胞大小的影响较小。Goffin 等（1995）认为人工疏果增大‘Empire’苹果果实大小的主要原因是增加了细胞数量，而与细胞大小或细胞间隙关系不大。李建国等（2002）以果实大小相差 2.5 倍以上的大果型‘鹅蛋荔’和小果型‘淮枝’荔枝品种为对比试材，比较它们之间的果皮中相对细胞数量和细胞大小时发现，花前 19d 至花后 35d，‘鹅蛋荔’子房壁和果皮中细胞数量均显著大于‘淮枝’（表 3-1），但两者在细胞大小方面经统计分析无显著的差异。说明荔枝品种间果实大小不同的细胞学决定因子主要为细胞数量。但也有不同的证据，Martin 和 Lewis（1952）发现 5 个苹果品种随挂果量增加，果实变小，同时细胞平均数量和大小也下降；Westwood 等（1967）对‘Delicious’苹果小果与大果比较，结果发现是小果细胞数量少，细胞小；同一苹果品种间果实大小与细胞间隙成正比。

表 3-1　不同果实大小荔枝品种果皮中相对细胞数量比较

（李建国等，2002）　　　　　　　　　单位：个/mm²

品种	花后天数（d）					
	−19	−12	−3	14	21	35
鹅蛋荔	6 646a	6 442a	5 503a	3 280a	2 168a	1 258a
淮枝	5 162b	4 429b	4 041b	2 611b	1 601b	710b

注：同列数字后不同英文字母表示差异显著水平达 P<0.01。

3.2.2　子房和种子与果实大小

事实上，多心皮子房的发育在主要组织间的细胞分裂和膨大过程之间存在时空上的差异，且这种发育多数都在开花前发生并对'Hayward'猕猴桃果的最终大小起着重要的作用（Watson et al，1994；Cruz-Castillo et al，1991）。Patterson 等（1999）指出开花时子房的鲜重与采收时果实的重量关系显著；Lai 等（1990）发现同一株猕猴桃树上早开花的果实与晚花果相比，其子房细胞数多，子房大，最终果实也大。果实大小与开花时花托或子房大小相关的报道在橄榄（Adolfo Rosati et al，2009）、柑橘（Praloran et al，1981）等果树中也存在。这些研究结果显示开花前各种因子通过影响花器官，特别是子房发育，从而对果实最终大小发生的作用也不可忽视。

种子数量与果实大小的正相关关系在许多树种，如柑橘（Saichol ketsa，1988）、枇杷（Blumenfeld，1980）、猕猴桃（Vasilakakis et al，1997）都存在。种子数量与花粉数量及质量相关，番茄自花授粉的果实一般种子数量少，果实小。Sawhney 和 Polowick（1985）在不同温度下进行人工授粉（消除了花粉因素影响）发现，果实大小表现为低温区大，高温区小；另外用 GA_3 处理番茄时，尽管种子数量略少于对照，但果实大于对照。Vasilakakis 等（1997）发现尽管某些果园果实中种子数目多于其他果园的果实，但果实偏小的现象总是存在。这说明单独用种子数量并不能完全解释同一品种果实大小差异。至于只有单个种子的荔枝果实，其种皮的重量而不是种子的重量与果实重量成正相关，由于果皮发育在先而假种皮发育在后，果皮的发育程度潜在地决定了果实最终的大小（Huang et al，1983）。

3.2.3　碳水化合物及其代谢对果实大小的影响

在发育前期果实是一个营养消耗库，需要树体供给大量营养物质以满足幼果细胞旺盛分裂所需，到发育后期膨大生长时，果实作为营养物质的贮藏库，把大量光合产物、矿质元素等贮藏于果内细胞中，因此龙眼荔枝果实发育期间，树体营养水平高，流向果实的同化物多，则果实发育良好，果实较大（邓九生等，1998）。在营养供应中，叶片扮演着十分重要的角色，因此，在适当的叶面积指数（LAI）范围内，总叶面积的增加，不仅使光合作用量提高，亦使净光合产物增加。许多学者研究发现，叶片数、叶面积与果实的大小密切相关。这在杧果（Chacko，1982）、葡萄柚（Fishler et al，1983）、柠檬（阎宝平等，1993）等果树上已经得到证实。宋志海等（2002）研究发现，大果型的荔枝品种三月红和妃子笑，其叶片有效光合作用显著高于小果型的桂味品种。

一般认为，叶片供应果实光合产物的多少是决定果实大小的主要因子。草莓的控制环境实验表明，增加 CO_2 浓度不但可以提高果实中干物质含量和糖的积累，而且可以提高单株产量和果实单重（Chen et al，1997）；Ito 等（1999）指出，增加 CO_2 浓度对梨果实发育的影响与果实不同发育阶段有关，在初始坐果和幼果阶段起作用主要体现在增大果实，在成熟期，其主要作用是提高含糖量。疏果和环剥或两者配合使用在多种果树中都有效增加果实大小，Goldschmidt（1999）指出疏果和环剥配合使用能使葡萄柚果实大小成倍增加，由此可见碳水化合物的供应是决定果实大小的一个重要因子。

碳水化合物输入量与果实大小相关（Walker et al，1977）。Ho（1995）认为番茄果实产量的主要限制因子不在于同化物的多少，而在于其分配，一般高产品种果实干物质占植株总干物质比例高，低产品种所占比例则低；不同大小果品种也有此关系，如樱桃番茄（小果型）果实积累的干物质显著低于中果和大果品种。不同果实对可利用同化物竞争力的不同是制约果实大小的因子之一，如猕猴桃通过外喷 CPPU 可以显著增加果实大小，这与 CPPU 提高了果实夺取和利用同化产物的能力有关（Woolley et al，1992；Famiani et al，1998）。Darnell 和 Birkhold（1996）用 ^{14}C 标记试验表明，尽管大果型和小果型越橘品种贮藏库中碳水化合物总体水平相同，但由于小果的调运能力低于大果，造成碳水化合物（包括贮藏和当即光合产物）进入小果的要少。Takagaki（1993）在比较大果型和小果型青椒对光合产物利用方面的差异时也发现，在恒定夜温条件下，大果型青椒品种的光合产物主要运输到未成熟的果中，而小果型的品种则以叶片为优势库。因此，碳水化合物的供应量及其在源库之间的分配和果实本身对它的调运能力可能对果实的大小都存在一定的影响。

进入果实的碳水化合物主要是蔗糖，蔗糖进入果实后的代谢变化对果实发育和最终大小产生如何的影响，近年来已引起研究者的重视。Sun 等（1992）指出番茄果实中蔗糖合成酶（SS）活性与果实大小呈正相关。最有说服力的例证来自转基因方面的研究，Klann 等（1996）把含有反义酸式转化酶（AI）的基因转入番茄果实，表达的结果显示提高了果实中蔗糖与己糖的比例，而果实大小减小了 30%；同样，反义 SS 基因转入番茄后会降低蔗糖卸载和早期果实生长并对最终大小产生影响（D'Aoust et al，1999）；蔗糖磷酸合成酶（SPS）在果实中主要作用是抑制 UDPG 和六磷酸果糖（F-6-P）合成蔗糖，并负责维持库细胞内外的糖浓度梯度，SPS 在番茄中表达会增强 SS 活性，从而刺激蔗糖在果实中的代谢（Nguyen-Quoc et al，1999）。这些结果均显示蔗糖代谢与番茄果实库力相关联。

Richings 等（2000）在比较'Hass'油梨同一株树上大果和小果的种子

和中果皮的糖含量及组成，以及与糖代谢有关酶的活性差异时发现，小果果实的产生与种子中蔗糖和果糖含量显著降低、不溶性 AI 活性剧烈升高及中果皮中 SS 活性显著降低有关。尽管目前还不能很好解释这些差异的形成是造成果实大小不同的原因，但是他们通过外源施用己糖或蔗糖来改变内源糖含量和组分时发现 HMGR 活性下降并对激素代谢产生影响。这一研究结果对揭示糖代谢和激素代谢相互作用及其对果实大小的影响具有一定的启示。因为蔗糖代谢产物也像植物激素一样具有改变库力代谢的基因表达能力，己糖/蔗糖比例可能组成一个动态平衡，其中每一组分的相对含量都可以一方面影响蔗糖酵解相关蛋白激酶 kinase（SnRK1）和己糖激酶（HXK）活性，另一方面影响激素代谢（Cowan et al，2001）。

3.2.4　植物激素对果实大小的影响

植物激素参与果实发育和生长的每一个阶段，五大类植物激素（生长素、赤霉素、细胞分裂素、脱落酸和乙烯）在不同果实及其不同发育阶段的作用已有大量的研究：一是植物生长调节剂的施用效果试验，二是果实发育期间的内源激素或与激素代谢相关的酶活性分析，三是激素调控果实发育的相关基因表达的试验。与果实大小相关的研究大多来自前两方面的报告。

许多植物生长调节剂都可以直接或间接调控果实的大小。人工合成的生长素类调节剂，如 2，4 - D、2，4 - DP、3，5，6 - TPA、NAA、NAAm 等均有其适宜的喷施浓度和时期才能增加果实的大小（Guardiola et al，1988；El-Otmani et al，1993；Agusti et al，1994a，1994b，1995，2000；Stern et al，1999，2001；李建国等，2004a）。细胞分裂素类调节剂，如 BA、CPPU、TDZ 等在幼果期使用，可显著增大葡萄（蔡礼鸿等，1996）、猕猴桃（Antog-nozzi et al，1997；Famiani et al，1999）、油梨（Kohne，1991）等果实。GA$_3$可以诱导许多果实的单性结实，并增大果实（Shiozaki et al，1997）。类似上述的研究资料还有很多，大多数都是注重实际的应用效果，对其作用机理研究不够深入。一般认为植物生长调节物质如 BA、NAA、乙烯利等是通过疏除过多的幼果来实现增大果实，到目前为止，生产中成功应用化学疏果的果树种类不多，常因品种不同而有较大的差异。过量的疏果可能也会对经济产量造成不利的影响（徐绍颖等，1980）。疏果增大果实的原因一般认为与减少树体果实负载量有关，但也并非如此简单。Wismer 等（1995）认为 BA 增大'Empire'苹果果实的原因主要是促进了细胞的分裂速率，使果实细胞数量增多；而 NAA 的作用主要是增大了果实细胞，它们在这方面的作用与减少坐果相比，对果实大小的贡献更大；GA 促进番茄（Bunger-Kibler et al，1982，1983）和葡萄（Shiozaki et al，1997）单性结实，并增大果实，其作用主要是提高了细胞的膨大能力，增大了果实细胞。最近，闫国华等（2000）采用流式细胞术，从细胞学和激素生理学研究了 GA_{4+7}、BA 和 CPPU 对增大苹果果实大小的作用机理，结果表明，GA_{4+7} 抑制了苹果果肉的细胞分裂，因而推测促进生长的作用主要在于促进细胞膨大。BA 和 CPPU 可以显著促进幼果的细胞分裂，增加细胞数量，但它们都未改变果实内源细胞分裂素的水平，提示它们具有内生细胞分裂素的特性。

Gao F. F. （2001）等指出促进类 IAA、GA 和 CTK 对荔枝大果性状的形成可能具有较大的作用。李建国（2001）在荔枝上的试验表明：NAA、GA_3 和 6-BA 都能在一定程度上提高'妃子笑'荔枝果实大小，但在统计上只有 NAA 处理效果达到显著水平，比对照提高 9.9％，喷施 NAA 对'淮枝'和'糯米糍'果实的增大效果更明显，分别增加 27.1％和 18.9％。不同品种之间果实大小调控效果的差异可能与 NAA 对果皮发育的调控有关，NAA 处理后果皮鲜重增加的百分比在'妃子笑'与'淮枝'和'糯米糍'之间相差16％～17％。试验还证实在果实进入快速发育期后，NAA 处理可以提高果皮中可溶性糖、纤维素和半纤维素含量，并减少不溶性果胶含量。由此推测，NAA 增大荔枝果实可能与促进果皮细胞壁松弛和细胞膨大有关。此外，^{14}C-蔗糖注射试验更进一步表明 NAA 处理具有增强果实调运同化物的能力，因此，认为 NAA 增加荔枝果实大小并不是因为其减少坐果，可能与其增加果实库力有关。

'Hass'油梨是世界主栽品种，该品种在同一栽培条件下，甚至同一株树上都极易产生个体大小差异极大的果实，小果占总果数 5％～20％（Zilkah et

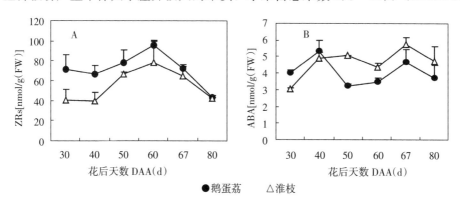

图3-3 不同果实大小荔枝品种果皮中 ZRs 和 ABA 含量及其比率变化

（Li et al，2005）

al，1987）。油梨果实的最终大小是由细胞数量决定的，果实大小与内源 ABA 含量呈负相关，与 iP/ABA 比例正相关，用 ABA 处理任何发育阶段的果实均会导致形成小果，如果用等量的 ABA 和 iP 共同处理则会抵消 ABA 的处理效应，内源细胞分裂素与 ABA 比例平衡变化（减少 CTK 合成或增加 ABA），都会对细胞分裂能力及其库力造成不利影响，从而导致小果性状的形成（Cowan et al，1997；Moore-Gordon et al，1998；Richings et al，2000；Cowan et al，2001）。Li 等（2005）通过对果实大小基因型不同荔枝品种（图 3-3）以及同一品种同一果穗上早花大果和晚花小果（图 3-4）果皮中 ZRs 和 ABA 含量比较，发现在果实发育期间，大果型'鹅蛋荔'果皮中 ZRs 含量一直高于'淮枝'，ABA 含量在前期高于'淮枝'，花后 40d 以后低于'淮枝'，ZRs/ABA 比例则表现为'鹅蛋荔'在整个发育期均大于'淮枝'；'妃子笑'果实发育期间早花大果果皮中 ZRs 含量大于晚花果，ABA 含量小于晚花果，特别是 ZRs/ABA 的比值早花果大于晚花果的现象比'鹅蛋荔'与'淮枝'之

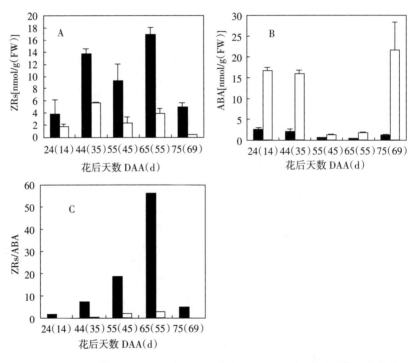

图 3-4　'妃子笑'早花果与晚花果果皮中 ZRs 和 ABA 含量及其比率变化

（Li et al，2005）

黑色柱表示早花果，白色柱代表晚花果，X 轴上的括号外与括号内数字分别代表早花果和晚花果花后天数

间的差异显得更为明显。由此看来，在五大类激素中，内源细胞分裂素与
ABA 比例的动态平衡变化与果实大小是有直接的相关。

3.2.5　矿质营养与果实发育

直接研究果实中矿质营养与果实大小关系的文献未见报道，说明两者之间
从理论上说很难找到相关的依据，某些矿质营养的缺乏或富集必定对果实发育
造成影响也是不争之事实。通过施肥（土壤或叶面）增加某类元素的含量来提
高果实大小的报道则很多，如苹果（Awasthi et al，1995）、荔枝（Lai et al，
1996）和柑橘（秦煊南等，1996a）等。由此看来，矿质营养增大果实多半是
间接作用的结果，可能是通过促进树体其他一些有利于果实发育的生理过程实
现的，如 K 能促进活体的呼吸进程及核酸和蛋白质的合成、转化和运输，使
光合产物迅速向库器官运输；Zn 是吲哚乙酸生物合成的必需元素，也是某些
酶（谷氨酸脱氢酶、乙醇脱氢酶等）的活化剂，果树"小叶病"是由缺 Zn 引
起；N 是构成蛋白质的主要成分，被称为生命元素，在植物生命活动中占有
重要地位。

李建国等（2003b）以同一穗上的'妃子笑'早花大果（32.4g）与晚花
小果（20.8g）对比，探讨处于大体相同发育阶段的两类果实在矿质营养含量
上的差异，如果以单位果皮或果肉干质量的各元素的含量表示，早花果皮中含
量明显大于晚花果皮的有 Zn 和 K，较明显的有 Mg 和 P，N 则是在果实发育
的第 II 期表现为早花果明显大于晚花果；早花果皮中 Ca 含量明显低于晚花
果。早花果果肉中含量明显大于晚花果的元素有 K、Zn 和 Ca，而 N 主要表现
在假种皮快速膨大阶段；早花果果肉中 Mg 含量明显低于晚花果，P 的含量两
者差别不大；如果以全果的果皮和果肉中含量计算，几乎所有测定的元素含量
均表现为早花果大于晚花果。因此，总体上说，早花果对矿质营养的争夺明显
地比晚花果有优势。

3.2.6　环境及栽培因子对果实大小的影响

3.2.6.1　温度

温度通过热能效应决定树体的生长发育过程及其生理机能活动，并直接影
响树体内部化学变化和物质转移，对光合作用、吸收作用、蒸腾作用以及根系
吸收水分和养分的能力都有重要影响。小林章（1975）认为，各种果树生长的
最适温度不同，苹果为 16～18℃，梨、柿、葡萄（玫瑰露）和温州蜜柑为
20～25℃，柑橘为 16.5～23℃与这些树种主产区生长期（4～10 月）的温度相
吻合。但品种间多有差异。

果实生长的不同阶段对适温要求有所不同。在生长初期自然气温较低时，多利用树体贮藏养分，这时果实生长与昼夜温度呈高度正相关。即在生长前期果实体积增长量与≥10℃的积温呈指数函数关系，在一定范围内，果实体积的增大随温度的增高而迅速增加。到果实生长后期，积温的这种影响就不明显了，而主要与日照数和昼夜温差大小密切相关。一般低的夜温或较大的昼夜温差，有利于果实生长，能促进糖的运输和有机物的积累，但也有可能与低温直接影响内源激素的平衡有关。夏季高温常可加快果实生长，提早成熟，而糖、酸含量降低。如南非西部地区（热的气候型）种植的'Royal Gala'苹果果实往往偏小，达不到出口美国的要求，而东部地区（冷凉的气候型）生产的同品种果实大小则能达到欧美市场要求（Greybe et al，1998）；'Hass'油梨在南非也同样表现出西部地区果实小，而东部地区果实大的特点（Cutting，1993）。Cutting（1993）指出，东西部地区果实中所含细胞分裂素的种类及含量不同是造成油梨果实大小差异的原因，东部冷凉区果实种子和外种皮中所含玉米素（Z）和二氢玉米素（DHZ）含量大大高于西部热区果实。

Richardson 等（1997）在对比大棚内和大棚外柑橘果实发育差异时发现，大棚内果实比棚外果实要大 48%，并认为这主要是棚内外温度差异所致（在整个果实发育期棚内最高温度比棚外的要高），进一步分析结果表明大棚内果实中维管系统大，果实发育的阶段蔗糖合成酶（SS）活性高，推测高温有利于 IAA 合成（因为 IAA 控制维管束的分化）和增大果实库力（与 SS 活性有关）。龙眼荔枝的果实发育要求有适宜的气候条件。研究表明适温（18～24℃）有利于龙眼荔枝树的授粉受精，提高其坐果率而充足的光照条件有利于树体的光合作用，改善树体营养状况，促进果实的生长发育（邓九生等，1998）。

李建国等（2004b）以着生于同一果穗上的'妃子笑'早花果和晚花果为对比试材，研究发现，早花果比晚花果大 1.5 倍以上，其大小差异与它们发育期间所经历的温度条件有关；晚花果在开花前的温度及其累积量均大于早花果，可能导致晚花果的子房壁细胞数量少于早花果；晚花果在果实发育阶段Ⅰ的平均温度大于早花果是缩短阶段Ⅰ的原因，而其累积量小则是导致全果、果皮和种子重量低于早花果的原因；在阶段Ⅱ，晚花果的温度累积量大，但果皮和假种皮重量显著低于早花果。此结果也间接地说明阶段Ⅰ的果皮发育对阶段Ⅱ的假种皮发育和最终果实大小具决定性的作用（"球皮对球胆效应"）。

从果实发育不同阶段的日平均温度来看（表 3-2），在花前 0d 至花前 25d 和在果实发育的阶段Ⅰ，晚花果实发育所经历的日平均气温和日平均生长温度均显著大于早花果实；而在阶段Ⅱ，两类果实的差异则不明显。

表 3-2　早花和晚花果实不同发育阶段日平均温度及其累积温度的比较

(李建国等，2004b)

果实生长阶段	日平均温度（℃）		累积温度（℃）	
	早花果	晚花果	早花果	晚花果
花前 25d	18.7a	22.9b	467.1	572.8
阶段 I	23.9a	25.3b	1 101.3	885.4
阶段 II	29.0a	28.9a	897.6	1 011.0

表中相同发育阶段和同一行下的平均数后不同英文字母表示差异水平达 P＜0.01（t 测验）。

3.2.6.2　光照

光是太阳辐射能以电磁波形式投射到地表的辐射线，其生态作用是作为果树生命活动的能源，并以其热效应给果树适宜的环境温度。

在适度范围内，随光照时数、强度的增加，果树光能利用率增高，生长健壮、花芽分化良好、产量高、品质佳。若光照强度过弱，会使果树叶片变薄、变平、变大；枝条节间细长，组织不充实；花芽分化不良，坐果率降低；果实变小、着色差，含酸量增加，含糖量减少，品质低劣。树种、品种和生长发育期不同，果树对光照的反应也不同。

成长中的果实，除极少量的有机物来自自身的光合作用外，大多数有机物都来自当年生新梢叶片的同化产物，因而果实生长明显受到局部光和气候的影响。遮阴试验表明，生长在遮阴处的果实，每单位体积中所含的干物质和淀粉较少，低光强度通过减少每个果实的细胞数和主要是缩小细胞的体积，抑制果实的增大，并影响树冠的中小果的保留率。说明光照是通过碳水化合物来影响果实的生长。光合产物由源到库的移动有就近供应的原则，有明显的局部性。

3.2.6.3　水分

肉质果实中的含水量为 85%～90%，高于树体其他器官。果树在果实膨大期需要有大量的水分供应。据鲁瑟夫 1969—1972 年连续四年在苹果上的测定，果实膨大期体积的增长与需水量呈正相关。在果实膨大期降雨稀少，又缺灌溉，则影响果实正常增大，严重时还会引起果实脱落。因此，保证水分供应是果实增大的必要条件。

坐果量大时既提高叶片的光合作用，也会增加叶片的蒸腾作用。由于果实的水势高于叶片，当存在水分胁迫时，叶片即向果实夺取水分，从而影响果实净增长值的提高。Faust（1989）认为，为了生产大果，在果实生长期间保持果肉细胞有足够的膨压是必要的。坐果过多时，细胞膨压降低，果实就难以长到最大，并指出，像油桃、李、杏等果树均要求保持较高的水势和良好的供水，才能使果实长到足够的大小。

黄辉白等（1986）在研究水分亏缺对甜橙果实发育的影响时，也曾指出在橙果实生长的中期和后期（汁胞增大期）干旱胁迫明显地抑制了果实的增大，而且难以恢复，尤其是中期的干旱胁迫可使汁胞中液胞的膨大受到极其严重的阻遏，果实比对照减重40%；果皮生长同时也受到相当程度的阻遏。此外，还发现甜橙果的生长与空气湿度高低所形成的梯度（蒸汽压亏）密切相关。一般认为，柑橘果实的生长以空气湿度在75%左右为适宜。

水分胁迫是通过降低细胞的膨压、削弱光合作用和减少碳水化合物流入果实而影响果实生长的。长时间连续干旱对果实生长的影响往往难以通过随后的供水来弥补。水分胁迫对果实大小的影响除与水分胁迫的程度有关之外，与水分胁迫的时期关系更为密切。对于大多数果树，如番木瓜（熊月明等，2009）、甜橙（黄辉白等，1986）和龙眼、荔枝，在果实迅速膨大期间，土壤水分胁迫能显著减少采收时果实的大小，而在果实开始迅速生长之前，水分胁迫一般不会减少果实的最终大小，相反，当水分胁迫解除之后（如降雨和灌水）果实后期生长反而被促进，采收时果实的最终大小较对照还有明显的增大（黄辉白等，1986；Mitchell et al，1989）；而且对在果实细胞分裂期进行水分胁迫处理的树上这种效应更加明显（Li et al，1989）。也有研究（Mitchell et al，1982；Naor et al，1999）指出在果实发育后期（发育的第Ⅲ阶段），当灌溉量超过一定的阈值时，果实大小则不受灌溉量的影响。

目前，关于果实不同发育阶段的生长和最终大小对水分胁迫反应的生理机制尚未完全阐明。果实发育前期主要以细胞分裂为主，快速膨大期主要以细胞膨大为主，由于果实细胞分裂对水分胁迫具有很强的忍受能力，而细胞膨大受水分胁迫的影响较大，所以，果实发育前期树体的水分需求量也大大低于果实快速膨大前期，龙眼荔枝在幼果发育期常遇上低温阴雨天气，造成受精不良或受精后果实发育不良，引起大量落果和小果现象而在果实膨大生长期遇上高温干旱天气，树体缺水，造成假种皮内含物充实困难，阻碍果实的膨大生长，造成小果（邓九生等，1998）。此外，土壤水分胁迫对树体水分状况产生较大的影响（Berman et al，1996；Naor et al，1999），而树体的营养生长和果实生长对土壤水分反响存在差异，如Chalmers等（1984）研究认为，当前期灌水量缩减至全灌水量的12.5%时，桃树的营养生长受抑75%，果实的生长只受抑25%，后期的充足灌水可使果实迅速生长并赶上对照，由此可以解释为当营养生长受抑制后，果实与新梢之间的竞争更有利于前者，果实从叶片获得光合产物使果实中的渗透势下降，更利于果实抵御水分胁迫，一旦遇到有利生长的环境则果实会发生加速生长现象。

对于浆果类的葡萄而言，Nagarjah（1989）和张大鹏和罗国光（1992）则认为在果实发育第 I 期出现水分干旱胁迫对果实生长速度和最终大小的影响明显要大于第 II 期和第 III 期的影响；邓文生和张大鹏（1998）进一步的研究指出，果实生长对不同发育时期干旱胁迫的敏感性以第 I 期为最高，第 III 期次之，第 II 期最小；即使当第 I 期胁迫解除后（复水）果实后期的生长速率仍然较低。这明显不同于上述其他果树报道的结果。他们分析认为，第 I 期果实细胞虽然在供水充足情况下具有较强的生长能力（张大鹏等，1997），然而在缺水时细胞抗脱水和维持压力势的能力很低，导致细胞壁刚性大幅度升高，即使在较高的压力势下细胞也难以扩张，推测这可能是水分胁迫限制葡萄第 I 期果实生长的重要原因之一；另外，也可能与细胞数目减少或因早期叶片发育不良引起的同化物供应不足有关。

Bartholomew 等（1951）在柠檬上以及 Hilgeman 等（1969）在对令夏橙的观察表明，湿润处理的果树日间果实收缩 4.0%，而干燥处理的果实则收缩了 5.4%；至夜间，二者的果实均增大，湿润处理树的果增大 2.1%，干燥处理树的果只增大 1.2%。供水量为正常浇水量 90% 时，对番木瓜植株结果没有影响，供水量为正常浇水量 80% 时，对其结果数及果实大小没有影响，供水量为正常浇水量 70% 以下时，严重影响植株生长结果及果实大小。在营养一致的条件下，水分多少，影响植株的产量，水分越少，影响越大（熊月明等，2009）。柑橘果实生长需要充足的水分条件，以满足其果实膨大生长的要求。柑橘果径增量与降水量为二次曲线关系，与湿润指数则为线性回归关系（谢远玉等，2009）。

3.2.6.4　树体负载量

果实大小随树体负载量增加而减小的现象在许多果树中都存在。如龙眼（李建国，2000）、葡萄柚（Fishler et al，1983）、温州蜜柑（陈金玉等，1992）、枇杷（陈熹，1990）等都有这种现象。树体负载量的改变会引起源库关系和相应果实大小的变化，这种现象在生产中被用来减少果量（疏果）以达到增大果实的目的。疏果可以提高叶果比，一般叶果比越大，果实越大（Famiani et al，1997），但过高的叶果比会使叶片积累过量的光合产物，从而会对进一步的光合产物合成产生"末端产物抑制"作用和减少气孔导度（Layne et al，1995）。李建国（2000）在龙眼上进行疏果 50% 处理表明，疏果处理促进了龙眼果实的生长，在花后 60d 之前，果实主要处于果皮发育阶段，疏果处理与对照间差异较小；在花后 75d 以后，果实进入假种皮的快速生长期，二者的差异也随发育进程而不断增大，疏果与对照相比，果实的横径与单果鲜重在花后 75d 时分别增加了 4.1% 和 13.6%，而至采收时则分别增加了 7.1% 和 22.5%。对温州蜜柑进行疏果可使果实大小整齐，单果重和大果率增加，尤其是 1～2 级果率增加（陈金玉等，1992）。为了获得尽可能多的大果数量，栽培者总是想知道最适合的负载量和叶果比是多少，但目前的研究对其有关的机理还不甚清楚，还很难给出这样一个回答。另外，负载量还和其他因子耦连，共同对果实大小发生作用。

果实与果实之间存在着库间竞争，这种竞争对果实大小有一定的影响。其影响可能表现在两个方面，一是当树体提供的源不足以保证所有果实正常发育之需时（源限制），则库间发生对"源"的竞争，库力大的果实最终形成大果，库力小的果实则会脱落或长不到正常大小；二是当果实负载量极低时（不可能发生源限制），表现出的坐果早的果实比坐果迟的果实有"先行优势"现象，最后，坐果早的果实总是比坐果迟的果实长得要大。如 Bangerth 和 Ho（1984）在一株番茄树上只留 6 个果实，其中 3 个果实比另 3 个果实授粉早5d，结果发现早授粉果实显著大于后授粉的果实。早授粉所得的果实是否会产生并释放出一种抑制物质来抑制后授粉所得的果实生长还不清楚，有待进一步证实。

3.2.6.5　砧木

根系，在一定意义上说也是保证果实正常生长的一个重要的"源"。有研究指出，同一柑橘品种锦橙嫁接在 11 种不同砧木上果实体积表现出差异，其中以卡里佐枳橙为砧的果实体积最大（淳长品等，2010）。Avilan 等（1997）认为砧木对果实大小的影响依品种反应有所不同，如'Haden'和'Tommy Atkins'杧果嫁接在不同砧木上果实大小和形状差异较大，而对'Edward'品种而言，其嫁接在不同砧木上的果实大小和形状差异就不明显。对同一砧木而言，修剪根系可降低大果比例和减少平均单果重（Ferree，1992）。根系既是一个贮藏库，与果实存在库间竞争，也可以作为果实的源，为果实的生长提供必要的物质（植物激素、水分和营养等）。因此，根系对果实的发育和最终大小的影响有待于进一步研究。

3.2.7　果实大小的调控原理和技术

番茄和油梨是目前在果实大小方面研究较多的两种果实。番茄果实的细胞分裂大约在花后 2 周结束，油梨果实的细胞分裂则可以持续到果实成熟；尽管如此，绝大部分研究都认为果实最终大小主要由细胞数量决定。Cowan 等（2001）根据这两种果实大小有关研究成果提出了调控果实大小的模式图，如图 3-5 所示。

从图 3-5 可以看出，3-羟基 3-甲基戊二酰辅酶 A 还原酶（HMGR）是果实生长代谢控制中心，其活性决定了细胞分裂周期活性、库力和果实生长所

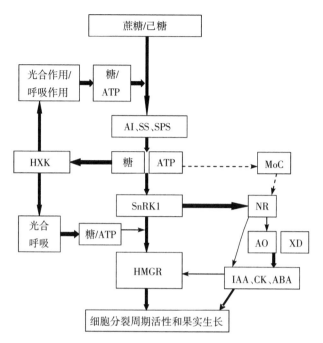

图 3-5　果实生长代谢调控模式图

(Cowan et al，2001)

需的类异戊二醇类物质的可利用性。HMGR 明显受蛋白激酶（SnRK1）调节，而后者的活性与糖的含量及其组分有关。蔗糖/己糖比例的下降对 SnRK1 和己糖激酶（HXK）活性有影响，糖代谢酶（AI、SS、SPS）活性对糖含量和糖组分具有调节作用。植物中至少含有 3 种需要钼铺因（MoCo）的酶，它们是硝酸还原酶（NR）、黄嘌呤脱氢酶（XDH）和醛氧化酶（AO）。当 NR 活性钝化后，钼铺因完全分配给 XDH 和 AO，增强它们的活性，从而刺激 IAA 和 ABA 的生物合成。IAA 含量的增加又会激活细胞分裂素氧化酶（CK-OX）活性，导致内源 CTK 含量减少，引起内源激素动态平衡改变，最终影响细胞周期分裂活性和果实生长。

　　在果树生产中常用于提高果实大小的措施包括疏果、喷施植物生长调节剂、灌水和环剥等。疏果包括人工疏果和化学疏果，做法是在果实幼果发育期的适当时间通过人工或使用化学药剂（如 BA、NAA 等）疏除一部分幼果，目的是改变树体源库关系，使树体既保持合理的负载量，又能生产出尽可能大的果实。植物生长调节剂和灌水对果实大小的调控作用已有阐述，以下论述环剥在果实大小调控中的作用。

　　环剥或环切在果实生产中常用来减少营养生长，促进生殖生长（成花、坐果、促进果实发育和提早成熟），其中包括提高果实大小，如葡萄柚（Cohen，1984a）、桃和油桃（Agusti et al，1998）、柑橘（Cohen，1984b）、猕猴桃（Woolley et al，1992）、油梨（Davie et al，1995）。但也有相反的报道，如猕猴桃（Woolley et al，1992）当叶果比为 5：1 和 3：1 时，环剥提高猕猴桃果实重量（分别为 127.7g 和 114.5g），当叶果比为 1：1 时，环剥减少猕猴桃果实重量（65.6g）；连续环剥减少柑橘大小（Peng et al，1996）。环切虽然对荔枝促花保果的正效应较为肯定（Roe，1997），但对果实大小的影响的研究不多。Hieke 等（2002）指出，小主枝环剥平均果实大小比对照小 11.7%，但大果枝环剥对果实大小的影响不明显。

3.3 果实裂果

裂果的实质是果实发育过程中的一种生理失调现象，是果皮机械断裂的物理过程。在常绿果树生产中，许多果树都会发生采前裂果的现象。比较严重的树种有：柑、橘、柠檬、甜橙、柚、枇杷、荔枝、杧果、香蕉等。

在柑橘生产栽培中，首次有关果实发育过程中开裂的文献记载是 1913 年（Cook，1913），后来发展成为全球柑橘商业种植中非常严重的问题。包括美国佛罗里达（Lima et al，1980，1981，1984）和加利福尼亚州（Erickson，1957；Jones et al，1967）的华盛顿脐橙、意大利（De Cicco et al，1988）和西班牙（Ruiz et al，1989；Almela，et al，1990）的奈维林娜脐橙和诺瓦、以色列的（Bar‐Akiva，1975；Monselise et al，1985；Monselise et al，1986）伏令夏橙、朋娜脐橙、诺瓦和 Murcott、澳大利亚的脐橙（Treeby et al，1995）、南非的柑橘（Holtzhausen，1981；Phiri，2010）在果实成熟过程中都会发生一定程度的裂果。在中国，几乎所有柑橘品种的果实都会出现裂果现象，特别是商品价值比较高的柑橘品种如红江橙、脐橙、砂糖橘等（陈杰忠，1993a）在果实成熟时都会出现严重的皱皮裂现象。

云南省大头杧裂果率高达 91%（左辞秋，1984）；荔枝易裂品种裂果率达 60%～80%（李建国等，1996）。所以说果实采前裂果是果树生产中的一个严重问题。

3.3.1 裂果发生类型和时期

同一树种其果实开裂的基本类型和阶段大致相同。Considine（1981b）认为果实开裂有六种最常见的类型：一是纵裂（longitudinal failure），一般发生在扁长圆形果实上，如香蕉、枇杷等；二是环状裂（ring failure），一般发生在扁圆形果实的萼洼端，如玉环铀（柳兴岳，2003）、金橘；三是纹状裂（craze failure），一般发生在果实赤道面和果肩面区域，如苹果、梨；四是星状裂（star failure），如柠檬、番茄；五是皮孔裂（lentilar failure），如苹果；六是果心裂（core failure），如李属果实（*Prunes* spp.）。这六种裂果类型基本上可以概括不同树种果实在田间条件下的裂果类型，但不全面。在具体的不同树种、品种中常出现多种不同的综合裂果类型。

柑橘类果实裂口部位和形状是多样化的，柚一般从果顶开裂（吴智仁等，1990）；华盛顿脐橙常常从脐部开始出现一个到多个纵裂，浅者仅果皮裂开，重者可裂至果肉（Erickson，1957）。柠檬则有星状裂和横裂两种（Randhawa et al，1958），并以前者居多。横裂是柠檬、伏令夏橙（Bar‐Akiva，1975）等柑橘类果实比较常见的一种裂果类型，并不在上述六种裂果类型之内。李娟等（2006 和 2008）认为柑橘果实有三种开裂方式，分别为：外裂、内裂、皱皮裂。外裂以扫描电镜观察锦橙为例，可以观察到是一个渐变而非爆发的裂果过程，开始于果皮角质层龟裂，然后由外向内细胞逐渐变形、破裂，最后白皮层完全破裂，薄壁组织遭到破坏（王宁等，1987）。第二种开裂方式——内裂，以度尾蜜柚为例：解剖发现度尾蜜柚裂果是先从果中轴开裂，后裂至果顶，露出裂缝（吴智仁等，1987）。第三种开裂方式是果实皱皮裂，以红江橙为例，基本症状表现为，先是果皮的白皮层溃裂（中果皮细胞的分离），表皮层下陷，即形成陷痕果，也称为皱皮果。外形似正常果，果面有不规则凹沟（果皮下陷痕），中果皮细胞已出现分离，逐渐演变成裂隙。然后裂隙逐渐扩大，先突破内皮层直至外果皮断裂，形成明显裂口（陈杰忠等，1993；邹河清等，1995；Juan et al，2009）。

荔枝裂果最易出现在果皮缝合线处（李建国，2001）。枇杷裂果是在果实的近蒂部位发生放射状裂口，或在果面上发生纵裂（陈旦蕊，2004；方梅芳等，2004）；核果类果实裂果发生的部位和方式多样，以从果梗或果顶为中心纵向开裂为主；西洋李有两种裂果类型（Uriu et al，1961），一种是边裂（side-cracking），另一种是端裂（end-cracking）。

不同种类及品种的果实裂果出现时期不同。浆果类果实因树种不同，果实构造不同，出现裂果的时间有很大差异。葡萄从果实进入着色期后不久即开始出现裂果并迅速加剧，巨峰葡萄的生理裂果多在果顶部或果蒂部；乍娜葡萄一般自果粒臀部横裂，也有在果顶部纵裂；黑汉、意大利则多在果蒂部环裂（赵胜健，1992）。柑橘类裂果多发生在果实迅速膨大期和果实成熟期（吴智仁等，1990；王宁等，1987；郭曦晖，1987），Chikaizumi 发现脐橙裂果有 3 个时期，即果实组织迅速发育早期、果皮呈浅黄橙色时的着色期及成熟后期（何天富，

1999）。湖南脐橙产区裂果高峰期多在 8 月中下旬至 11 月中旬，朋娜脐橙裂果高峰期发生在 9 月下旬至 10 月下旬（叶正文等，2002），砂糖橘、红江橙、华盛顿、朋娜、奈维林娜脐橙等裂果的高发期并不在果实快速生长期，而是在果实发育后期（高飞飞等，1994）；柠檬在成熟期阶段裂果最多（Randhawa et al，1958）。

不同品种的果实的易裂程度也有差别，柚果实中文旦柚系统较沙田柚系统的品种裂果严重，且以无核的品种裂果重（杨亚妮等，2002）；宽皮橘品种中，'温州蜜柑'、'南丰蜜橘'裂果最严重，'黄皮橘'、'朱橘'、'椪柑'、'红橘'、'克里迈丁'、'蕉柑'等裂果较轻；甜橙类中'红江橙'裂果最严重，'锦橙'、'脐橙'裂果较多，'夏橙'、'血橙'、'纽荷尔脐橙'等裂果较少（陈爱军，1985）。荔枝中的'糯米糍'、'桂味'、'三月红'、'绿纱'等品种由于果皮裂纹宽而浅，易出现裂果，而'陈紫'、'下番枝'、'元红'、'黑叶'、'妃子笑'、'双肩玉荷苞'等品种果皮裂纹窄而深，不易出现裂果（陈庆其，2005）。

核果类果实发生裂果的树种有杧果、荔枝、枇杷、李、桃、樱桃等，一般是在硬核期或成熟期发生裂果（李克志，1990；戴正根，1993）。荔枝属于核果状浆果，其裂果发生在假种皮迅速发育时，且大多是在缝合线处开裂（李建国等，1992，1995）。象牙杧在幼果期开始出现裂果，但大多数裂果是在果实迅速膨大期和果实成熟期出现。

以花托膨大发育成可食部分的仁果类，裂果在着色期到成熟期出现最多（冉辛拓，1993）。富士系苹果裂果是以果柄处为始点向两边开裂至梗洼上部，形成弓形一字口，这种裂果占裂果总数的 90％以上，在硬洼部位围绕果柄形成十字皱裂，以果柄为圆心开裂也偶有出现。

3.3.2 裂果发生过程

由于完全追踪某一果实裂口形成和发展有许多困难，因此对裂果发生过程的研究报道篇幅极少，也只是粗略定性描述而已。

度尾文旦柚裂果开始于维管束木质部管胞外的束梢和木质部薄壁细胞，起先在维管束外围的胞型细胞，由于胞壁的大小、厚薄不同和抗张差异的不均造成拉力的不同，尤其中柱鞘细胞，具有分裂的潜能，容易接受输导系统提供的水分和养分，细胞迅速膨大扩张，膨胀后的胞壁，果胶层被抽拉成丝，又受两侧胞型不同活性与拉力差异的影响或维管束萎缩后使端壁拉开，逐步形成裂缝。随后出现各种裂式，由裂迹、裂缝、裂隙、裂口，至周裂到全裂，使维管束的木质部完全与基本组织裂离，形成裂果（陈清西等，2008）。而王宁和秦煊南（1987）用扫描电镜观察锦橙裂果是一个渐变而非爆发的过程，开始于果皮角质层龟裂，然后由外向内细胞逐渐变形、破裂，最后白皮层完全破裂，薄壁组织遭到破坏。他们把外裂果发生过程分为：果实正常发育期、裂果发生临界期、裂果发生初期、裂果发生中期和裂果发生晚期。在正常发育期，果皮表面角质完整，油胞形状规则；在临界期，果皮表面出现一条褐色细微的木栓化条斑，电镜下发生角质层龟裂，出现裂缝，油胞开始变形；发生初期，果面角质龟裂加剧，油胞破损；发生中期，随着细胞的进一步损伤，果面组织严重破损，白皮层断裂的细胞间已产生大的气隙；发生晚期，严重受损的果面已不能区分组织结构。吴智仁等（1987）解剖发现度尾蜜柚裂果是先从果中轴开裂，后裂至果顶，露出裂缝。王惠聪等（1999）通过采用压力室加压，模拟田间裂果发生条件，观察转红期荔枝的裂果过程发现，果皮开裂是一个渐变的过程，裂果的发生始于下中果皮，细胞逐渐变形，受到破坏，网络模糊，内果皮拉伸变薄，最后中外果皮的细胞分离和内果皮细胞断裂。

因此可以认为裂果首先是发生在果皮应变薄弱点，然后通过细胞层向上或向下发展，使外皮层或内皮层细胞完整性受到破坏，最终导致果面组织受损，这是一个渐变的过程。

3.3.3　裂果发生的遗传学基础

不同品种的果实即使在相同的环境条件下和同一管理水平下，其裂果易感性相差很大。这种差异是由品种本身的特性决定，并且受不同遗传机制控制的。由于木本果树的多年性，其裂果遗传机制尚未见研究报道。作为一年生的番茄果实在这方面研究比较深入。

Young（1960）指出番茄裂果是同植物生长习性、成熟时果实颜色、成熟果子房数目以及果实大小相关联的一个现象。这种现象是受基因控制的。番茄的抗射裂是受两对显性基因控制的数量性状遗传（Young，1960），但为部分不完全显性（Prashar et al，1960）；同心裂（concentric cracking）的 F_1 代比其他代裂果严重得多（Young，1960），这显然是受基因控制的；番茄的爆裂（bursting cracking）被报道是由一对主效基因和一对次效基因控制的数量遗传。

Cortes（1983）指出对某一特定果实而言，裂口的长短是由同一基因控制的，其长短的差异是由环境因子决定的。任成伟和赵有为（1985）在研究番茄抗射裂性遗传效应中指出，控制番茄果实抗裂性的一般配合力大于特殊配合力。欲得到高抗裂品种，宜采用杂交育种的方法，F_2 代分离后代中能选出抗裂性超亲本的单株（Thompson，1965）。许多番茄育种者（Campbell，1960）通过杂交育种的方法培育出许多抗裂番茄品种。左辞秋（1984）认为，木本果树，如柑橘、杧果，通过杂交育种方法培育抗裂新品种也是可能的。但由于果树在田间变异性状较大，一般都仍需从不易感裂的单株和枝条上取得无性繁殖材料（Lusting 和 Bernstein，1985）。

3.3.4 裂果发生的物理学特性

裂果是一种机械断裂的物理过程。果实的内部生长应力（Stress）和果皮应变力（Strain）是这一过程中的一对相互对立的重要因素，裂果的发生是由于生长应力不断或突然增大和集中，而果皮不能抵抗这种应力的增大和集中的结果。

当某一物体受到外力作用时，其物体内部会产生一系列的力来抵抗这种外力的作用，这种内部的力在物理学上称为应力（Stress）。而果实内部的应力，Rootsi（1959—1960）认为它来自果胶物质在细胞内的隆起；Holtzhausen 和 Plessis（1970）认为来自果肉细胞的持续增长；Shutak 和 Schradr（1948）认为来自果肉内部体积的增加；Considine（1981c）认为来自果实内部过量静水压力。这些不同的表述归总起来就是来自果肉细胞吸水膨胀而对果皮系统所产生的内部应力，这种内部应力在生物学上被称为生长应力（growth stress）。

生长应力在果实生长和发育的任何时期都会发生（Skene，1982）。在形态建成的细胞分裂期不大，随着细胞的增大和果实组织的发育，生长应力也伴随增大（Considine，1981a）。Skene（1980）指出苹果的直径长到 15mm 时，生长应力会迅速增加。在果实成熟期间，生长应力会因渗透活性物质在果实内部的积累而变得非常大。如果这种生长应力超过皮层对它的抵抗力则发生裂果。

影响果实生长应力的因素包括果肉的渗透势、天气状况（Considine，1981c；Skene，1980）、果皮硬度和果实形状（Considine，1981a）。渗透势越低，其生长应力越大。Considine 指出，葡萄在成熟期间果肉渗透势低可能与厚角细胞壁组织的部分自溶有关；在高湿条件下，特别是在雨天，果实内部生长应力会因水分进入果实和在果实内部滞留而增大（Considine，1981c；Skene，1980）；果皮变硬的地方往往会造成应力集中，而应力集中的地方往往是经常发生裂果的地方。西洋李的边裂发生于应力集中的退化皮孔处（Mrozek，1973）。果实形状的变化主要是影响应力在果实内部的分布。在形态建成早期，果实形状的变化对应力分布影响不大，但进一步发育会引起应力的巨大变化。生长应力是造成裂果的一个因素，另一个因素是果皮对生长应力的抵抗能力。Young 指出果皮强度是衡量果实裂果易感性的一个重要方面。关于果皮物理性能，许多研究者提出了一些物理指标，下面是一些常见的计算公式：

果皮伸长率（elongation）$E = (e/L) \times 100\%$（Voisey et al，1970）

断裂应力（failure stress）$S = F/A$（Voisey et al，1970）

弹性模数（modulus of elasticity）$Ef = \sigma f / Gf$（Hankinson et al, 1979）

式中, e——果皮断裂时伸长量（mm）;

　　L——待测果皮厚度（mm）;

　　A——果皮断裂面面积（mm^2）;

　　F——果皮断裂时力的大小（N）;

　　σf——果皮应变;

　　Gf——断裂应力（N/mm^2）。

其中 $\sigma f = \triangle V / V$, 表示果皮吸水后其体积增量同初始体积之比。

果皮断裂应力和果皮伸长率与裂果直接相关, 它们依赖于细胞连接的紧密程度, 其大小反映了不同品种的物理性能。一般果皮断裂应力和果皮伸长率越大的品种, 其果实裂果易感性越小。Rootsi（1959—1960）在西洋李上发现果皮的弹性模数与品种裂果易感性有关。但 Voisey 等（Voisey et al, 1964; Voisey et al, 1965; Voisey et al, 1970）则认为弹性模数与番茄裂果易感性无关, 后来得到 Batal 等（1970）和 Hankinson 与 Rao（1979）的证实。按 $Ef = \sigma f / Gf$ 可知, 弹性模数是果皮应变与果皮断裂应力的比值。果皮断裂应力反应果皮细胞间紧密连接程度, 果皮应变也被认为是与裂果易感性有关的一个物理量（Lusting et al, 1985）, 它依赖于细胞体积的大小。而弹性模数作为反映应力—应变之间关系的一个物理量, 为什么会被许多实验结果证实与品种裂果易感性无关呢? 可以想象作为活组织的果皮, 其物理性能是受诸多因子, 特别是环境因子所制约的, 而影响裂果易感性的因子更是极其复杂的。所以, 不同的作者由于所用的材料不同而得出不同的结果是不足为奇的。因此, 在研究果实裂果的物理因素时, 应当注意到它们对不同种类的果实的影响是有差异的。

影响果皮对生长应力的因素应包括果皮厚度、果皮含水量、果实含糖量、果皮细胞形状和体积以及果面位置向阳与否等。果皮厚度影响果皮的伸长率和果皮刺破阻力, 因此也影响果实裂果易感性。易裂果的象牙芒果和抗裂果的本地野生小芒果比较发现具有规则且薄的角质层不易裂果, 角质层不规则且较厚则易裂果（左辞秋, 1984）。陈苑虹等（1999）研究玉环柚果实特性与裂果的关系发现, 与较易裂的果相比, 不易裂的果的果顶表皮细胞排列紧密且有规则, 果皮抗张强度大, 弹性增强, 整个果皮系统的膨胀能同步进行, 避免了裂果的发生。红江橙裂果率与果皮厚度呈极显著的负相关（r 为 -0.942）, 即果皮薄、裂果率高（高飞飞等, 1994）。葡萄果皮厚度有抵抗果实生长应力的作用, 但不是决定因子。成熟果皮的含水量影响果皮应变, 一般果皮的含水量高, 应变能力就差, 也即果皮的弹性下降, 从而使裂果易感性增高（Lusting et al, 1985; Rootsi, 1959—1960）。柴寿（1984）认为葡萄果皮强度随果实含糖量升高而降低，对于易开裂的果顶部的果皮强度则在含糖量为 14％～15％时最弱，含糖量超过 15％时，则果皮强度又会上升。果皮在果实上的位置不同，其抗裂性也不同。西洋李向阳面果皮断裂应力比背阳面要弱（Mrozek，1973），这是由于向阳面遭受较高的温度和较多的辐射，使其气孔退化的结果。因此气孔的大小也影响果皮的弹性（Christensen，1973）。

3.3.5 裂果发生的组织学特征

果皮对生长应力抵抗能力大小是由其几何形状、组织结构和生理因子共同决定的（Considine，1981c）。一般认为影响组织结构的四个因素为细胞平均面积、每一组织层细胞数目、细胞的形状、大小和体积。这些因素对裂果都有某种程度上的影响（Considine，1981b）。有人认为（Andersen et al，1982）细胞壁强度和皮层强度对裂果的影响比水势、渗透势、膨压更大，更重要。

果皮角质层厚度与裂果的易感性相关。左辞秋（1984）观察到易裂果的象牙芒果比抗裂果的本地野生小芒果的角质层厚。但是，易裂果的朋娜脐橙的角质层比纽荷尔脐橙薄（李蕾，2006），而高京草（1998）认为枣的角质层厚度与裂果无关。

裂果的发生与外果皮细胞层数和结构密切相关。芒果外果皮细胞层数多且扁平整齐的品种不易裂果，外果皮细胞层数少且细胞形状为圆形的易裂果（左辞秋，1984）。表皮细胞层数和亚表皮细胞层数直接左右着表皮厚度；表皮厚度大，果实抵抗开裂的能力就强（高京草，1998）。外果皮细胞的整齐度以及间隙也影响着果实裂果易感性，李蕾（2006）研究发现了易裂品种朋娜脐橙表皮的整齐度在果实发育中后期比同期的低裂果率品种纽荷尔脐橙差，其表皮细胞起伏大，细胞间隙也较大，朋娜脐橙顶部、赤道部和蒂部亚表皮厚度的差别较大。Levy（1983）指出不抗裂柑橘品种果实表皮细胞呈长圆形，排列不整齐，细胞间隙大，当表皮细胞失水而又复水时，细胞壁受到各个方向上的膨压不均匀，使得细胞易裂开而形成裂果。桃类抗裂品种果实表皮细胞呈扁平，排列整齐、紧凑、细胞间隙小，膨压在各个方面上受力均匀，细胞间不易裂开（田玉命等，2000）。Considine（1981c）认为细胞体积也是与葡萄果实开裂密切相关的因子之一，细胞体积可以反映果皮系统的负载能力（loading - bearing capacity）。细胞体积均匀扩大的葡萄品种，如'Cabernet Franc'抗裂，细胞体积迅速扩大的品种，如'Kishmishi'易裂（Considine，1981b）。

成熟期柑橘类果皮的油胞与果实裂果关系密切，李蕾（2006）认为大油胞可能使油胞周围的细胞承受更大的压力。朋娜脐橙顶部油胞小而密集，纽荷尔脐橙顶部虽然也是油胞小，但分布密度与赤道部和蒂部差异小于朋娜脐橙。朋娜脐橙油胞发育过程中波动较大，而纽荷尔脐橙则平稳膨大，纽荷尔脐橙油胞层细胞的致密度比朋娜脐橙高，不易裂果，这也是它们抗裂性不同的原因。

中果皮是裂果的敏感部位（Cohen et al，1972；Erner et al，1975；）。邹河清和许建楷（1995）报道红江橙与抗裂暗柳橙的果皮结构存在明显的差异，而且差异主要集中在内、中果皮的结构上。朋娜脐橙与纽荷尔脐橙相比易裂果的原因，是果皮各部位在果实发育过程中的结构差异综合作用的结果，特别是白皮层结构差异对裂果的影响更大一些（李蕾，2006）。朋娜脐橙果皮白皮层细胞的密度在果实发育过程中下降较早，而纽荷尔脐橙在幼果期白皮层细胞间结合的紧密度要比朋娜脐橙好，此结果为 Rabe et al（1990）的研究提供了良好的证明，裂果可能与早期发育有关。纽荷尔脐橙白皮层细胞密度在整个果实发育过程中缓慢下降，朋娜脐橙则在幼果期降幅较大。朋娜脐橙顶部白皮层细胞的均匀度和网状连接程度比赤道部和果蒂部差，有些地方较密集而有些地方则出现大的空隙。这些空隙大的区域随着果实的发育可能就是皱皮裂发生的位置。红江橙也有相似的报道，中果皮疏松，网状连接差，内果皮与中果皮间有一层紧密的薄壁细胞。荔枝的裂果在某些方面与柑橘的裂果相似，荔枝的海绵状中果皮与柑橘的白果皮（中果皮）不但在结构上相似，而且同样是裂果的敏感部位（邹河清等，1995；李建国等，1996；王惠聪等；2000）。荔枝抗裂果果实与易裂果果实的果皮组织结构在中果皮和内果皮有显著的差异。抗裂果实的中果皮细胞大小均匀，海绵状中果皮网络清晰整齐，空间较小，内果皮细胞轮廓清晰，果皮有较好的应变力，抗张力大（王惠聪等，2000）。中山龙牙蕉裂果始于表皮下方的薄壁组织，当果实基本转黄后，薄壁细胞开始分离解体并形成一个"空洞"，随着果实逐渐趋于黄熟，"空洞"向外表皮发展形成一个狭长的缝隙，缝隙继续向外延伸并达到表皮，并且进一步加宽，最终导致表皮被拉开（吴元立等，1999）。维管束分化状况也影响着裂果，这是由于维管束输导能力差，进入果肉水分少，避免由于果实过多吸收水分，加大果肉细胞的膨压而引起裂果（左辞秋，1984）

通过对果皮表面的扫描电子显微镜观察显示（李建国等，1995），'糯米糍'的裂纹都较宽且浅，而'淮枝'的裂纹窄且深，这说明裂纹的宽窄浅深也是衡量荔枝不同品种裂果易感性的指标之一；'糯米糍'裂果果皮龟裂片上的龟裂小片比正常果的要小且尖，这可能与果皮本身发育程度有关，裂果果皮的发育很可能在某个发育阶段发生了障碍；正常'糯米糍'果皮的裂纹，其组织上下连接紧密，左右排列有序，而裂果果皮的裂纹组织遭到了严重的损伤。田间观察结果也表明荔枝裂果多发生在果实向阳面的缝合线和裂纹之间，因此可以认为缝合线和裂纹是果皮抗裂的最薄弱处，此处细胞可能极易受环境因子的胁迫（高温、干旱、强光）不利的影响而发生损伤，这种损伤可能出现在果实开裂之前，其结果是降低了果皮应变力。

果实皱皮果发生期果皮细胞壁超微结构相应发生很大变化。李娟等（2008）研究表明，在果实皱皮果发生期易皱品种红江橙和抗皱品种暗柳橙中果皮细胞壁超微结构差别很大，暗柳橙中果皮细胞壁结构基本完整，结构致密，纤维素微纤丝紧密、规则、有顺序排列；红江橙中果皮细胞壁结构失去了完整性，部分降解，结构松散，胞间层扭曲变形，初生壁瓦解后出现大的空隙，壁纤维逐步分离。可见，裂果的不同类型或品种抗裂性与白皮层细胞壁结构的差异密切相关。

与皮层强度和细胞壁强度密切相关的组织学特性是皮层的厚度和细胞壁的厚度。皮层厚度与加厚细胞壁的数量有关（Considine，1981c）。Kertesz 和 Nebel（1935）认为甜樱桃果实下表皮细胞层厚度越厚越不容易裂果。细胞壁的厚度与引起葡萄果实破裂的压力密切相关（Considine，1981c）。细胞壁厚度越厚，引起果实破裂的力就越大，因此就不容易破裂；但细胞壁越厚，细胞的弹性越低，则果实抵抗开裂的能力越弱；由此可见，抗裂品种应该有一个合适的细胞壁厚度。

细胞壁的代谢状态和果皮结构发育决定了裂果和僵果的发生（Monselise et al，1976；Jona et al，1989；Huang et al，2006）。未成熟果实的果胶物质为不溶于水的原果胶，随着果实的成熟，原果胶变为可溶性果胶，细胞壁的一部分溶解，果实变软（曾骧，1992；Rabe et al，1990）。甜橙、柚子、红橘在果实成熟前，水溶性果胶和非水溶性果胶在增加，成熟后非水溶性果胶下降（赵静，1987）。陈杰忠等（2005）研究表明易皱皮品种红江橙果皮总果胶、水溶性果胶及果胶甲酯酶明显高于抗皱皮品种'红 1 - 7 甜橙'的，而可溶性果胶以'红 1 - 7 甜橙'的高。阴面比阳面果皮有较多的总果胶、水溶性果胶和果胶甲酯酶，盐酸可溶性果胶则以阳面果皮为高。皱皮果的总果胶、水溶性果胶、果胶甲酯酶高于正常果，而盐酸可溶性果胶则少于正常果。李娟等（2006，2008）研究表明，在果实皱皮果发生期间，易皱皮品种红江橙的水溶性果胶质含量及增加幅度极显著大于暗柳橙；纤维素含量是红江橙的小于暗柳橙的。红江橙果皮细胞壁代谢相关酶（果胶酶、纤维素酶、果胶甲酯酶）活性较抗裂品种暗柳橙的大。易裂品种细胞壁成分的快速降解，可能是其果皮硬度下降的主要原因之一，从而导致皱皮果发生（陈杰忠等，1999；李娟等，2006，2008；Juan et al，2009）。Monselise（1976）在甜橙皱皮果发现，高含量的水溶性果胶和果胶酶的高活性与皱皮果发生有关的结论相一致。

除上述因素外，果实的输导组织和果肉的薄壁组织细胞也影响着裂果的发生。葡萄从果顶到果基部开裂就是由于外围维管束离果顶部皮层最近的原因（Georgiev，1984）。抗裂番茄品种果实的维管束比易裂品种明显要大。甜樱桃抗裂品种果肉的薄壁组织细胞一般大而整齐，而易裂品种果肉薄壁组织细胞一般较小。

　　果皮组织解剖学观察不但使我们了解到果皮系统结构和发育特点，而且能使我们了解到其物理性能，为我们裂果研究提供必不可少的理论上和实践上的依据，因此，成为裂果研究中的一种重要手段。

3.3.6　影响果实裂果的因素

3.3.6.1　遗传因素

　　果实的裂果由自身的遗传特性决定，亲本裂果性状可以通过遗传对后代产生作用，亲本具有的裂果遗传特性是决定其后代裂果的先决性基础。

　　裂果的发生与果树的树种或品种的生理特性有关，不同树种或品种裂果有较大差异。例如，柑橘品种的裂果率差异很大。陈爱军（1985）报道在宽皮柑橘品种中，‘温州蜜柑’、‘南丰蜜橘’裂果最严重，‘黄皮酸橘’、‘朱橘’、‘椪柑’、‘红橘’、‘克里迈丁橘’、‘蕉柑’等裂果较轻；甜橙类‘红江橙’、‘锦橙’、部分脐橙裂果最严重，‘夏橙’、‘纽荷尔脐橙’、‘金橘’等裂果较少。红江橙在成熟期陷痕果发生率一般为 20%～30%，甚至达到 45%；个别果园，某些年份陷痕果率及裂果率高达 70%（高飞飞等，1994）。‘纽荷尔脐橙’的皱皮果发生率在 3%～7%，‘华盛顿脐橙’皱皮果率在 30%～36%，‘朋娜脐橙’的皱皮果发生率在 15%～25%，‘卡拉卡拉’和‘奈维林娜’脐橙的皱皮果率为 30%～40%（李娟，2009）。Kanwar 和 Nijjar（1984）在荔枝上发现‘Dehra Dun’为高度易裂品种，‘Calutta’为中等易裂品种，‘Hong-Kong’为高度抗裂品种。在广东，‘糯米糍’、‘桂味’为易裂品种，‘淮枝’、‘青甜’为抗裂品种。Zagaja（1963）在研究 19 种樱桃品种裂果规律后指出，品种和裂果易感性有极大相关性，硬肉品种系比软肉品种系更容易裂果（Kertesz et al，1935）。最抗裂的甜樱桃品种为‘Victoria’（1.1%）、中等抗裂品种为‘Khebros’（10.5%）、最感裂品种为‘Source’（76.3%）（Georgiev，1984）。张志善（1991）观察 153 个山西地方枣品种的抗裂性时发现‘壶瓶枣’、‘铃枣’等 5 个品种裂果率高达 90.16%～96.00%，‘榆次牙枣’等 5 个品种裂果率为 70.82%～84.00%，而‘滩枣’、‘襄汾木枣’等 8 个品种的裂果率不到 5%。葡萄中的薄皮品种如‘乍娜’、‘白莲子’、‘白玫瑰香’和巨峰系中的‘龙宝’等裂果比较重，而‘巨峰’则较轻。苹果中的‘千秋’、‘青香蕉’、‘国光’均易裂果，而元帅系则无此现象。

3.3.6.2　果实生长发育特点

裂果的发生与果实生长节率和果实生长发育型有关（Christensen，1973；Yamamura，1984）。Yamamura（1984）发现抗裂品种'富有'柿有明显缓慢生长期，果实生长晚期快速生长是造成柿裂果的典型原因。果实晚期突发性生长也被认为可能是导致脐橙（Cook，1913）、荔枝（李建国等，1992）果实裂果的主要原因。据李建国等（1992）观察，荔枝裂果一般在盛花 60d 后开始，此时假种皮进入快速生长，尤以横径生长速度为最快，日裂果率与横径日裂果率呈极显著的正相关（$R=0.9847$，$P<0.01$）；每个果实在开裂之前，其日净增长值（指 18：30 时测量值至 6：30 时测量值）都有一个突然的上升，一般每天生长量都超过 1mm，有的超过 2mm，称之为突发性猛长现象，故此认为荔枝的裂果与果实的突发性猛长直接相关，裂果既可能与突发性猛长同步发生，也可能落后于突发性猛长 1～2d。但这并不等于说，凡发生突发性猛长的果实都会开裂，突发性猛长只是条件之一，因为突发性猛长只是提供一种生长应力，只有当它超过果皮系统对它的抵抗力（即果皮的应变力）时，果皮才会破裂，而不同品种的果实和同一品种果实的不同个体，果皮应变力完全可以不同。

李建国等（1992）在研究中还发现了一个令人疑惑和且使人感兴趣的现象，'糯米糍'荔枝果实在快速增长期间，果实会昼夜不间歇地生长（一般果实生长的规律都是昼缩夜长），进一步分析表明，日净增值（DNG）、日裂果率（DCR）和大气蒸汽压亏（VPD）三者之间存在极显著的相关性：$R_{DNG. DCR}=0.9169$；$R_{VPD. DNG}=-0.8281$；$R_{VPD. DCR}=-0.8936$，均达 $P<0.01$ 水平。在台风雨期间（16～18 日），VPD 猛跌，DNG 和 DCR 猛升，台风雨一过，VPD 明显上升，DNG 和 DCR 急速下降，则显示台风雨是荔枝裂果发生的典型诱发气候因素。另外，台风雨期间的白昼的净增值大于或接近于夜间的净增值，平均昼/夜净生长量为 0.51mm/0.41mm；台风雨过后的正常气候期间则为 0.22mm/0.45mm，说明荔枝果实昼间有可观的生长量。因此可以认为台风雨期间的大量裂果似乎应首先归咎于白昼生长的冲击。由于荔枝是具有假种皮的一种结构特殊的果实，其果皮只能为假种皮提供一个有限的生长空间。当假种皮生长速率低时，果实生长应力小，果皮应变力也低。果实发生突发性猛长时，假种皮生长速率急速上升，生长应力相应升高，果皮应变力也会增加，但当果皮应变力达到或超过果皮延展性临界值时，就发生果实开裂。欧良喜（1988）认为果皮开裂以前的果实最大生长速率（V_{max}）：$V_{max}=m_{max} \cdot \sigma_{max}(2t/r-1)$，其中 m_{max}、σ_{max}、t 和 r 分别为果皮延展性临界值、果皮断裂应力、果皮厚度和果实半径。

而对于苹果裂果，起决定作用的因子不是整个果实的生长率，而是果实组织局部区域（如皮孔处）的快速增长率。所以，裂果的实质是皮部局部区域在有利于裂果的环境条件下，其生长速率跟不上果肉部分的生长速率所造成的。

此外，果实成熟期、果实大小和果形指数对裂果的发生也都有一定的影响。一般随着果实成熟期的临近，裂果会逐渐加剧，这是果实成熟期对裂果影响的一个方面，另一个方面表现在不同成熟期的品种其裂果易感性不同，如Kanwar 和 Nijjar（1972）在比较八个荔枝品种裂果易感性后，发现早熟品种比晚熟品种更易裂果，因为早熟品种成熟期正值干热风的季节，而在广东早熟的'三月红'品种裂果易感性低于中晚熟的'糯米糍'品种，中晚熟品种的成熟期处于高温多雨季节，印度的干热风和广东的高温多雨天气条件都是诱发荔枝裂果发生的当地典型气候条件。因此不同品种成熟期对裂果的影响主要看某一品种成熟期是否与有利于裂果的环境相吻合，如果相吻合，裂果必然加重。

对于果实大小与裂果的关系，文献报道较多，但很不一致。Kremer 和 Lonsdale（1978）在分析影响裂果的诸因素中，认为果实大小是仅次于温度和雨量的第二大影响因子，占 12.7%（后者占 23.2%）。而 Christensen（1975，1979）认为不同樱桃品种间裂果易感性与果实大小无关，在同一品种间小果更易裂果。欧良喜（1988）在荔枝上也发现同一'糯米糍'品种小果更易裂果。郭曦晖（1987）报道温州蜜柑小果裂果率高，其中横径在 4cm 以下的小果占总裂果数的 64.2%，而脐橙大果更易裂果，其原因是大的果实有更大的柱端脐孔。如果从生长观点来考察同一品种的果实，则小果比大果有更大的生长潜能，若遇到有利于果实生长的环境，小果发生突发性生长的可能性就会比大果要大，因此可以认为小果比大果更容易开裂。

有研究表明果实的果形指数与裂果有一定关系。脐橙扁平形果实容易裂果，次扁平形果次之，长形果裂果较轻，这是因为脐橙中的扁圆形从果腰到果顶部的果皮迅速变薄之故（钱开盛，1997）。文旦柚高圆形果少见裂果，圆形或高扁形果裂果较轻，扁圆形果裂果最多（戴哲保等，1987）。扁圆形果实花萼和花柱末端受到的压力比其他部位大，当果实横径和纵径之比大于 1.25时，果实顶部压力显著增大（Considine et al，1981c）。果形指数大者裂果率小，而果形扁平者裂果率往往较高（秦煊南等，1996a），对不同柑橘品种的研究也发现，在同一时期，裂果比正常果更扁圆（Garcia-Luis et al，2001）。

3.3.6.3　水分

肉质果实的采前裂果一般与降雨、高温或干旱等不利环境条件相关，空气相对湿度和土壤持水量是影响裂果最明显的因素。早在 1913 年 Cook 就指出灌溉的不规律是引起脐橙裂果的原因。果实发育期间，土壤水分胁迫常引起树体的水分胁迫（Levy，1983），如遇高温干燥天气，果皮的组织和细胞生长停止或被抑制，细胞的弹性减弱，海绵组织的各个成分便会产生因细胞间的脱离引起龟裂，而果肉由于果皮的保护仍保持原有的生长能力，结果造成果皮与果肉生长能力的不一致，则会出现大量裂果（Cook，1913；Coit，1915；Del Rivero，1968；冉辛拓，1993；程文祥等，1995）。Erickson（1957）研究表明脐橙裂果果肉和果皮的含水量明显低于正常果，7 月份的水分胁迫都能导致皱皮的形成。皱皮裂果因果皮的抗张强度大大下降，就是正常的生长膨大也能引起裂果（Cohen et al，1972；李娟等，2006，2008）。一旦遇到秋雨或急速大量灌水，果皮生长速率跟不上果肉组织生长速率，果肉组织的膨压必将导致裂果（黄辉白等，1986）。郭曦晖（1987）在连续干旱 52d 的降雨后调查温州蜜柑裂果情况，发现裂果率达 18.1％，而在干旱期间曾灌过两次水的裂果率为 12.8％。Goldschmidt 等（1992）认为在果肉膨胀临界期限制水的供应可有效地控制柑橘采前裂果。李娟（2009）调查得到山地种植的砂糖橘的皱皮果率为 30％～40％，显著大于水田种植皱皮果率率 20％～30％。Uriu 等（1961）试验表明，西洋李果实在土壤遭受水分胁迫之后，只要大量灌水就会引起西洋李果实端裂，这充分说明了土壤水分对裂果的影响作用。

裂果不仅与果实从土壤中吸收大量水分有关，还与空气湿度及果皮吸水能力有关（程文祥等，1995）。蒸汽压亏值（VPD）是温度和相对湿度的综合指标，当 VPD 值低时，蒸腾减弱，当 VPD 急剧下降，裂果率也急剧上升，这与叶蒸腾受抑制导致水分大量涌入果实有关（高飞飞等，1994）。甜橙和荔枝的观测结果表明，VPD 的明显下降是胁迫果实出现突发性猛长的启动外因，长期处于土壤干旱的荔枝树遭受水分胁迫后，生长在此树上的果实的果皮细胞发育会受到障碍，细胞壁加厚，细胞的弹性减弱，果皮的断裂应力和伸长率（衡量裂果易感性的指标）都会显著降低（控水果实果皮断裂应力和伸长率分别为 271.6g/mm^2 和 51.4％，而对照则分别为 333.0g/mm^2 和 61.9％），从而导致果皮的应变力下降；另外，土壤水分胁迫也会减少果皮对钙的吸收，果皮中钙含量的不足也能抑制果皮的发育，造成果皮应变力下降，果皮应变力下降增加了裂果的易感性。水分胁迫虽然限制了果皮的发育，但并没有削弱荔枝果实的生长潜势，相反，由于干物质在假种皮中的积累而使果实的生长潜势得以加强。一旦遇到骤雨天气，其假种皮生长比未受胁迫的果实更为显著，再加上骤雨会导致大气蒸汽压亏的剧降，这样就为假种皮的突发性猛长提供了一个有利的生长环境，从而加剧裂果的发生（李建国等，1992；黄辉白等，1994）。这与 Cosgrove 和 Cleland（1983）的研究结果一致，一段时间的水分胁迫，增强葡萄柚果实的生长潜能。一旦条件适宜，其膨大生长比未受胁迫的果实更为显著，此时极易发生裂果。有报道指出，干旱期后相对湿度的剧烈升高，蒸腾作用的突然下降是引起杧果裂果的主要原因（Singh et al，1965），说明蒸腾作用对裂果也有影响。因为叶片的低蒸腾作用使树体其他部分的水分流向果实（Yamamoto，1973），在浓雾天，甜樱桃裂果大量发生就是由于蒸腾减弱的结果。欧良喜（1988）认为叶片低蒸腾是导致荔枝果实突发性生长的一个主要诱因。但非常有趣的是：Cotter 和 Seay（1961）在温室中安装通风扇，减少了室内相对湿度，提高了温度，使番茄果实处于一个较高蒸腾的环境中，结果裂果率反而从对照的 32% 提高到 52%，而 Bauerle（1979）在温室中，在整个番茄生长季节，每天浇水 5 次，保持果实生长处于一个长期湿条件所造成的低蒸腾的环境中，结果裂果率反而比对照减少了 15%。从他们两人得到的事实中不难看出，前期的高蒸腾作用比后期的低蒸腾作用对裂果的影响也许更大。前期高蒸腾作用主要是使果实组织饱和水分亏缺程度增大，使果皮细胞发育受阻，降低细胞弹性；后期低蒸腾作用有利于果实获取水分和保留水分。

　　另外，水分还通过影响果实果皮结构，使不同地区的同一品种具有不同的抗裂性。在空气干燥、降雨量少的地区，果实角质层厚、表皮细胞稀疏、机械组织发达、细胞层数多、细胞壁厚、不易裂果；在降雨量多，湿度大的地区，果实表皮细胞壁薄，机械组织层数少，易裂果；在低纬度、高海拔的地区，果实角质层厚、机械组织发达，不易裂果（魏钦平等，2001）。脐橙囊瓣数多的年份发生裂果也多，囊瓣汁越多，对裂果越敏感。这是因为汁胞溶质丰富，吸水膨胀潜能也就越大，对裂果敏感（何天富，1999）。

　　Wade（1988）甜樱桃上发现果实吸收水分与呼吸作用有关。呼吸抑制剂减少水分吸收，呼吸促进剂增加水分吸收，而且果实吸水多少与裂果的程度呈正相关，这一结果说明果实吸水过程可能也是一个主动吸收水分的过程。这一推测后来被李建国等（1992）在荔枝上的研究得到进一步得证实，在台风雨期间，荔枝果实有一个异乎寻常的呼吸高峰，这一呼吸高峰也正值田间裂果发生的高峰。浸果试验进一步证实果实吸水与其呼吸率呈显著的正相关，相关系数为 0.933。因此简单归纳起来可以认为，同化产物在果实中的旺盛积累导致渗透势明显下降，叶片蒸腾的急速减弱引起果内膨压的上升，是果实吸水的双重动力，属于被动性质；果实呼吸作用的跃升则为主动的代谢性吸水提供了能量。

3.3.6.4　矿质营养

　　裂果是一种生理失调症，可能是果皮局部组织养分短缺，使某个代谢环节受到干扰，造成果皮发育障碍，抵抗外界胁迫因子能力减弱，在外界强光、高温、干旱等因素刺激下，导致裂果的发生，因此，矿质营养的缺乏和富集必然会对这一生理失调过程产生影响。目前，在研究它们之间关系方面，对 Ca、K、B 研究较多，此外，Zn、Fe、Cu 的含量也与裂果有关，若不足会引起裂果。

钙是细胞壁的重要组成部分，可以改变果皮的组织结构，增加其机械强度。钙能与果胶物质形成交叉链桥，维持细胞膜结构的稳定性（Zocchi et al，1995；方炎明等，2000），从而抑制水解酶的释放，抑制细胞壁可溶性果胶的溶解（Bangerth，1973），对维持细胞壁物理硬度起着关键作用（Sekse，1995；Glenn et al，1990），从而起到防止果皮开裂的作用。Ca^{2+} 与裂果率呈负相关，缺 Ca 容易引起裂果（Chapman et al，1947；Treeby，2000；Bower，2004）。高浓度 Ca^{2+} 主要分布在细胞壁中间层，是细胞壁的结构成分，它与果胶质相结合形成钙盐，抑制细胞壁可溶性果胶的溶解，增加了原生质的弹性，减弱了质膜渗透性，减少水分吸收，增强了细胞的耐压力和延伸性，对细胞壁和植物组织的稳定具有重要作用，也可增强果皮抗裂能力（关军锋等，2005），从而降低裂果率。钙量不足时，细胞壁果胶酸钙数量也不足，植物细胞壁上催化果胶酸盐分解的多聚半乳糖醛酸活性提高，半乳糖醛酸释放量增加，细胞壁降解，细胞便容易产生畸形。缺 Ca 使细胞壁中胶层的形成受阻，并且导致细胞壁的中胶层衰退，这种细胞壁结构的退化，促使细胞破裂，导致果皮开裂。甜樱桃、苹果、葡萄和李缺钙会引起裂果（白昌华等，1989；Deng，1985）。但是，对锦橙的裂果研究中发现裂果果皮中 Ca 含量显著高于未裂果的正常果皮，树体含 Ca 高的条件下，产生 Ca^{2+} 对 K^+ 强烈拮抗作用，从而间接促进裂果发生，而非高 Ca 导致裂果（王宁等，1987）。外源钙处理苹果后，大量的 Ca^{2+} 积累在细胞壁中胶层，这为 Ca^{2+} 抑制细胞壁中胶层溶解和保护细胞壁结构提供了细胞学依据（Roy et al，1994）。采前通过喷施 Ca 化合物可以提高果皮 Ca^{2+} 含量，钙与细胞壁物质的降解快慢密切相关（关军锋等，2005）。Ca^{2+} 与细胞壁的相互作用形成 Ca^{2+} 果胶交联聚合物，这种广泛的交联有利于果胶聚合物相互挤压，形成细胞壁网络，增强果皮机械强度和限制细胞壁水解酶接近（Tepfer et al，1981；Buescher et al，1982；Brady，1987），减少裂果。陈杰忠等（1993）研究表明，易裂品种红江橙正常果比裂果，阳面果皮比阴面果皮的 Ca 含量多，裂果率与果皮 Ca 含量呈高度负相关。在果实生长期外喷钙化合物（醋酸钙溶液）在许多果树上都被证实可以减轻裂果，甜樱桃（Ruper et al，1997；Lang et al，1998；Demirsoy et al，1998；Richardson et al，1998；Fernandez et al，1998；Howard et al，1998；Marshall et al，1999）、苹果（Moon et al，1999）、柑橘（许建楷，1994；张盼盼，2007）、桃（孙高珂等，1997）、无花果（Aksoy et al，1994）、荔枝（李建国等，1992，1999；

彭坚等，2001；Kuma et al，2001）。另外，有研究报道荔枝（Sanyal et al，1990；Huang et al，1999；李建国等，1999；林兰稳，2001）、锦橙（王宁等，1987）裂果的果皮含钙量显著低于正常果。黄旭明等（2005）通过果皮钙原位分析发现，荔枝不同发育时期的果皮积累钙的部位不同。早期（花后10d）钙主要分布在内果皮和下中果皮，特别是在海绵组织形成的区域有大量的富钙区域，钙能谱信号最强。钙在此部位的大量积累，可能诱导了导致海绵组织形成的细胞程序性死亡（programmed cell death）（Huang et al，2004）。在海绵组织形成后，此部位的富钙区消失，内果皮则成为钙最为丰富的部位，同时外果皮的表皮也富积钙。内果皮的富钙区比较均匀，钙主要分布在细胞壁上，说明内果皮富积的钙主要被用于细胞壁构建。内果皮细胞层数（6～8 层）虽然远少于中、外果皮，但它是果皮力学强度的主要来源，也是果皮承受果肉生长应力的主要组织（Huang et al，2004）。内果皮丰富的钙与其高强度的力学性能有密切关系。因此，钙主要通过参与果皮细胞壁构建和组织力学性能的形成来实现其对裂果的调控作用。

钾能维持细胞较高渗透压和膨压，可为细胞分裂、细胞壁延伸及细胞扩张提供动力，使细胞加速生长。K 集中在果实，增施钾肥，使细胞壁加厚，增强抗倒伏能力，提高植物的抗逆性。从生物膜的结构来探讨，膜内有较高浓度的糖类和包括钾离子在内的各种离子，增强生物膜对水的束缚力，减少水分蒸腾，不易受冻受旱等影响（廖红等，2003）。另外，钾是植物体内多种酶的生理活化剂，适宜的 K^+ 浓度有助于叶片同化产物的增加和蛋白质、脂类、纤维素的形成，从而为果实发育提供充足的结构建成物质，它对增加果皮硬度起到良好的调节作用。王宁等（1987）指出，裂果大量发生在树体低 K^+ 条件下，这可能是由于低 K^+ 对酶的活性产生严重影响，进而代谢产生不良作用，同时低 K^+ 条件下，代谢向衰老方向发展，组织细胞对水分胁迫忍耐能力减弱，但后期钾过量则会对离子的吸收产生拮抗作用，影响果胶钙含量，从而加重裂果。树体内钾水平低，甜橙果皮薄，而叶片喷钾可显著提高叶片含钾量，从而降低锦橙裂果数量。但是施用过量的钾会加重裂果，罗贤林也发现果实发育后期大量施用速效钾反而增加柑橘裂果。陈杰忠等（2002）研究表明 K 在皱皮果中的含量比正常果高，在阳面果皮比阴面果皮高。钾素可促进柑橘果肉、果皮细胞分裂，减少裂果，显著减少甜橙浮皮果。但是降低了果实可溶性固形物含量。Bar-Akiva（1975）在研究 K 营养对伏令夏橙裂果作用时指出，施 K（特别是 KNO_3）可以增加果皮厚度，显著的减少裂果。但 Howlett（1969）认为过量的 N、K 施用会引起裂果的增加。看来 K 对裂果的影响也包括两个方面：一是前期 K 对果皮的影响，二是后期 K 对果肉的影响。前期 K 多利于果皮发育，可以抵抗裂果的发生；后期 K 多利于果肉细胞生长，特别是在遇雨水天后，会引起果肉迅速吸收水分，导致裂果的增加。春季或幼果期施用钾肥，提高树体前期钾营养水平，可促进果皮发育，增加果皮厚度，增强果皮抗破裂能力，减轻采前裂果（Ali et al，2000）；果实发育后期增施钾肥，提高树体后期钾营养水平，有利于果肉生长和内含物的积累；但是对减轻采前裂果作用不大，有时甚至会因过量降雨或灌溉导致果实迅速吸收水分而加剧裂果发生（Koo，1961）。因此关于 K 对裂果的影响，很有深入研究的必要。

硼也是植物细胞壁合成、细胞壁木质化、细胞壁结构的跨膜运输、膜的完整性等结构功能所需要的。不溶性硼库主要束缚在细胞壁上，叶片有效 B 含量与裂果率呈极显著的负相关，缺硼会导致植物减产，品质下降；但是，植物在硼、钙的吸收方面也存在着拮抗关系，果皮中硼含量高则钙的含量低。正常果皮中的镁、硼含量明显低于裂果果皮。柑橘属于需硼较少的作物，缺硼时细胞壁增厚，细胞壁占植物总干重的比例增加，薄壁细胞异常扩大和变色，细胞壁溃裂，维管束发育不全（柑橘硬果病）（廖红等，2003）。王宁和秦煊楠（1987）认为柑橘正常果与裂果果皮有效硼含量的差异不显著，但叶片有效硼含量较高有利于减轻裂果。施用硼砂可以显著地减少了绥李 3 号（张林静等，2006）、苹果（Dixon et al，1973）和荔枝（Misra et al，1981）果实开裂，尤以配合 Cu、Zn 等微量元素喷用效果最佳（Gill，1982）。土壤施硼还可以减少甜樱桃果实的开裂（Power et al，1947），经分析发现，果实中硼增加很少，而叶片中硼有一定提高。李荣等（2005）也研究发现，'春甜橘'夏秋季的裂果率与叶片的含硼量有明显关系，含硼量越低，裂果率越高，叶片含硼量达到52.65～55.33mg/kg 时，裂果率为 0。因此，推测硼减少裂果，可能与其提高果皮细胞弹性和改善了叶片颜色有关（Power et al，1947）。吴智仁等（1987）认为硼可促进授粉受精，提高内源生长调节剂的调节作用，在花期及幼果期喷3～4 次硼肥，可减少度尾蜜柚的裂果。

磷含量与裂果呈正相关，因为磷越多果皮越薄。柑橘缺磷时，果实变小，含酸量提高，果皮粗糙。Erickson（1957）报道脐橙裂果果皮中，磷和氮含量比正常果高。也有研究证明 N 和 P 含量与锦橙裂果之间无明显相关（王宁等，1987）。

Bohlman（1962）发现喷波尔多液可以减少桃、甜樱桃和苹果的裂果。其中 Cu 的作用可能比 Ca 的作用还要大，因为 Cu 能促进质壁分离，提高果皮硬度（Power et al，1947）。喷用 0.5%～1.5% $ZnSO_4$ 能减少荔枝裂果（Misra et al，1981）。另外，Al^{3+}、Ca^{2+}、Fe^{3+}、Cu^{2+} 均能有效地减少甜樱桃的裂果，因为这些阳离子有提高细胞膜强度的功能（Bullock，1952）。除上述阳离子外，N、P 等元素对裂果也有影响。华脐裂果果皮中 P 和 N 的含量显著高于正常果（Louis，1957）；土壤中的高 N 水平可以使樱桃裂果增多（Gill，1982）。但其作用机理尚不明确。

镁是叶绿素、肌醇六磷酸钙镁和果胶的成分，是许多酶尤其是磷酸化酶的活化剂，在蛋白质、脂肪、碳水化合物代谢中起着重要作用；但是，植物对镁、钾的吸收存在拮抗作用、果皮中的镁含量高则钾的含量低，引起果皮中的 N/K 不平衡、从而造成裂果，正常果皮中的镁、硼含量明显低于裂果果皮。但是，陈杰忠等（2002）研究表明 Mg 的含量与皱皮果率的相关性不显著。

由此可见，裂果的发生不但受 K、Ca 等单个矿质元素的影响，还存在着一个矿质营养平衡的问题。秦煊南等（1996a）研究表明，增加 K 含量和 K/N 比值高的，锦橙裂果减少；Ca 含量增加和 Ca/N 值较高时，虽然 N 含量较多，但裂果率降低。另外，叶片 K/Ca、K/Mg、K/（Ca＋Mg）比值和果皮 K/Mg 比值与裂果率呈极其显著或显著或极显著负相关关系。秦煊南等（1996b）认为，Ca/B 有效比值与裂果率显著正相关，Ca、B 间协调平衡是影响裂果的重要因子。

3.3.6.5　化学成分

果实的化学组成主要包括水分含量、含糖量、含酸量、果胶物质和酶类等，这些组成成分与裂果的关系如何呢？

Fraziey 认为含水量低的果实在遇到有利于裂果的环境时，更容易开裂。但 Louis（1957）认为这种差异不显著，尽管他也发现裂果的皮和肉的含水量均低于正常果。

甜樱桃果实含糖量对裂果有影响，当果实含糖量达到 20%～21% 时，裂果率最高，一旦超过这个含量时裂果率即下降；另外一个事实就是果实不同部位的含糖量不同，裂果常发生在含糖量高的位置。如华脐萼端含糖量比梗端要高，番茄茎端比萼端含糖量要高（Singh et al，1971）。但也有些研究者（Andersen et al，1982；Sekse，1987）认为甜樱桃果实含糖量与裂果关系不大。Gill（1982）三年试验结果表明，在 1973 年和 1974 两年中，果汁含糖量与裂果成正比，在 1966 年中，结果成反比。李建国和黄辉白（1995）研究表明，裂果果肉中的蔗糖含量显著低于正常果，而还原糖的含量显著高于正常果，据此推测同一荔枝品种蔗糖含量越高，还原糖含量越低，其果实裂果易感性就越低。不过一般裂果的含糖量高于正常果的含糖量。

果胶物质属于亲水性物质，是构建果皮细胞壁重要组分，其含量和数量影响着水分在果实中的滞留力（retention force）（Christensen，1972）。果胶物质被其水解酶水解，导致其从细胞壁中溶解出来，使水溶性果胶含量增加，从而降低果皮的强度。Kertesz 和 Nebel（1935）认为果胶物质的含量是造成甜樱桃裂果的一个主要原因，甜橙易于开裂的"皱皮果"（creasing fruit）的形成也与水溶性果胶含量和果胶酶活性高有关（Monselise et al，1976）。甜橙、柚子、红橘在果实成熟前，水溶性果胶和非水溶性果胶在增加，成熟后非水溶性果胶下降（赵静，1987）。陈杰忠等（2005）研究表明易皱皮品种红江橙果皮总果胶、水溶性果胶及果胶甲酯酶明显高于抗皱皮品种'红 1-7'甜橙的，而可溶性果胶以'红 1-7'甜橙的高。阴面比阳面果皮有较多的总果胶、水溶性果胶和果胶甲酯酶，盐酸可溶性果胶则以阳面果皮为高。皱皮果的总果胶、水溶性果胶、果胶甲酯酶高于正常果，而盐酸可溶性果胶则少于正常果。说明果胶物质对果实的裂果有一定影响。许建楷（1994）进一步研究认为：果皮钙含量与水溶性果胶呈负相关，与盐酸溶性果胶呈显著正相关；盐酸溶性果胶是果胶酯酸和纤维素等结合而成的不溶于水的原果胶，其主要存在于细胞初生壁和胞间层，起网络作用，保持细胞硬度，从而提高果皮破裂压力，使裂果减少。

李建国等（2003c）对裂果易发性不同的荔枝品种果皮中细胞壁代谢酶的活性进行了比较，结果表明，'糯米糍'果皮中的果胶酶、纤维素酶和果胶甲酯酶的活性高于'淮枝'，其中以果胶酶活性差异最明显，其次是纤维素酶，果胶甲酯酶差异最小；细胞壁结合型的过氧化物酶（POD）和多酚氧化酶（PPO）活性表现为'糯米糍'明显高于'淮枝'，而水溶性 POD 和 PPO 的活性则两个品种间无明显差异。并据此认为，果皮细胞壁水解类酶活性以及细胞壁结合型的 POD 和 PPO 的活性越高的荔枝品种，其裂果率也越高，其中水解酶的作用可能是通过降解细胞壁结构多糖而降低果皮的强度，而细胞壁氧化酶类则可能通过细胞壁成分的酚基交联不可逆地降低果皮细胞壁的延伸性。陈杰忠等（1999）指出，易裂果品种'红江橙'果皮果胶甲酯酶活性比不易裂果品种'暗柳橙'的高，'红江橙'裂果比正常果的果皮果胶甲酯酶活性要高。说明细胞壁形成相关的酶类对果实的裂果有一定影响。一般认为，果胶起连接相邻细胞的作用，果实近成熟或成熟时，果胶即水解，果实变软，因而裂果大量发生。

3.3.6.6 生长调节剂

许多研究者在应用植物生长调节剂防止裂果方面已作过许多有益的探讨，内源激素与裂果的研究也取得了一定的进展，得到一些成功的例子。许多研究表明，α-NAA 能减少柑橘（Greenberg et al，1996，2000，2006）、荔枝（Chandel et al，1995；Bhat et al，1997）、甜樱桃（Bullock，1952；Bohl-mann，1962；Batal et al，1972）、桃和苹果（Burrell，1938）等果实的裂果；

B_9、2,4 - D、2,4,5 - T 分别可以减少苹果（Costa，1983）、柑橘（Hield，et al，1961；Almela et al，1994；Garcia-Luis et al，2001）、荔枝（Prashar et al，1963）的裂果；乙烯能减少柑橘（Shrestha，1981）、荔枝（Shrestha，1981）、苹果（Nancy，1986）、柠檬（Gill，1982）等果实的裂果；GA 能减少柑橘（Monselise et al，1976；Gilfillan et al，1980 和 1981；徒先钊，1988；傅波，1990；蒋荣发，1992；Lavon et al，1992；Goren et al，1992）、苹果（Tayloy et al，1986）、樱桃（Larsen，1983）、石榴（Sepahi，1986）和荔枝（Sinha et al，1999）等果实的裂果。但是由于气候条件的不同，品种反应的不一致，各品种生长发育阶段差异对药剂反应不同以及喷用时期、剂量、次数、浓度等不同都会造成效果上的极大差异。因此，必须从内源激素着手去揭示这一系列差异。Sharma（1986）发现荔枝裂果种子中内源 GA 水平显著高于正常果实种子中内源 GA 水平。邱燕萍等（1999）的研究表明，'糯米糍'荔枝正常果果皮中 CTK 含量显著高于裂果，果肉中 CTK 的含量显著低于裂果，而果皮和果肉中 IAA 含量却表现为裂果大于正常果。这是否说明荔枝裂果发生可能与果肉中较高水平 CTK 刺激了果肉异常生长，而果皮中低 CTK 含量抑制果皮发育有关，还有待进一步研究。

关于植物生长调节剂的作用机理由于研究的不深入尚不明确。Batal 等（1972）认为激素处理可以改变细胞的形状，他曾用 IAA＋Kinetin 处理易感裂番茄品种后，经解剖切片发现，其果皮组织细胞形状发生了变化，变得比未处理品种更接近于抗裂的'Heinz1350'品种的果皮组织细胞形状。Tayloy 和 Knight（1986）用 GA_{4+7} 处理苹果小果后，发现其果皮的可塑性增大，但其弹性不受影响。GA_{4+7} 处理后，引起皮层和下皮层细胞的增大，单位面积的细胞数目减少。因此，可以粗略地认为生长调节剂减少裂果的原因在于它改变了果皮细胞的结构。由于 GA 和乙烯利等植物激素对叶片蒸腾和果实发育、生长、成熟等有着重大影响，推测也许这是影响裂果的另一个原因。

3.3.6.7　其他

大量研究表明：一般树势弱，树龄大，光照差，通风不良及偏施 N 肥的果园裂果严重；负载量大，叶果比小，着色差易诱发裂果；土壤排水不良，土壤板结，通透性差的果园裂果严重；而土层深厚、土质疏松、土壤通透性好的果园裂果则轻。陈杰忠（1993）和李娟（2009）报道柑橘皱皮果率现象 75% 发生在果实的阴面。随着树龄的增长柑橘的皱皮果率也增加，5 年生树龄的纽荷尔脐橙皱皮果率仅为 7%，而 8 年生树龄的纽荷尔脐橙皱皮果率高达 16%。此外，病虫防治差，大量使用乙烯利或赤霉素的果园其裂果明显上升。何文辉（1996）对脐橙裂果原因的研究后发现：裂果的裂缝边缘有感染现象，而且裂果后果实腐烂不是青绿霉、绿霉病的特征而似炭疽病，从刚裂果裂口边缘取样镜检，发现了炭疽分生孢子盘，这就证明炭疽病可以引起脐橙裂果。白粉病为害葡萄后果皮硬化失去弹性，硬核期后从果顶纵裂（鞠远刚，1998）。

（李建国，华南农业大学园艺学院；张秀梅，中国热带农业科学院
南亚热带作物研究所；李娟，仲恺农业工程学院园艺园林学院）

参 考 文 献

白昌华，田世平.1989.果树钙素营养研究［J］.果树科学，6（2）：121-124.

蔡礼鸿，胡春根，罗正荣.1996.几种植物生长调节剂对葡萄果实大小和品质的效应［J］.中国南方果树，25（2）：45-47.

柴寿.1984.防止葡萄裂果的措施［J］.日本：果树，36（6）：7-12.

陈爱军.1985.天旱防裂果［J］.广西农业，（16）：16.

陈旦蕊.2004.枇杷生长期的主要生理病害及防治［J］.浙江柑橘，21（2）：26-27，33.

陈杰忠，伍玲，彭良志.1999.柑橘橘果皮果胶甲酯酶活性与裂果关系的研究［J］.中国南方果树，28（3）：8.

陈杰忠.1993.红江橙裂果诱因及其机理的研究［D］.广州：华南农业大学硕士学位论文.

陈杰忠，吕雪娟，叶自行，等.2002.柑橘皱果与果皮及细胞壁矿质元素关系研究［J］.植物营养与肥料学报，8（3）：367-371.

陈杰忠，叶自行，周碧燕，等.2005.柑橘果皮果胶及酶活性对皱皮果形成的影响［J］.园艺学报，35（2）：202-206.

陈金玉，成慎坤，张凤琪.1992.疏果及夏剪对温州蜜柑果实品质、产量、树体营养及生长的影响［J］.湖南农业科学，03：29-30.

陈庆其.2005.荔枝裂果原因及防治技术措施［J］.福建热作科技，30（4）：32-33.

陈清西，李小初，彭建平，等.2008.度尾文旦柚裂果发生过程中裂原的发生与消长［J］.果树学报，25（1）：69-72.

陈熹.1990.枇杷疏果增重的敏感性试验［J］.福建果树，3：4-6.

陈苑虹，李三玉，董继新.1999.玉环袖果实特性与裂果的关系［J］.浙江大学学报，25（4）：414-415.

程文祥，陆平中.1995.水与"楚门文旦"生长发育和裂果的关系［J］.农业工程学报，11（2）：123-127.

淳长品，彭良志，雷霆，等.2010.不同柑橘砧木对锦橙果实品质的影响［J］.园艺学报，37（6）：991-996.

戴哲保，陈潜，王光裕，等.1987."楚门文旦"裂果原因及其防治研究初报［J］.浙江柑橘（3）：13.

戴正根，彭义华，张光云 . 1993. 朱砂李裂果原因及防止措施［J］. 北方园艺（1）：8.

邓九生，黄在猛 . 1998. 龙眼荔枝的果实发育与调控［J］. 广西热作科技，2（67）：1 - 5.

邓文生，张大鹏 . 1998. 葡萄浆果不同生长时期对干旱胁迫敏感性变化的水分生理机制［J］.
　　园艺学报，25（2）：123 - 128.

方梅芳，廖剑锹，吴德宜 . 2004. 枇杷裂果的预防措施 . 福建果树（4）：59 - 60.

方炎明，魏勇，张晓平，等 . 2000. 苔藓生物监测大气重金属污染研究进展［J］. 南京林业
　　大学学报，24（5）：64 - 68.

傅德明，余宏斌，郑晓林，等 . 2006. 丰都红心柚果实生长发育动态研究［J］. 西南园艺，
　　34（2）：18 - 19，22.

傅波 . 1990. "九二〇"对温州蜜柑成熟和裂果的影响［J］. 江西柑橘科技（3）：40.

高京草 . 1998. 影响枣裂果因子的研究［J］. 西北林学院学报，13（4）：23 - 27.

高飞飞，黄辉白，许建楷 . 1994. 红江橙裂果原因的探讨［J］. 华南农业大学学报，15（1）：
　　34 - 39.

郭曦晖 . 1987. 温州蜜柑的裂果及其防治［J］. 江西柑橘科技，（4）：12 - 13.

关军锋，MaxSaure. 2005. 果树钙素营养与生理［M］. 北京：科学出版社 .

何天富 . 1999. 柑橘学［M］. 北京：中国农业出版社 .

何文辉 . 1996. 脐橙裂果的原因——炭疽病危害［J］. 中国南方果树（2）：26.

黄辉白，高飞飞，许建楷，等 . 1986. 水分胁迫对甜橙果实发育的影响［J］. 园艺学报，13
　　（4）：237 - 244.

黄辉白，江世尧，谢昶 . 1983. 荔枝假种皮的发生和果实的个体发育［J］. 华南农学院学
　　报，4（4）：78 - 83.

黄明，薛妙男 . 1998. 沙田柚胚胎发育与果实生长的相关性研究［J］. 广西柑橘，2（24）：
　　2 - 4.

黄旭明，袁炜群，王惠聪，等 . 2005. 抗裂性不同的荔枝品种果皮发育过程中钙的分布动态
　　研究［J］. 园艺学报，32（4）：578 - 583.

黄旭明 . 1998. 葡萄浆果转熟生理变化的机理研究［D］. 广州：华南农业大学博士学位论
　　文 .

蒋荣发 . 1992. 赤霉素防止温州蜜柑裂果［J］. 中国柑橘，21（2）：41.

鞠远刚 . 1998. 葡萄裂果的原因及预防［J］. 中国南方果树，（2）：38.

李建国，黄辉白，袁荣才，等 . 1992. 荔枝裂果与果实生长及水分吸收动力学的关系［J］.
　　华南农业大学学报，13（4）：129 - 135.

李建国，黄辉白，黄旭明 . 2003b. 妃子笑荔枝早花大果和晚花小果与营养竞争的关系［J］.
　　果树学报，20（3）：195 - 198.

李建国，黄辉白，黄旭明 . 2004b. 妃子笑荔枝早花果和晚花果大小不同与温度的关系［J］.
　　果树学报，21（1）：37 - 41.

李建国，黄辉白，刘向东 . 2003a. 荔枝果皮发育细胞学研究［J］. 园艺学报，30（1）：
　　23 - 28.

李建国，黄辉白.1994. 久旱骤雨诱发荔枝裂果原因探析 [G]. //园艺学进展. 北京：中国农业出版社.

李建国，黄辉白.1995. 荔枝果实理化特性及果皮形态学与裂果易感性的关系 [J]. 华南农业大学学报，16（1）：84-89.

李建国，黄辉白.1996. 荔枝裂果进展 [J]. 果树科学，13（4）：257-261.

李建国，黄旭明，黄辉白.2004a. NAA 增大荔枝果实及原因分析 [J]. 华南农业大学学报（自然科学版），25（2）：10-12.

李建国，黄旭明，黄辉白.2002. 大果型和小果型荔枝品种果实发育的细胞学和生理学比较 [J]. 果树学报，19（3）：158-162.

李建国，黄旭明，黄辉白.2003c. 裂果易发性不同的荔枝品种果皮中细胞壁代谢酶活性的比较 [J]. 植物生理与分子生物学学报，29（2）：141-146.

李建国，黄旭明，周碧燕，等.2000. 人工疏果对龙眼果实大小、内源激素和细胞壁成分的影响 [J]. 热带作物学报，21（3）：28-33.

李建国，高飞飞，黄辉白，等.1999. 钙与荔枝裂果关系初探 [J]. 华南农业大学学报，20（3）：45-49.

李建国.2001. 荔枝果实个体发育与减轻裂果的研究 [D]. 广州：华南农业大学博士学位论文.

李娟，陈杰忠，胡又厘，等.2008. 水分胁迫对柑橘果皮细胞壁结构及代谢的影响 [J]. 生态学报，28（2）：486-492.

李娟.2009. 柑橘陷痕果发生与果皮细胞壁代谢及相关基因的研究 [D]. 广州：华南农业大学博士学位论文.

李娟.2006. 柑橘皱皮果与果皮细胞壁代谢关系的研究 [D]. 广州：华南农业大学硕士学位论文.

李克志，高中山.1990. 枣裂果机理的初步研究 [J]. 果树科学，7（4）：221-226.

李蕾.2006. 脐橙果皮发育与裂果发生的解剖学研究 [D]. 武汉：华中农业大学硕士学位论文.

李荣，李建光，潘学文.2005. 春甜柑橘夏秋季裂果原因及防裂措施研究 [J]. 中国南方果树，34（3）：9-10.

林兰稳.2001. 矿质营养对荔枝裂果率的影响 [J]. 土壤与环境，10（1）：55-56.

柳兴岳.2003. 玉环抽裂果病发生原因及防裂措施. 浙江柑橘，20（2）：22-23.

吕柳新，陈荣木，陈景渌.1985. 荔枝胚胎发育过程的观察. 亚热带植物通讯，5（1）：1-5.

宁正详.1998. 食品成分分析手册 [M]. 北京：中国轻工业出版社.

欧良喜.1988. 关于荔枝裂果的研究 [D]. 广州：华南农业大学研究生毕业论文.

彭坚，席嘉宾，唐旭东，等.2001. 叶面喷施 Ca（NO_3）$_2$ 和 GA 对"糯米糍"荔枝裂果的影响 [J]. 园艺学报，28（4）：348-350.

钱开盛.1997. 脐橙裂果原因及其防治的初步探讨 [J]. 中国南方果树，26（3）：12.

秦煊南, 王宁. 1996b. 营养平衡与代谢对锦橙裂果的影响 [J]. 西南农业大学学报, 18 (1): 34 - 39.

秦煊南, 吴先礼. 1996a. 矿物质营养与砧木对 447 锦橙裂果的影响 [J]. 西南农业大学学报, 18 (1): 51 - 55.

邱燕萍, 陈洁珍, 欧良喜, 等. 1999. 糯米糍荔枝裂果与内源激素变化的关系 [J]. 果树科学, 16 (4): 276 - 279.

邱云霞, 黄辉白. 1986. 荔枝果实发育研究 II. 干鲜重变化动态和水分与溶质的进入与分配 [J]. 园艺学报, 13 (2): 81 - 86.

邱云霞. 1984. 荔枝假种皮的发育与果实其他部分的关系研究 [D]. 广州: 华南农业大学硕士学位论文.

冉辛拓. 1993. 富士系苹果的裂果原因及防止措施 [J]. 北方园艺 (1): 8 - 10.

任成伟, 赵有为. 1985. 番茄果实抗射裂性和耐压性遗传效应研究 [J]. 园艺学报, 12 (4): 242 - 248.

宋志海, 高飞飞, 陈大成. 2002. 果实大小相关性及影响因素研究进展 [J]. 福建果树, 3 (121): 9 - 12.

孙高珂. 1997. 喷钙减轻寒露蜜桃采前裂果试验 [J]. 中国果树 (3): 27 - 29.

田玉命, 韩明玉. 2000. 油桃果实细胞结构与裂果的关系 [J]. 西北农业学报, 9 (1): 108 - 110.

徒先钊. 1988. 喷尿素和赤霉素预防柑橘裂果 [J]. 中国柑橘, 17 (2): 41.

王惠聪, 高飞飞, 黄辉白, 等. 1999. 荔枝裂果过程的果皮形态变化观察 [J]. 广东农业科学, 5: 23 - 24.

王惠聪, 韦邦稳, 高飞飞, 等. 2000. 荔枝果皮组织结构及细胞分裂与裂果关系探讨 [J]. 华南农业大学学报, 21 (2): 10 - 13.

王宁, 秦煊南. 1987. 矿质营养对锦橙裂果的影响 [J]. 西南农业大学学报, 9 (4): 458 - 462.

吴智仁, 陈文山. 1990. 度尾蜜柚裂果问题讨论 [J]. 福建果树 (3): 27 - 29.

吴智仁, 陈金椿, 陈文山. 1987. 度尾蜜柚裂果原因及克服措施 [J]. 中国柑橘 (2): 33.

夏清华, 陈润政, 傅家瑞. 1993. 不同发育时期荔枝种子生理的研究 [J]. 中山大学学报自然科学版, 32 (1): 80 - 86.

小林章. 1975. 果树环境概论 [M]. 日本: 养贤堂.

谢远玉, 赖晓桦, 陈颖, 等. 2009. 柑橘果实生长与生态气象条件的关系 [J]. 华中农业大学学报, 28 (2): 222 - 225.

熊月明, 韦晓霞, 张丽梅, 等. 2009. 栽培基质及水分胁迫对盆栽番木瓜生长的影响 [J]. 福建农业学报, 24 (6): 545 - 549.

徐绍颖, 许幼玉, 孙文彬. 1980. 苹果的化学疏花疏果——西维因、萘乙酸对 '金冠'、'国光' 苹果的疏果效应 [J]. 北京农业大学学报, 1 (4): 75 - 82.

许建楷, 陈杰忠, 邹河清. 1994. 钙与红江橙裂果关系的研究 [J]. 华南农业大学学报, 15

(3)：77 - 81.

闫国华，甘立军，孙瑞红，等 . 2000. 赤霉素和细胞分裂素调控苹果果实早期生长发育机理的研究 [J]. 园艺学报，27（1）：11 - 16.

阎宝平，欧锡坤 . 1993. 檬果栽培种之性状调查与性状间的相关性研究 [J]. 中国园艺，39（4）：185 - 197.

杨亚妮，苏智先 . 2002. 中国名袖资源与品种现状研究 [J]. 四川师范学院学报（自然科学版），(2)：163 - 169.

叶秀舜，王伏雄，钱南芬 . 1992. 荔枝的胚胎学研究 [J]. 云南植物研究，14（1）：59 - 65.

叶正文，叶兰香，张学英 . 2002. "朋娜" 等脐橙的裂果规律及赤霉素预防效果 [J]. 上海农业学报，18（4）：52 - 57.

曾骧 . 1992. 果树生理学 [M]. 北京：北京农业大学出版社 .

张大鹏，邓文生，贾文锁 . 1997. 葡萄果实生长与水势及其分量和细胞壁展延性之间的关系 [J]. 中国农业大学学报，2（5）：100 - 108.

张大鹏，罗国光 . 1992. 不同时期水分胁迫对葡萄果实生长发育的影响 [J]. 园艺学报，19（4）：296 - 300.

张林静，桂明珠 . 2006. 李的裂果机制及防止措施 [J]. 园艺学报，33（4）：699 - 704.

张盼盼 . 2007. 柑橘果皮代谢相关基因 Expansin 的克隆及其表达分析 [D]. 华南农业大学硕士学位论文 .

张志善，郭绐仙 . 1991. 山西省枣树裂果情况调查初报 [J]. 经济林研究，9（1）：58 - 62.

赵静 . 1987. 从柑橘果皮中提取果胶的研究 [J]. 重庆：西南农业大学硕士学位论文 [D].

赵胜健 . 1992. 葡萄裂果的原因及预防措施 [J]. 农业科技通讯（9）：23.

邹河清，许建楷 . 1995. 红江橙的果皮结构与裂果的关系研究 [J]. 华南农业大学学报，16（1）：90 - 96.

左辞秋 . 1984. 杧果裂果机制观察 [J]. 园艺学报，11（1）：61 - 62.

吴元立，李丰年，杨护，等 . 1999. 中山龙牙蕉采后裂果观察及防裂试验初报 [J]. 广东农业科学（5）：25 - 26

魏钦平，叶宝兴，张继祥，等 . 2001. 不同生态区富士苹果解剖结构的特征与差异 [J]. 果树学报，18（4）：243 - 245

AGUSTI M，ALMELA V，AZNAR M，et al. 1994a. Satsuma mandarin fruit size increased by 2，4 - DP [J]. HortScience，29：279 - 281.

AGUSTI M，ALMELA V，JUAN M，et al. 1994b. Effect of 3，5，6 - trichloro - 2 - pyri-dyl-oxyacetic acid on fruit size and yield of 'Clausellina' mandarin (*Citrus unshiu* Marc.) [J]. HortScience，69：219 - 223.

AGUSTI M，ANDREU I，JUAN M，et al. 1998. Effects of ringing branches on fruit size and maturity of peach and nectarine cultivars [J]. Journal of Horticultural Science and Bio-technology，73（4）：537 - 540.

AGUSTI M，ELOTMANI M，AZNAR M，et al. 1995. Effect of 3，5，6 - trichloro - 2 -

pyridyl-oxyacetic acid on clementine early fruitlet development and fruit size at maturity [J]. HortScience, 70 (6): 955 - 962.

AGUSTI M, JUAN M, ALMELA V. 2000. Loquat fruit size is increased through the thinning effect of naphthaleneacetic acid [J]. Plant Growth Regulation, 31 (3): 167 - 171.

AKSOY U, ANAC D, SASS P. 1994. The effect of calcium chloride application on fruit quality and mineral content of fig [J]. Acta Horticulture, 368: 754 - 762.

ALI A, SUMMERS L L, KLEIN G J, et al. 2000. Albedo breakdown in califormia [J]. Proceedings of the International Society of Citriculture, 2: 1090 - 1093.

ALMELA V, AGUSTI M, AZNAR M. 1990. El "splitting" o rajado del fruto de la mandarina 'Nova'. Su control [J]. Acta Horticulturae, 6: 142 - 147.

ALMELA V, ZARAGOZA S, PRIMOLLO E, et al. 1994. Hormonal control of splitting of 'Nova' mandarin fruit [J]. Journal of Horticultural Science, 69: 969 - 973.

ANDERSEN P C, RICHARDSON D G. 1982. A rapid method to estimate fruit water status with special reference to rain cracking of sweet cherries [J]. American Society for Horticultural Science, 107 (3): 441 - 442.

ANTOGNOZZI E, FAMIANI F, PROIETTI P, et al. 1997. Effect of CPPU (cytokinin) treatments on fruit anatomical structure and quality in *Actinidia deliciosa* [J]. Acta Horticulture, 444 (2): 459 - 465.

AVILAN L, LEAL F, RODRIGUEZ M. 1997. Mango rootstocks and their influence on fruit shape and size [J]. Acta Horticulture, 455: 479 - 488.

AWASTHI R P. 1995. Influence of rate and method of potassium application on growth, yield, fruit quality and leaf nutrient status of apple [J]. Journal of potassium Research, 11: 3 - 4.

BANERJI I, CHAUDHURI K L. 1994. A contribution to the history of Lichi chinensis Sonn [J]. Proceeding of the Indian Academy of Science Section B, 19: 19 - 27.

BANGERTH F, HO L C. 1984. Fruit position and fruit set sequence in a truss as factors determining final size of tomato fruits [J]. Annals of Botany, 53: 315 - 319.

BANGERTH M. 1973. Investigations upon Ca related physiological disorders [J]. Phytopathologische Zeitschrift, 77: 20 - 37.

BAR-AKIVA A. 1975. Effect of potassium nutrition on fruit splitting in Valencia Orange [J]. Journal of Horticultural Science, 50: 85 - 89.

BARTHOLOMEW E T, SINCLAIR W B. 1951. Lemon fruit, its composition, physiology, and prod-ucts [J]. Berkeley: University of California Press.

BATAL K M, WEIGLE J L, FOLEY D C. 1970. Relation of stress-strain properties of tomato skin to cracking fruit [J]. Hortscience, 5: 223 - 224.

BATAL K M, WEIGLE J L, LERSTEN N R. 1972. Exogenous growth-regulator effect on tomato fruit cracking and pericarp morphology [J]. American Society for Horticultural Science，97（4）：529 - 531.

BAUERLE W L. 1979. Effect of plant misting on tomato yield and quality [J]. American Vegetable Grower，25（4）：68 - 70.

BERMAN M E，DEJONG T M. 1996. Water stress and crop load effects on fruit fresh and dry weights in peach（*Prunus prsica*）[J]. Tree Physiology，16：859 - 864.

BHAT S K，CHOGTU S K，MUTHOO A K. 1997. Effect of exogenous auxin application on fruit drop and cracking in litchi（*Litchi chinensis Sonn.*）cv. Dehradun [J]. Advances in Plant Sciences，10，83 - 86.

BLUMENFELD A. 1980. Fruit growth of loquat [J]. Journal of the American Society for Horticultural Science，105（5）：747 - 750.

BOHLMANN. 1962. Why does fruit crack [J]. Horticulturae Aastract，33：2312.

BOHNER J，BANGERTH F. 1988. Cell number，cell size and hormone levels in semi-isogenic mutants of *Lycopersicon pimpinellifolium* differing in fruit size [J]. Physiologia Plantarum，72：316 - 320.

BOLLARD E G. 1970. The physiology and nutrition of developing fruits [M]. The biochemistry of fruits and their products academic press.

BOWER J P. 2004. The physiological control of citrus creasing [J]. Acta Horticulturae，632：111 - 115.

BRADLEY M V. 1959. Man cell size in the mesocarp of mature peaches of different sizes. [J]. Proceedings of the American Society for Horticultural Science，73：120 - 124.

BRADY C J. 1987. Fruit ripening [J]. Annual Review Plant Physiology，38：155 - 178.

BUESCHER R，WAND G E，HOBSON A. 1982. Role of calcium and chealting agents in regulating the degradation of tomato fruit tissue by polygalacturonase [J]. Journal of Food Biochemistry，6：147 - 160.

BULLOCK R M. 1952. A study of some inorganic compounds and growth promoting chemicals in relation to fruit cracking of Bing cherries at maturity [J]. American Society for Horticultural Science，59：243 - 253.

BUNGER-KIBLER S，BANGERTH F. 1982. Relationship between cell number，cell size and fruit size of seeded fruits of tomato（*Lycopersicon esculentum* Mill），and those induced parthenocarpically by the application of plant growth regulators [J]. Plant growth regulation，1：143 - 154.

BURRELL A B. 1938. First progress report on prune drought spot [J]. Proceedings of the American Society for Horticultural Science，36：275 - 278.

CAMPBELL. 1960. Soup Campany [M]. Proceeding plant science seminar. Camden，New Jersey，pp：162.

CHACKO E K，REDDY Y T N，ANANTHANARAYANAN T V. 1982. Studies on the relationship between leaf number and area and fruit development in mango（*Mangifera indica*

L）[J]. Journal of Horticultural Science，57：483 - 492.

CHALMERS D J，MITCHELL P D，JERI P H. 1984. The physiology of growth control of peach and pear trees using reduced irrigation [J]. Acta Horticulture，146：143 - 149.

CHANDEL S K，KUMAR G. 1995. Effect of irrigation frequencies and foliar spray of NAA and micronutrient solutions on yield and quality of litchi (*Litchi chinensis Sonn.*) cv. Rose Scented [J]. Advances in Plant Sciences，8：284 - 288.

CHAPMAN H D，BROWN S M，RAYNER D S. 1947. Effect potash deficiency and excess on orange tree [J]. Hilgardia，17：619 - 650.

CHEN K，HU G Q，LENZ F. 1997. Effects of CO_2 concentration on strawberry. Ⅵ[J]. Fruit Yield and Quality Angewandte Botanik，71：195 - 200.

CHENG G W，BREEN P J. 1992. Cell count and size in relation to fruit size among strawberry cultivars [J]. Journal of the American Society for Horticultural Science，117 (6)：946 - 950.

CHRISTENSEN J V. 1979. Ripening time，cracking tendency and fruit size of sweet cherry varieties [J]. Horticulturae Abstract，49：8272.

CHRISTENSEN J V. 1973. Cracking in cherries Ⅵ. cracking susceptibility in relation to the growth rhythum of the fruit [J]. Horticulturae Abstract，44：1351.

CHRISTENSEN J V. 1972. Cracking in cherries Ⅰ. Fluctation and rate of water absorption in relation to cracking susceptibility [J]. Horticulturae Abstract，2：7401.

CHRISTENSEN J V. 1975. Cracking in cherries Ⅷ. cracking susceptibility in relation to fruit size and firmness [J]. Horticulturae Abstract，46：2932.

COHEN A，LOMAS J，RASSIS A. 1972. Climatic effects on fruit shape and thickness in "Marsh seedless" grapefruit [J]. Journal of the American Society for Horticultural Science，97：768 - 771.

COHEN A. 1984b. Citrus fruit enlargment by using summer girdling [J]. Journal of Horticultural Science，59 (1)：119 - 125.

COHEN A. 1984a. Effect of girdling date on fruit size of Marsh Seedless grapefruit [J]. Journal of Horticultural Science，59 (4)：567 - 573.

COIT J E. 1915. Citrus fruits [M]. New York：The Macmillan Company.

CONSIDINE J A，KEN BROWN. 1981a. Physical aspects of fruit growth [J]. Plant Physiology，68：371 - 376.

CONSIDINE J A，KRIEDEMANN P E. 1981b. Stereological analysis of the dermal system of fruit of the grape *Vitis vinifera*. L [J]. Australian Journal of Botany，29：463 - 474.

CONSIDINE J A. 1981c. Correlation of resistance to physical stress with fruit structure in the grape *Vitis vinifera*. L [J]. Australian Journal of Botany，29：475 - 482.

COOK A J. 1913. California citrus culture [M]. Sacraments：Califorinia State Printing Office.

COOMBE B G. 1972. The regulation of set and development of the grape berry [J]. Acta Horticulture, 34: 261 - 274.

CORTES C. 1983. Relationship between radial and concentric cracking of tomato fruit [J]. Scientia Horticulturae, 21: 323 - 328.

COSGROVE D J, CLELAND R E. 1983. Fruit growth and dry matter accumulation in grapefruit during periods of water withholding and after reirrigation [J]. Australian Journal of Plant Physiology, 15: 633 - 639.

COSTA G. 1983. Influence of growth regulaters on apple fruit cracking (cv "Stayman Red") [J]. Acta Horticulturae, 137: 367 - 374.

COTTER D J, SEAY R T. 1961. The effect of circulation air on the environment and tomato growth response in a plastic green house [J]. Proceedings of the American Society for Horticultural Science, 77: 643 - 646.

COWAN A K, MOORE-GORDON C S, BERTLING I, et al. 1997. Metabolic control of avocado fruit growth: Isoprenoid growth regulators and the reaction catalyzed by 3 -hydroxy - 3 - methylglutaryl coenzyme A reductase [J]. Plant Physiology, 114: 511 -518.

COWAN A K, RYAN F, CRIPPS R F, et al. 2001. Fruit size: Towards an understanding of the metabolic control of fruit growth using avocado as a model system [J]. Physiologia Plantarum, 111: 127 - 136.

CRUZ-CASTILLO J G, LAWES G S, WOOLLEY D J. 1991. The influence of the time of anthesis, seed factor (s), and the application of a growth regulator mixture on the growth of kiwifruit [J]. Acta Horticultural, 297: 475 - 480.

CUTTING J G M. 1993. The cytokinin complex as related to small in 'Hass' avocado [J]. Acta Horticultural, 329: 147 - 149.

D' AOUST M, YELLE S, NGUYEN-QUOC B. 1999. Antisense inhibition of tomato fruit sucrose synthase decreases fruit setting and the sucrose unloading capacity of young fruit [J]. Plant Cell, 11: 2407 - 2418.

DARNELL R, BIRKHOLD K B. 1996. Carbohydrate contribution to fruit development in two phenologically distinct Rabbitaye blueberry cultivars [J]. Journal of the American Society for Horticultural Science, 121 (6): 1132 - 1136.

DAVIE S J, STASSEN P J C, WALT-M-VAN-DER. 1995. Girdling avocado trees for improved production [J]. South African Avocado Growers' Association Yearbook, 18: 51 -53.

DE CICCO V, INTRIGLIOLD F, IPPOLITO A, et al. 1988. Factors in Navelina orange splitting [J]. Proceedings of the International Society of Citriculture, 1: 535 - 540.

DEL RIVERO J M. 1968. Los estados de carencia de los agrios [M]. Madrid: Mundi-Prensa, pp: 131 - 133.

DEMIRSOY L K, BILGENER S, YSTAAS J. 1998. The effects of preharvest calcium hy-

droxide applications on cracking in 'Ziraat', 'Lambert' and 'Van' sweet cherries [J].
Acta Horticulture, 468: 657 - 662.

DENG I Y. 1985. Cold resistance and plasmalemma permeability in grape [J]. Plant Physiology Communications, (7): 963 - 964.

DIXON B, SAGAR G R, SHORROCKS V M. 1973. Effect of calcium and boron on the incidence of tree and storage pit in apples of the cultivar egrement russet [J]. Journal of Horticultural Science, 48 (4): 401 - 411.

EL-OTMANI M, AGUSTI M, AZNAR M, et al. 1993. Improving the size of 'Fortune' mandarin fruits by the auxin, 2, 4 - DP [J]. Scientia Horticulturae, 55: 283 - 290.

ERICKSON L C. 1957. Compositional differences between normal and split Washington navel oranges [J]. Proceedings of the American Society for Horticultural Science, (2): 70 -257.

ERNER L, MONSELISE S P, GOREN R. 1975. Rough fruit condition of the 'Shamouti' orangeoccurrence and patterns of development [J]. The Physiology of Vegetable Crops, 13: 435 - 443.

FAMIANI F, ANTOGNOZZI E, TOMBESI A, et al. 1998. CPPU induced alterations in source-sink relationships in Actinidia deliciosa [J]. Acta Horticulture, 463: 306 - 310.

FAMIANI F, ANTOGNOZZI F, BATTISTELLI A, et al. 1997. Effects of altered source-sink relationships on fruit development and quality in Actinidia deliciosa [J]. Acta Horticulture, 444 (1): 355 - 360.

FAMIANI F, BATTISTELLI A, MOSCATELLO S. 1999. Thidiazuron affects fruit growth, ripening and quality of Actinidia deliciosa [J]. Journal of Horticultural Science and Biotechnology, 74 (3): 375 - 380.

FAUST M. 1989. Physiology of temperate zone fruit trees [M]. New York: John Wiley and Sons.

FERNANDEZ R T, FLORE J A, YSTAAS J. 1998. Intermittent application of $CaCl_2$ to control rain cracking of sweet cherry [J]. Acta Horticulture, 468: 683 - 689.

FERREE D C. 1992. Time of root pruning influences vegetative growth, fruit size, biennial bearing, and yield of 'Jonathan' apple [J]. Journal of the American Society for Horticultural Science, 117 (2): 198 - 202.

FISHLER M, GOLDSCHMIDT E E, MONSLISE S P. 1983. Leaf area and fruit size on girdled grapefruit branches [J]. Journal of the American Society for Horticultural Science, 108 (2): 218 - 221.

GAO F F, CHEN D C, SONG Z H, et al. 2001. A study of some internal factors affecting fruit size in litchi [J]. Acta Horticulture, 588: 279 - 283.

GARCIA-LUIS A, DUARTE A M M, KANDUSER J L, et al. 2001. The anatomy of the fruit in relation to the propensity of citrus species to split [J]. Scientia Horticulturae, 87: 33 - 52.

GEORGIEV V. 1984. Susceptibility of the fruit sweet cherry to cracking [J]. Horticulturae Abstract, 57: 1721.

GILFILLAN I M, STEVENSON J A, HOLMDEN E, et al. 1980. Gibberellic acid for reducing creasing in navels in the Eastern Cape [J]. Citrus and Subtropical Fruit Journal, 605: 11 - 14.

GILFILLAN I M, STEVENSON J A, WAHL J P. 1981. Control of creasing in navels with gibberellic acid [J]. Proceedings of the International Society of Citriculture, 1: 224 -226.

GILL J E. 1982. Effect of ether spraying on lemon fruit development (*Citrus lemonides L.*) [J]. Science Culture, 48 (11): 404 - 416.

GILLASPY G, BEN-DAVID H, GRUISSEM W. 1993. Fruits: A developmental prospective [J]. Plant Cell, 5 (10): 1439 - 1451.

GLENN G M, POOVAIAH B W. 1990. Calcium-mediated postharvest changes in texture and cell wall structure and composition in 'Golden Delicious' apples [J]. Journal of the American Society for Horticultural Science, 115 (6): 962 - 968.

GOFFINET M C, ROBINSON T L, LAKSO A N. 1995. A comparison of 'Empire' apple fruit size and anatomy in unthinned and hand-thinning trees [J]. Scientia Horticulturae, 70: 375 - 387.

GOLDSCHMIDT E E, HARPAZ A, GAL S, et al. 1992. Simulation of fruitlet thinning effects in Citrus by a dynamic growth model [J]. Proceedings of the International Society of Citriculture. 1: 515 - 519.

GOLDSCHMIDT E E. 1999. Carbohydrate supply as a critical factors for citrus fruit development and productivity [J]. Horticultural Science, 34 (6): 1020 - 1023.

GOREN R, HUBERMAN M, RIOV J. 1992. Effects of gibberellin and girdling on the yield of 'Nova'. (Clementine X 'Orlando' tangelo) and 'Niva' ('Valencia' × 'Wilking') [J]. Proceedings of the International Society of Citriculture, 493 - 499.

GREYBE E, BERGH O, FERRIRA D I. 1998. Fruit growth and cell multiplication of Royal Gala apples as a function of temperature [J]. Applied Plant Science, 12 (1): 10 - 14.

GUARDIOLA L, ALMELA V, BARRES M T. 1988. Dual effect of auxin on fruit growth in Satsuma mandarin [J]. Scientia Horticulturae, 34: 229 - 237.

HANKINSON B, RAO V N M. 1979. Histological and physical behavior of tomato skins susceptible to cracking [J]. American Society for Horticultural Science, 104 (5): 577 -581.

HANKINSON. 1977. Viscoelastic and histological properties of grape skins [J]. Journal of Food Science, 42 (3): 632 - 635.

HIEKE S, MENZEL C M, DONGAN V J, et al. 2002. The relationship between yield and assimilate supply in s on lychee (*Litchi chinensis Sonn.*) [J]. Journal of Horticultural Science and Biotechnology, 77 (3): 326 - 332.

HIELD H Z, ERICKSON L C. 1961. plant regulalor uses of 2, 4 - D on citrus [J]. California

Citrus Organizations，47：308.

HILGEMANN R H，EHRLER W L，EVERLING C E，et al. 1969. Apparent transpiration and internal water stress in Valencia oranges as affected by soil water，season and climate [J]. Proceedings of the International Citrus Symposium，3：1713 - 1723.

HO L C. 1995. Carbon partitioning and metabolism in relation to plant growth and production in tomato [J]. Acta Horticulture，412：396 - 409.

HOLTZHAUSEN L C. 1981. Creasing：Formulating a hypothesis [J]. Proceedings of the International Society of Citriculture，1：204 - 204.

HOLTZHAUSEN，PLESSIS. 1970. Skin splitting of citrus fruits [J]. South African Citrus Journal，444：17 - 19.

HOWARD C，WEAVER E，ALSPACH P. 1998. Calcium chloride application to reduce rain splitting in sweet cherries [J]. Orchardist，71：26 - 28.

HOWLETT F S. 1969. Relation of N and K applications and leaf composition to fruit cracking [J]. Ohio Agricultural Research and Development Center，34：17.

HUANG H B，XU J K. 1983. The developmental patterns of fruit tissues and their correlative relationships in *Litchi chinensis Sonn* [J]. Scientia Horticulturae，19：335 - 342.

HUANG X M，WANG H C，HUANG H B，et al. 1999. A comparative study of litchi pericarp in cracking resistant and susceptible cultivars [J]. Journal of Horticultural Science and Biotechnology，74：351 - 354.

HUANG X M，WANG H C，LU X J，et al. 2006. Cell wall modifitions in the pericarp of litchi (*Litchi chinensis Sonn.*) cultivars that differ in their resistance to cracking [J]. The Journal of Horticultural Science &. Biotechnology，81 (2)：231 - 237.

HUANG X M，YUAN W Q，WANG H C，et al. 2004. Early calcium accumulation may play a role in spongy tissue formation in litchi pericarp [J]. Journal of Horticultural Science and Biotechnology，79：947 - 952.

ITO J，HASEGAWA S，FUJITA K，et al. 1999. Effect of CO_2 enrichment on fruit growth and quality in Japanese pear (*Pyrus serotina Reheder cv.* Kosui) . [J] Soil Science and Plant Nutrition，45 (2)：385 - 393.

JACKSON D J，COOMBE B G. 1966. The growth of apricot fruit. I. Morphological changes during development and the effects of various tree factors [J]. Australian journal of agricultural research，17：465 - 477.

JONA R，GOREN R，MARMORA M. 1989. Effect of gibberellin on celll wall components of creasing in mature Valencia oranges. [J]. Scientia Horticulturae，39：105 - 115.

JONES W W，EMBLETON T W，GARBER M J，et al. 1967. Creasing of orange fruit [J]. Hilgardia，38：231 - 244.

JOUBERT A J. 1969. A study of the aril of the litchi [J]. Oorgedruk uit "Tydskrif vir Natuurwetenskappe"，9：242 - 250.

JOUBERT A J. 1986. Litchi in CRC Handbook of fruit set and development [M]. (SP Monselise ed), CRC Press Inc, Boca Ratin, Florida, USA.

JUAN LI, PANPAN ZHANG, JIEZHONG CHEN, et al. 2009. Cellular wall metabolism in citrus fruit pericarp and its relation to creasing fruit rate [J]. Scientia Horticulturae 122: 45-50.

KANWAR J S, NIJJAR G S. 1984. Comparative evaluation of fruit-growth in relation to cracking of fruits in some litchi cultivars [J]. The Punjab Horticultural Journal, 24 (1/4): 79-82.

KANWAR J S, NIJJAR G S. 1972. Fruit growth studies in litchi at Gurdaspur [J]. The Punjab Horticultural Journal, 12 (2/3): 146-151.

KERTESZ Z I, NEBEL B R. 1935. Observations on the cracking of cherries [J]. Plant Physiology, 10: 763-771.

KLANN E M, HALL B, BENNETT A B. 1996. Antisense acid invertase (TIV11) gene alters soluble sugar composition and size in transgenic tomato fruit [J]. Plant Physiology, 112: 1321-1330.

KOHNE S J. 1991. Increasing 'Hass' fruit size [J]. Proceeding of the second world avocado congress, 21-26.

KOO R D I. 1961. Potassium nutrition and fruit splitting in 'Hamlin' Orange [J]. Florida University Agricultural Experiment Station Annual Report, 223-224.

KREMER S, LONSDALE J H. 1978. Investigation fruit quality of sweet cherry. I. Investigation into the cause of sweet splitting [J]. Horticulturae Abstract, 49: 40-69.

KUMAR A, SINGH C, RAK M, et al. 2001. Effect of irrigation, calcium and boron on fruit cracking in litchi cv. Shahi [J]. Orissa Journal of Horticulture, 29 (1): 55-57.

LAI R I. 1996. Effect of potassium on fruit quality of litchi (Litchi chinensis Sonn) [J]. Recent Horticulturae, 3: 18-20.

LAI R, WOOLLEY D J, LAWES G S. 1990. The effect of inter-fruit competition, type of fruiting lateral and time of anthesis on the fruit growth of kiwifruit (Actinidia deliciosa) [J]. Journal of Horticultural Science, 65 (1): 87-96.

LANG G, GUIMOND C, FLORE J A, et al. 1998. Performance of calcium/sprinkler-based strategies to reduce sweet cherry rain-cracking [J]. Acta Horticulture, 468: 649-656.

LARSEN F E. 1983. Sequential sprays of GA and calcium may reduce cherry cracking [J]. Goodfruit Grower, 34 (5): 26.

LAVON R, SHAPCHISKI S. 1992. Nutritional and hormonal sprays decreased fruit splitting and fruit creasing of 'Nova' [J]. Hassadeh, 72: 1252-1257.

LAYNE D R, FLORE J A. 1995. End-product inhibition of photosynthesis in Prunus cerasus L. In response to whole-plant sourse-sink manipulation [J]. Journal of the American Society for Horticultural Science, 120: 583-599.

LEVY Y. 1983. Acclimation of citrus to water stress [J]. Scientia Horticulturae, 20 (3): 267.

LI J G, ZHOU B Y, HUANG X M, et al. 2005. The roles of cytokinins and abscisic acid in the pericarp of litchi (*Litchi chinensis Sonn.*) in determining fruit size [J]. Journal of Horticultural Science and Biotechnology, 80 (5): 587 - 590.

LI S H, HUGUET J G, SCHOCH P G, et al. 1989. Response of preach tree growth and cropping to soil water deficit at various phenological stages of fruit development [J]. Journal of Horticultural Science, 64: 541 - 552.

LIMA J E O, DAVIES F S. 1984. Fruit morphology and drop of navel orange in florida [J]. HortScience, 19 (2): 262 - 263.

LIMA J E O, DAVIS F S, KERZDORN A H. 1980. Factors associated with excessive fruit drop of navel sweet orange [J]. Journal of the American Society for Horticultural Science, 105: 902 - 906.

LIMA J E O, DAVIS F S. 1981. Fruit set and drop Florida 'Navel' orange. Proceeding of the Florida State [J]. Horticultural Society, 94: 11 - 14.

LOUIS. 1957. Compositional difference between normal and split Washington Navel Oranges [J]. American Society for Horticultural Science, 70: 257 - 260.

LUSTING I, BERNSTEIN Z. 1985. Determination of the mechanical properties of the grape berry skin by hydraulic measurements [J]. Scientia Horticulturae, 25: 279 - 285.

MARCELIS L F M, HOFMANN-EIJER L R B. 1993. Cell division and expansion in the cucumber fruit [J]. Scientia Horticulturae, 68: 665 - 671.

MARSHALL R, WEAVER E. 1999. An update on the use of calcium chloride to reduce rain cracking of cherries 2-year results [J]. Orchardist, 72: 34 - 36.

MARTIN D, LEWIS T L. 1952. The physiology of growth in apple fruits Ⅲ. cell characteristics and respiratory activity in light and heavy fruit crops [J]. Australian Journal of Science Research, Series B, 5: 313 - 317.

MISRA R S, KHAN I. 1981. Effect of 2, 4, 5 - T and micromitrients on fruit size, cracking, maturity and quality of litchi cv. Rose Scented [J]. Progreessive Horticulture, 13: 87 - 90.

MITCHELL P D, CHALMERS D J. 1982. The effects of reduced water supply on peach tree growth and yield [J]. Journal of the American Society for Horticultural Science, 107: 853 - 856.

MITCHELL P D, VAN DE END B, JERIE P H, et al. 1989. Response of 'Barlett' pear to withholding irrigation, regulated deficit irrigation and tree spacing [J]. Journal of the American Society for Horticultural Science, 114: 15 - 19.

MONSELISE S P, COSTO J, GALILI D. 1986. Additional experiments to reduce the incidence of citrus fruit splitting by 2,4 - D and calcium [J]. Alon Hanotea, 40:1237 - 1238.

MONSELISE S P, COSTO J. 1985. Decreasing splitting incidence in 'Murcott' by 2, 4 - D and calcium nitrate [J]. Alon Hanotea, 39: 731 - 733.

MONSELISE S P, WEISER M, SHAFIR N, et al. 1976. Creasing of orange peel physiology and control [J]. Journal of Horticultural Science, 51: 341 - 351.

MOON B W, CHOI J S, KIM K H. 1999. Effect of calcium compounds extracted from oyster shell on the occurrence of physiological disorders, pathogenic decay and quality in apple fruits [J]. Journa of the Korean Society for Horticultural Science, 40: 41 - 44.

MOORE-GORDON C S,COWAN A K,BERTLING I,et al. 1998. Symplastic solute transport and avocado fruit development: A decline in cytokinin/ABA ratio is related to appearance of the Hass small fruit variat [J]. Plant Cell Physiology, 39 (10): 1027 -1038.

MROZEK R F. 1973. Factors causing prune side cracking [J]. Transaction of the ASAE, 686 -692.

NAGARJAH S. 1989. Physiological responses of grapevine to water stress [J]. Acta Horticulture, 240: 249 - 256.

NANCY W C. 1986. Calcium hydroride reduces splitting of Lambert sweet cherry [J]. American Society for Horticultural Science, 11 (2): 173 - 175.

NAOR A, KLEIN I, HUPERT H, et al. 1999. Water stress and crop level interactions in relation to nectarine yield, fruit size distribution and water potentials [J]. Journal of the American Society for Horticultural Science, 124 (2): 189 - 193.

NGUYEN-QUOC B, TCHOBO N H, FOYER C H. 1999. Overexpression of sucrose phosphate synthase increasing sucrose unloading in transformed tomato [J]. Journal of Experimental Botany, 50: 785 - 791.

PATTERSON K J, SNELGAR W P, RICHARDSON A C, et al. 1999. Flower quality and fruit size of hayward kiwifruit [J]. Acta Horticultural, 498: 143 - 150.

PEARSON J A, ROBERTSON R N. 1952. The physiology of growth in apple fruits. IV. Seasonal variation in cell size, nitrogen metabolism and respiration in developing Granny Smith apple fruits [J]. Australian Journal of Biological Sciences, 6: 1 - 20.

PENG Y H, RABE E. 1996. Effect of summer trunk girdling on fruit quality, maturation, yield, fruit size and tree performance in 'Mihowase' satsumas [J]. Journal of Horticultural Science, 71 (4): 581 - 589.

PHIRI Z P. 2010. Creasing studies in citrus [J] . South Africa: Dissertation presented for the degree of Master of Science in Agriculture at Stellenbosch University.

POWER W L, BOLLEN W B. 1947. Control of cracking of fruit by rain. Science, 105: 334 - 335.

PRALORAN C, VULLIN G, JAQUEMOND C, et al. 1981. Observations sur la croissance des clémentines en Corse [J]. Fruits, 36: 755 - 767.

PRASHAR D P, JAUHARI O S. 1963. Effect of 2, 4, 5 - T and alpha NAA on "drop stop" and size of litchi fruits [J]. Horticulturae Abstract, 33: 6507.

PRASHAR D P. LAMBETH V N. 1960. Inheritance of radial fruit cracking in tomatoes [J]. Proceedings of the American Society for Horticultural Science, 76: 530 - 537.

RABE E, VAN R P, VAN D W H, et al. 1990. Factors influencing preharvest fruit spiltting in Ellendale [J]. HortScience, 25 (9): 11 - 35.

RANDHAWA G S, SINGH J P, MALIK R S. 1958. Fruit cracking in some tree fruit with special reference to lemon(*Citrus Limon*)[J]. Indian journal of horticulture, 15: 6 - 9.

RAY P K, SHARMA S B. 1987. Growth, Maturity, Germination and Storage of litchi seeds [J]. Scientia Horticulturae, 33: 213 - 220.

RICHARDSON A C, MARSH K B, MACRAS E A. 1997. Temperature effects on satsuma mandatin fruit development [J]. Journal of Horticultural Science, 72 (6): 919 - 929.

RICHARDSON D G, YSTAAS J. 1998. Rain-cracking of 'Royal Ann' sweet cherries: fruit physiological relationships, water temperature, orchard treatments, and cracking index [J]. Acta Horticulturae, 468: 677 - 682.

RICHINGS E W, CRIPPS R F, COWAN A K. 2000. Factors affecting 'Hass' avocado fruit size: Carbohydrate, abscisic acid and isoprenoid metabolism in normal and phenotypically small fruit [J]. Physiologia Plantarum, 109: 81 - 89.

ROE D J, MENZEL C M, OOSTHUIZEN J H, et al. 1997. Effects of current CO_2 assimilation and stored reserves on lychee fruit growth [J]. Journal of Horticultural Science, 72: 397 - 405.

ROOTSI N. 1959 — 1960. Rippening and skin cracking inplums [J]. Horticulturae Abstract, 30: 3351.

ROSATI A, ZIPANCIC M, CAPORALI S, et al. 2009. Fruit weight is related to ovary weight in olive (*Olea europaea* L.) [J]. Scientia Horticulturae, 122: 399 - 403.

ROY S, CONWAY W S, WATADA A E, et al. 1994. Heat treatment affects epicuticularr war structure and postharvest calcium uptake in "Golden Delicious" apples [J]. HortScience, 29: 1056 - 1058.

RUIZ L L, PRIMO-MILLO, E. TÍTULO. 1989. EI RAJADO. agrietado o. " splitting" de los frutos cítricos [J]. Levante Agrícola, 291: 98 - 102.

RUPER M, SOUTHWICK S, WEIS K, et al. 1997. Calcium chloride reduces rain cracking in sweet cherries [J]. California Agriculture, 51: 35 - 40.

SAICHOL KETSA. 1988. Effect of seed number on fruit characteristics of tangerine [J]. Kasetsart Journal, 22: 225 - 227.

SANYAL S J R, HASAN A, GHOSH B, et al. 1990. Studies on sun-burning and skin cracking in some varieties of litchi [J]. Indian Agriculturist, 34: 19 - 23.

SAWHNEY V K, POLOWICK P L. 1985. Fruit development in tomato: the role of temperature [J]. Canadian Journal of Botany, 63: 1031 - 1034.

SCORZA R, MAY L G, PURNELL B, et al. 1991. Differencs in number and area of meso-carp cell between small-and large-fruited peach cultivars [J]. Journal of the American Society for Horticultural Science, 116 (5): 861-864.

SEKSE L. 1987. Fruit cracking in Norwegian grown sweet cherries [J]. Horticulturae Abstract, 58: 1318.

SEKSE L. 1995. Fruit cracking in sweet cherries (*Prunus avium L*) some physiological aspect-amini review [J]. Scientia Horticulturae, 63: 135-141.

SEPAHI A. 1986. GA$_3$ cincentration for control fruit cracking in pomegranates [J]. Iran Agricultural Research, 5 (2): 93-99.

SHARMA S B. DHIHN. 1986. Endogenous level of gibberellins in relation to fruit cracking in litchi (*litchi chinenesis Sonn.*) [J]. Horticulturae Abstract, 58: 3859.

SHIOZAKI S, MIYAGAWA T, OGATA T, HORIUCHI S, KAWASE K. 1997. Differences in cell proliferation and enlargement between seeded and seedless grape berries induced parthenocarpically by gibberellin [J]. Journal of Horticultural Science, 72 (5): 705-712.

SHRESTHA G K. 1981. Effects of ethephon on fruit cracking of lychee (*litchi chinensis Sonn.*) [J]. Hortscience, 16 (4): 498.

SHUTAK V, SCHRADER A L. 1948. Factors associated with skin-cracking of York Imperial apples [J]. Proceedings of the American Society for Horticultural Science, 51: 245-257.

SINGH K, YOUNG J V. 1971. Association of concentration gradients of soluble solids and hydrogen ion with tomato fruit cracking [J]. Horticulturae Abstract, 42: 6217.

SINGH R, ARORA K S. 1965. Some factors affecting fruit drop in mango (*Mangifera Indica L.*) [J]. Indian Journal of Agricultural Sciences, 35: 196-205.

SINHA A K, SINGH C, JAIN B P. 1999. Effect of plant growth substances and micronutrients on fruit set, fruit drop, fruit retention and cracking of litchi cv [J]. Indian Journal of Horticulture, 56: 309-311.

SKENE D S. 1980. Growth stresses during fruit development in Cox's Orange Pippin apples [J]. Journal of Horticultural Science, 55: 27-32.

SKENE D S. 1982. The development of russet, rough russet and cracks on the fruit of apple Cox's Orange Pippin during the course of the season [J]. Journal of Horticultural Science, 57 (2): 165-174.

STERN R A, GAZIT S. 1999. The synthetic auxin TPA reduces fruit drop and increased yield in 'Kaimana' lychee [J]. Journal of Horticultural Science and Biotechnology, 74: 203-205.

STERN R A, STERN D, MILLER H, et al. 2001. The effect of the synthetic auxins 2, 4, 5-TP and 3, 5, 6-TPA on yield and fruit size of yough 'Feizixiao' and 'Heye' litchi trees in Guangxi province [J]. Acta Horticulture, 558: 285-288.

STEYN E M A，ROBBERTSE P J. 1992. Is aril development in litchi triggered by pollen tube growth [J]. South African Journal of Botany，59：258 - 262.

SUN J D，LOBODA T，SUNG S J，et al. 1992. Sucrose synthase in the wild tomato，Lycopersicon chemielewskii，and tomato fruit sink strenth [J]. Plant Physiology，98：1163 -1169.

TAKAGAKI M. 1993. Influence of day temperature on relative growth rate and net photosynthetic rate of four pepper (Capsicum annuum L.) varieties [J]. Japanese Journal of Tropical Agriculture，37 (4)：277 - 283.

TAYLOY D R，KNIGHT J N. 1986. Russeting and cracking of apple fruit and their control with plant growth regulators [J]. Acta Horticulturae，179：819 - 920.

TEPFER M，TAYLOR I E P. 1981. The interaction of divalent cations with pectin substances and their influence on acid induced cell wall loosening [J]. Canadian Journal of Botany，59：1522 - 1525.

THOMPSON A E. 1965. Breeding tomato varieties with increased resistance to fruit cracking Ⅲ. [J]. Illinois Research，2 (7)：12 - 13.

TREEBY M T，STOREY R，BEVINGTON K B. 1995. Rootstock，seasonal，and fruit size influences on the incidence and severity of albedo breakdown in bellamy navel oranges [J]. Austrialian Journal of Experimental Agriculture，35：103 - 108.

URIU K，HANSEN J，SMITH J J. 1961. The cracking of prunes in relation to irrigation [J]. American Society for Horticultural Science，80：211 - 219.

VASILAKAKIS M，PAPADOPOULOS K，PAPAGEORGIOU E. 1997. Factors affecting the fruit size of Hayward kiwifruit [J]. Acta Horticulturae，444 (1)：419 - 424.

VOISEY W P，LYALL L H，KLOEK M. 1970. Tomato skin strength-Its measurement and relation to cracking [J]. American Society for Horticultural Science，95 (4)：485 - 488.

VOISEY W P，LYALL L H. 1965. Methods of determining the strength of tomato skins in relation to fruit cracking [J]. Proceedings of the American Society for Horticultural Science，86：597 - 609.

VOISEY W P，MACDONALD D C. 1964. An instrument for measuring the puncture resistance of fruits and vegetables [J]. Proceedings of the American Society for Horticultural Science，84：557 - 563.

WADE N L. 1988. Effect of metabolic inhibitors on cracking of sweet cherry fruit [J]. Scientia Horticulturae，34 (3/4)：239 - 248.

WALKER A J，HO L C. 1977. Carbon translocation in the tomato：Carbon import and fruit growth [J]. Annals of Botany，41：813 - 823.

WATSON M，GOULD K S. 1994. Development of flat and fan-shaped fruit in Actinidia deliciosa var chinnsis and Actinidia deliciosa [J]. Annals of Botany，74：59 - 68.

WESTWOOD M N，BATJER L P，BILLINGSLEY H D. 1967. Cell size，number，and fruit desity of apples as related to fruit size，position in cluster，and thinning method [J]. Proceedings of the American Society for Horticultural Science, 91: 51 - 62.

WISMER P T, PROCTOR J T A, ELFVING D C. 1995. Benzyladenine affects cell division and cell size during apple fruit thinning [J]. Journal of the American Society for Horticultural Science, 120 (5): 802 - 807.

WOOLLEY A M, LAWES G S, CRUZ-CASTILLO J G. 1992. The growth and competitive ability of Actinidia deliciosa 'Hayward' fruit: Carbohydrate availability and response to the cytokinin-active compound CPPU [J]. Acta Horticultural, 297: 467 - 475.

YAMAMOTO T. 1973. Cracking and water relation of sweet cherry fruit [J]. Horticulturae Abstract, 45: 2152.

YAMAMURA. 1984. Occurrence of black stain on fruit skin (black spots) in relation to growth and development of pericarp tissues in Japanese Persimmons [J]. Journal of the Japanese Society for Horticultural Science, 53 (2): 115 - 120.

YOUNG H W. 1960. Inheritance fruit cracking resistance in the tomato [J]. Proceedings of the Florida State Horticultural Science, 73: 148 - 153.

ZAGAJA S W. 1963. A preliminarey evaluation of the susceotibility to fruit cracking of various sweet cherry varieties [J]. Horticulturae Abstract, 35: 2674.

ZILKAH S, KLEIN I. 1987. Growth kinetics and determination of shape and size of small and large fruits of cultivar 'Hass' on the tree [J]. Scientia Horticulturae, 32: 195 -202.

ZOCCHI G, MIGNANI I. 1995. Calcium physiology and metabolism in fruit trees [J]. Acta Horticulture, 383: 15 - 21.

第 4 章　　果实成熟与品质形成

4.1　果实成熟

4.1.1　果实的成长、成熟与衰老

　　成熟是果实生长发育的一个阶段，通常指果实生长后期充分发育的过程。这时果实内部发生一系列的生理生化变化，包括色、香、味的形成和质地的改变，决定着果实的质量和商品价值，具有重要的经济意义。然而，在许多文献中，果实"成熟"常是一笼统和混淆的词，特别是英文文献中的"maturation"和"ripening"这两个术语。词典和一些译著中常将着两个词译成"成熟"，显然是不当的。果树生理学专家黄辉白教授根据美国园艺学会采后生理专题讨论组的意见，把两者的概念区分如下："成长"（maturation）——指达到生理成长度（physiological maturity）或园艺成长度（horticultural maturity）的发育阶段。生理成长度属于植物学定义，指果实脱离母株仍可以继续进行并完成其个体发育。至于"园艺成长度"则纯粹是根据人们的需要，可以是发育阶段的早期（如幼嫩可口的果菜或叶菜）或极晚期（如干果类）。"成熟"（ripening）——指从生长发育后期到衰老之早期之间所发生的综合过程。

　　根据上述的概念，"成熟"和"成长"的关系只能从生理的意义，而不应从园艺学的意义去理解。有些果实如葡萄，已经采摘离树，就终止其内部的正常生化变化；另一些果实如苹果、梨、桃，在离树之后还会发生正常的成熟过程，但这些果实，必须达到一定的生理成长度之后才能完成其继后的成熟过程。还有少数果实如油梨，只有离树之后才能开始其成熟过程。

　　长期以来把成熟看成是与衰老（senescence）几乎等同的过程，这种观点的实质是将成熟视为分解代谢和果实组织系统的逐渐崩溃。成熟与衰老之间从来没有严格的界限。Watada 等（1984）提出成熟是衰老的早期阶段，发生在生长和发育后期；而衰老是指伴随着生理或园艺上的成熟，导致组织死亡的过程。叶绿体光合系统成分的重排，是许多果实成熟的主要特征，但它并不是致命的。更确切地说，这个过程可增加死亡的可能性，毋庸置疑，成熟综合征影响组织的发育，加速衰老，因而增加伤害和死亡的可能性。正常果实作为成熟

部分提前进行这些相同的变化，而后接着进行的衰老和成熟过程有着共同的特征。成熟过程既有分解代谢，但又是一个组织进一步分化的过程，包括新的蛋白质等的合成。成熟包括那些不属于衰老综合征的过程，如色素积累和细胞壁改变，导致果实软化是成熟的共同的变化，通常不涉及衰老的过程。

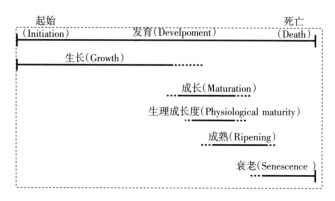

图 4-1　跃变型果实成长、成熟与衰老的关系图解

(黄辉白，1992)

4.1.2　果实的成熟度

根据用途，园艺学果实成熟度一般分为三种。

可采收成熟度　果实完成生理成熟过程，但其应有的外观品质和风味品质尚未充分表现出来。此时采收的果实较耐贮藏和运输，适宜于加工处理。如需要长途运输的香蕉，加工用的余甘子、乌榄、油梨、毛叶枣、李、梅等。

食用成熟度　果实充分表现出其应有的色、香、味和营养指标。此时采收的果实，品质最好，但不耐贮藏和运输，适宜于直接采摘食用。用于制作果汁和果酒的果实也可在此时采收。有些在可采收成熟度采收的果实，如芒果、香蕉等，放置一段时间后，达到食用成熟度时，其风味品质最佳。

衰老成熟度　果实已经过了成熟期，表现出衰老的迹象。果肉质地变软，风味变淡，营养价值明显下降，不宜食用。坚果果实种子充分完成发育，种子粒大，种仁饱满，营养价值和品质均达到最佳，所以，此时是采收坚果的适宜时期。

常用于测定果实成熟度的指标有果实外皮颜色（底色和面色）、果肉颜色、种子颜色、果实大小、果肉硬度、可溶性固形物含量、酸度和糖酸比等。生产上也常用积温量、花后果实生长日数等指标确定果实的采收期。

4.1.3　果实成熟的类型

自 20 世纪 60 年代起，学术界开始把不同果实的呼吸分成"跃变型"和
"非跃变型"两类。它们的主要区别是在果实成熟期间有无明显的呼吸高峰
（respiratory climacteric）。表 4 - 1 列举了有呼吸高峰和无呼吸高峰的常绿果实
类型。呼吸高峰出现的原因是由于：①内源乙烯的增加；②ATP 增加或细胞
能荷的增加；③果糖- 2,6 -二磷酸浓度增高和接着糖酵解的产物流出增加，这
种现象的代谢途径是抗氰交替途径。但从呼吸高峰的有无来判断果实成熟的类
型多少还有一些歧义，一些被划分为非跃变型的果实，如菠萝、荔枝、龙眼、
杨桃、毛叶枣等，在"树上"也是会出现呼吸上升的现象（黄辉白，1992）。
然而就两类果实对外源乙烯的反应而言，本质的差别是存在的。果实跃变的基
础是乙烯的诱导，而呼吸现象，以及其他相伴随出现的，如 RNA 和蛋白质合
成增多、细胞透性变化等现象都是次生的。跃变型果实在自然呼吸高峰出现前
即便用很低浓度的乙烯（如 $0.1\sim1.0\mu l/L$）处理，也会诱导呼吸高峰提早出
现，而且其峰形与不经乙烯处理的，或采用不同浓度乙烯处理的峰形均无明显
的差异，而非跃变型果实被外源乙烯诱导出来的呼吸峰，其大小程度与所用乙
烯的浓度成正比关系。这说明，跃变型果实在外源乙烯的触发下，会产生内源
乙烯的自我催化作用，也就是说外源乙烯的作用是使自然呼吸峰提早出现；而
非跃变型果实的呼吸峰却是完全受外源乙烯浓度（剂量）的左右，它没有内源
乙烯的自我催化功能。

表 4 - 1　有呼吸峰和无呼吸峰的常绿果实类型

有呼吸跃变的果实		无呼吸跃变的果实	
树　　种	学　　名	树　　种	学　　名
鳄梨	*Persea americana*	葡萄柚	*Citrus Paradisi*
香蕉	*Musa Sapientum*	柠檬	*Citrus limonia*
面包果	*Artocarpus altilis*	荔枝	*Litchi chinensis*
番石榴	*Psidium guajava*	橄榄	*Canavium album*
杧果	*Mangifera indica*	柑橘	*Citrus Sinensis*
番木瓜	*Carica papaya*	菠萝	*Ananas Comosus*
西番莲	*Passiflora edulis*	蒲桃	*Eugenia jambos*

两类果实除在呼吸高峰和对乙烯的反应有明显的差异外，在成熟过程以及
其生理生化变化方面也有明显的差异。跃变型果实在成熟时发生一系列急速的

成分变化，包括贮藏的多糖的水解、细胞壁构成物质的水解和变软、有机酸的变化、香气的增加、乙烯生成量上升、涩味的消失和色泽的变化等。多数非跃变型果实成熟过程缓慢，上述的各种变化都是渐进的，不像跃变型果实那么急速。据上所述，跃变型和非跃变型果实的差异见表 4 - 2。

表 4 - 2　跃变型和非跃变型果实的差异

跃变型果实 Climateric fruits	非跃变型果实 Non-climacteric fruits
有乙烯和呼吸跃变	无乙烯和呼吸跃变
对外源乙烯反应敏感，存在自催化现象	对外源乙烯反应不敏感，进导致乙烯产生量上的变化
果实成分变化剧烈	果实成分变化缓慢
多为淀粉积累型果实	多为可溶性糖积累型果实
有所谓的"采后成熟"的现象	无"采后成熟"现象

4.1.4　果实成熟的调控

果实成熟是一个复杂的发育调控过程。无论是跃变型或是非跃变型果实，在果实成熟过程中均会出现被称为果实成熟"症候群"的特征，如糖分积累、有机酸减少、叶绿素降解、色素合成、细胞膜透性增加、果实软化、香气成分合成等一系列生理生化变化（黄辉白，1992）。这些变化是基因有序的表达并与环境互作的结果。在果实成熟过程中，植物激素特别是乙烯和 ABA 作为细胞之间的第一信使起着重要的调控作用。

4.1.4.1　乙烯

乙烯已被公认为是果实成熟激素（刘愚，1992）。至少在跃变型果实中它可以诱导和促进果实成熟。证据是：①乙烯合成增加与呼吸强度上升的时间进程一致；②施用外源乙烯可以诱导和加速果实成熟；③除去果实中的乙烯即可推迟成熟；④乙烯发生抑制剂（AVG，AOA）处理果实后，既抑制了乙烯的合成，也抑制果实成熟；⑤乙烯作用拮抗物（Ag^+，NBD）可以抑制果实成熟；⑥利用反义 RNA 技术，将乙烯合成酶的反义基因转入到番茄中，可抑制内源乙烯的产生，同时也抑制了果实成熟，当外源施用乙烯后，果实即可成熟。由此可见，在正常生理条件下，只要调节乙烯的合成，即可调节果实成熟。目前对乙烯的合成途径和信号传导、果实发育和成熟对乙烯的响应、乙烯的作用模式等已经有了深入的研究。跃变型果实中乙烯的合成有两个调节系统。系统Ⅰ负责跃变前果实中低速率的基础乙烯合成，到了呼吸跃变时即启动系统Ⅱ的运行，系统Ⅱ负责果实成熟中的自催化，合成大量乙烯，有些品种在短时间内合成的乙烯可比系统Ⅰ增加几个数量级。非跃变型果实的乙烯生成速率相对较低，变化平稳，整个过程中只有系统Ⅰ的活动，缺乏系统Ⅱ。

乙烯被认为是调控跃变型果实成熟的激素。非跃变型果实的乙烯生成量往往随果实成熟而降低，乙烯似与这类型果实的成熟关系不大（Coombe et al，1973；Abeles et al，1990）。但有些试验显示乙烯也可促进非跃变型果实，如葡萄（Hale et al，1970；Aulakh et al，1993）和草莓（罗云波等，1994）的果实成熟。乙烯利处理可以调控果实的变软、褪绿、着色和香气的形成；而且与这些变化相关的酶活性也受到乙烯的促进或诱导（McGlasson，1985；Barendse，1986）。荔枝果实在发育与成熟过程中，呼吸强度和乙烯的产生不断下降。荔枝果实经乙烯利处理后，呼吸作用在25h内未见明显的变化（江建平等，1986）。用乙烯利浸果会促进果皮的呼吸，但不诱导对氰不敏感的呼吸途径，这是荔枝与跃变型果实的区别（林植芳等，1990）。据上所述，荔枝果实应归入非跃变型。因此荔枝果实的成熟与乙烯的关系不像跃变型果实与乙烯那样密切；但这并不等于在果实成熟过程中乙烯没有作用。据 Sharma 等（1986）报道，用乙烯利（400mg/L）能使'Shahi'荔枝提前 8d 上色和采收；尹金华等（1999）发现用乙烯抑制剂硫代硫酸银（STS）（10mmol/L）处理'糯米糍'荔枝果实，能明显抑制果皮的退绿转红。

4.1.4.2　脱落酸

脱落酸在果实成熟中的作用近年越来越受到重视。不管是跃变型果实或是非跃变型果实，在发育的后期，内源 ABA 的含量会增加，外源 ABA 处理也能使果实提前成熟。ABA 已被证实是某些果实成熟的主导因子。双 S 生长型的葡萄在第Ⅱ及第Ⅲ期交接点，即俗称之"转熟"（veraison），同时发生发生浆果变软、再次膨大、着色开始、糖积累和酸消失的加快等构成转熟征候群现象。在临转熟时 ABA 上升，甚至可达到第Ⅱ期的 15 倍。黄辉白（1983，1986）首次提出了荔枝果实可能也有'类转熟'现象［即类似葡萄的"转熟征候群"（veraison syndrome）］。这种"征候群"在荔枝中表现为成熟开始时，假种皮由缓慢转入快速膨大生长、糖加速积累、酸加速减少以及果皮叶绿素降解和花青苷增多。随着'糯米糍'和'妃子笑'荔枝果实的成熟，果皮和假种皮中的 ABA 含量升高；成熟过程中果皮 ABA 含量的升高与叶绿素降解和花青苷含量增加而着色的时期相吻合。'糯米糍'荔枝果实在 6 月 9 日果皮 ABA 含量急剧增加，叶绿素迅速降解使果皮退绿转黄；而'妃子笑'荔枝果皮 ABA 含量缓慢上升，果皮叶绿素缓慢降解，没有明显急剧退绿转黄的变化；两个品种假种皮糖含量的升高与 ABA 含量的增加相伴随。随 ABA 含量的增加假种皮糖分不断积累。外源 ABA 浸果和导入处理会分别促进果皮着色和假种皮糖分积累。6-BA 处理显著降低 ABA 的含量同时抑制着色和糖分的积累（Wang et al，2007）。因此推断 ABA 在荔枝果实成熟过程中起极其关键的作用，启动荔枝果实成熟特别是糖积累的激素应该是 ABA。任何生长调节剂只要促进成熟也会同时促进 ABA 含量上升，反之亦然。外用 ABA 加速橙果皮叶绿素降解及胡萝卜素合成，促进香蕉的成熟。

4.1.4.3 生长素、细胞分裂素和赤霉素

生长素是抑制成熟的因子。许多果实成熟期间，IAA 下降和 IAA 氧化物增多均有促进成熟的作用。合成的类生长素，如 2,4,5-T，2,4-D 能延长柑橘贮藏寿命。生长素在浓度高时也会促进某些果实成熟。高浓度 IAA（100～1 000mmol/L）渗入可促进油梨果实成熟，同时出现乙烯与呼吸上升，但低浓度的作用正相反。有报道，2,4,5-T、2,4,5-TP 和 2,4-D 促进人心果成熟，2,4,5-T 促番石榴成熟。

细胞分裂素及合成类似物对果实，特别是果皮，有阻延衰老的作用。BA 处理能延迟橙果皮变色，甚至使甜橙果实回绿，与其保持 GA 水平及阻抑 ABA 增多有关。6-BA 处理明显延迟妃子笑荔枝果实的着色和假种皮糖分的积累（王惠聪等，2002）。BA 对甜樱桃、草莓有延熟保鲜作用。也有报道 CTK 诱导果肉乙烯上升，且与生长素起互相增益作用，可能是 CTK、IAA 与丙酮酸结合成束缚态，从而保持自由态 IAA 水平并促进乙烯生成。

许多果实成熟过程 GA 含量下降。而且已有许多 GA 处理延熟的实验证据。GA_3 延迟叶绿素降解和胡萝卜素积累，也可使有色体逆转为叶绿体。乙烯使 GA 钝化或通过促进 ABA 增多间接抵消 GA 的上述作用。乙烯局部处理可导致果皮全面退绿，而 GA 或 CTK 的作用明显具有局部性。

4.1.4.4 果实成熟的基因调控

果实成熟与乙烯生物合成和细胞壁降解相关的酶有关，是分化基因表达的结果，果实的成熟受基因调控（Gray et al，1992）。目前，国际上应用基因工程方法控制果实成熟采用的技术路线主要有两条：一是利用反义 RNA 技术抑制乙烯合成途径中关键酶的表达；二是降低乙烯的直接前体——ACC 或 ACC 的前体——SAM，从而降低乙烯合成，延缓果实的成熟（宋俊岐等，1997）。

4.1.4.4.1 导入反义 ACC 合成酶基因 Oeller 等（1991）将 ACC 合成酶的反义基因导入番茄，转基因植株的乙烯合成严重受阻；在纯合的转基因果实中，乙烯合成被抑制高达 99.5%，不出现呼吸高峰；转基因果实放置 90～120d 不变红、不变软也不产生香气，只有用外源乙烯处理，果实才能成熟变软。经乙烯处理的转基因果实与自然成熟的果实在质地、颜色、芳香气味和可压缩性方面均没有区别。

4.1.4.4.2 导入反义 ACC 氧化酶基因　Hamilton 等（1991）将 ACC 氧化酶的反义基因 pTOM13 转入番茄，发现转基因植株乙烯合成受到严重抑制，在受伤的叶片和成熟果实中分别降低了 68％和 87％，通过自交所获得的子代纯合株中其成熟果实乙烯合成的 97％被抑制，这种番茄的果实在成熟时开始变红的时间与正常无异，但是变红的程度减轻，并且在室温贮藏时更能抵抗过熟和皱缩。Ayub 等（1996）将反义 ACC 氧化酶基因转入甜瓜中，果实乙烯的合成减少了 99.5％，成熟明显被推迟，果实表现了较好的抗性和耐贮性。

4.1.4.4.3 导入 ACC 脱氨酶基因　Klee 等（1991）将假单胞菌的 ACC 脱氨酶基因导入番茄得到转基因植株，该基因在转基因植株的各种组织中均得到了表达，使乙烯的生成减少了 90％～97％，使转基因植株的果实成熟期被明显推迟，在保持相同硬度上比正常对照长 42d，但对营养生长无明显形态上的影响。宋俊岐等（1998）发现 ACC 脱氨酶转基因番茄果实成熟期的推迟时间与体内乙烯的抑制程度相关，转基因番茄植株乙烯的合成降低 80％时，果实在离体条件下可保持 75d 左右。

4.1.4.4.4 导入 SAM 水解酶基因　Good 等在 1994 年首次将 SAM 水解酶基因导入番茄，获得乙烯生成受抑的转基因植株，乙烯生成大约下降 80％，对番茄果实成熟生理产生较大影响，贮藏寿命大约延长两倍，采后可放置 3 个月（沈成国，2001）。

4.1.4.4.5 导入反义聚半乳糖醛酸酶（PG）基因　Smith 等（1988）利用反义 RNA 技术构建 PG 的反义 cDNA 转入番茄获得转基因植株，发现反义基因严重抑制了 PG 的活性和果胶的降解（为对照的 1％），但是反义 PG 基因并未推迟果实的软化或软化程度，也没阻止果实成熟的进程和改变果实成熟过程中的其他特征，如番茄红素和乙烯的合成，蔗糖酶和果胶酯酶的活性，果实仍能正常成熟。

4.1.4.4.6 导入反义果胶甲酯酶（PE）基因　Ray 等（1988）构建了番茄 PE 的 cDNA 文库，并构建 35s 启动子控制下的反义基因。转基因番茄中该反义基因的表达大大降低了 PE 酶活性，但对叶片或根部酶活性没有抑制作用。进一步发现低 PE 酶活性的果实与对照相比其分子量较大，甲酯化程度提高，细胞壁总的和螯合的可溶性多糖醛酸苷降低，此外果实中可溶性固形物含量也较高，但是对果实成熟过程和番茄红素的堆积并没有影响。

4.2 果实的形态与结构

4.2.1 果实形态

成熟的果实，有的仅为子房部分形成，如莲雾、柑橘、黄皮、番木瓜、橄榄、毛叶枣、荔枝、龙眼、芒果、仁面子、枇杷、杨梅等，这种完全由花的子房发育形成的果实称为真果。有些果树除子房以外，还带有与子房壁愈合的花部分，如酸豆、香蕉、番石榴、安石榴、菠萝、无花果、板栗、核桃等，这种由子房和其他花器一起发育形成的果实称为假果。

按照果实的形态学上的定义，果实包括的种类很多。在植物学上，根据构成雌蕊的心皮数和离合情况的不同，以及果皮性质的不同而分为不同类型的果实。

4.2.1.1 单果

单果（simple fruit）由一朵花中的单雌蕊、复雌蕊或雌蕊和花的其他部分共同发育而成，如荔枝、橙、柚、柠檬等。果实还可以根据果皮是否肉质划分为水果和坚果两大类。

4.2.1.1.1 **水果** 果皮肉质多浆，中果皮肥厚，成熟时颜色鲜艳，果实中多积累糖分。包括下列 5 种：

（1）核果（drupe fruit，stone fruit） 核果是由单心皮上位子房发育形成的真果，具有肉质中果皮和木质化内果皮硬核。常见的核果有橄榄、余甘子、桃、李、杏、梅、毛叶枣、杧果、油橄榄、樱桃、油梨、神秘果、杨梅等。

（2）仁果（pome fruit） 仁果是由多心皮下位子房与部分花被发育形成的假果。常见的仁果有梨、苹果、山楂、木瓜、枇杷等。

（3）浆果（berry fruit） 浆果是由子房或子房与其他花器一起发育成柔软多汁的真果或假果。常见的浆果有葡萄、猕猴桃、柿、香蕉、无花果、番木瓜、人心果、杨桃等。

（4）柑果（hesperidium） 柑果是由多心皮上位子房发育形成的真果，具有肥大多汁的多个瓤囊（橘瓣）。常见的柑果有橙、柑橘、柚、柠檬、葡萄柚等。

（5）荔枝果（litchi fruit） 荔枝果实由上位子房发育形成的真果，其食用部分是肥大肉质多汁的假种皮。常见的有荔枝、龙眼、红毛丹、韶子等。

4.2.1.1.2 **干果或坚果** 果实成熟时果皮干燥，具不同程度的坚硬性，其食用部分是种子。种子外面多具有坚硬的外壳。常见的坚果有核桃、板栗、椰子、阿月浑子、澳洲坚果等。

4.2.1.2 聚合果

聚合果（aggregate fruit）由一朵具有多个离生雌蕊共同发育形成的果实，如树莓；或多个离生雌蕊和花托一起发育形成的果实，如草莓、黑莓等。

4.2.1.3 复果

复果（multiple fruit）也称为聚花果，是由一个花序的许多花及其他花器一起发育形成的果实，如菠萝、菠萝蜜、番荔枝、面包果、无花果、桑葚等。

4.2.2　果实结构的解剖

果实由果皮、果肉、种子三部分组成。果皮（peel，fruit skin）可分为内果皮、中果皮和外果皮，外果皮分为表皮和亚表皮。表皮（epidermis）多数只有一层厚壁细胞，其外表面被覆角质层，分布有气孔或皮孔。亚表皮（sub-epidermis）由几层厚壁细胞或厚角细胞组成。果肉（fruit flesh）是果实肉质部分，主要由薄壁细胞组成。在果肉细胞间有维管束，形成果实体内物质输导网络。种子是由胚珠发育成的生殖器官，由种皮包裹着胚或胚与胚乳，相应分别称为无胚乳和有胚乳种子。胚（embryo）由胚芽、胚轴、胚根和子叶四部分组成。种子与果皮连接处是子房心皮边缘着生胚珠的部位，称为胎座（placenta）。

4.2.2.1　核果的结构

核果的外皮为膜质化外果皮（exocarp），果肉为肉质化中果皮（mesocarp），果核为木质化内果皮（endocarp）。核果具边缘胎座（marginal placenta），心皮边缘内侧着生胚珠。核内有种子，多见一枚，偶见两枚。

核果的外果皮通常很薄，主要由数层厚角组织组成，与中果皮界限明显。果实表面常可见缝合线（suture），它是折叠心皮边缘的结合部。有些核果如橄榄、李、樱桃、毛叶枣、芒果等的表皮细胞外表面有角质层，上覆蜡质果粉；有些核果的表皮细胞可形成茸毛，枇杷、杏果实的茸毛较稀，桃果实的茸毛较密，油桃果实无毛。有些核果如杧果、油梨等在发育过程中，外果皮革质化或木质化，形成较厚的外皮。核果的中果皮由多汁的薄壁组织细胞组成，肉质肥厚，其间分布有心皮维管束。核果的内果皮由厚壁组织组成，其间分布有维管束。在果实发育第二期内果皮细胞壁木质化，逐渐发育成为硬核。

橄榄果实为核果，形状因品种而异，有卵圆形、椭圆形等，大小也与品种有关。果实由子房发育而成，通常分为果肉和果核两大部分。果肉包括外果皮和中果皮，呈白色带绿或淡黄色，均为可食部分；内果皮发育成坚硬的果核。果核两端锐尖，核面有棱，横切面圆形至六角形，内有种仁 1～3 粒。

杧果为浆质核果，由外果皮、中果皮、内果皮和种仁四部分组成。外果皮革质化形成较厚的外皮，中果皮厚，肉质多汁，呈淡黄至橙黄色，肉质中有纤维，纤维多少视品种而异，有些纤维少而软、甚至食时无纤维感。内果皮形成木质化硬壳，呈椭圆形，内充实或空核，核表面附有纤维。种子 1 枚，外披一层薄膜。种子内有 1 个至几个胚，每个胚有 2 片肉质的子叶，单胚品种只有 1

个胚，为有性胚，多胚品种有 2 个或 2 个以上的胚，其中有 1 个胚是有性胚，其余是无性胚（图 4-2）。

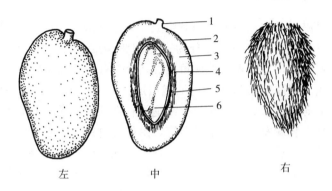

左　　　　中　　　　右

图 4-2　左：果实外形　中：果实纵剖面　右：种子
1. 果柄　2. 外果皮　3. 果肉　4. 纤维　5. 种壳　6. 种仁

杨梅果实在植物形态学上也属于核果类，而食用部分柔软多汁与浆果类似。食用部分是外果皮外层细胞的囊状突起，称为肉柱。内果皮为坚硬的核，核内明显可见的只有两片肥厚、松软、蜡质似的大子叶，贮藏着种子发芽所需的养分，无胚乳（图 4-3）。

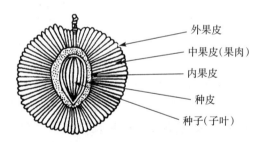

外果皮

中果皮(果肉)

内果皮

种皮

种子(子叶)

图 4-3　杨梅果实构造

4.2.2.2　仁果的结构

仁果表皮有角质层，外披蜡质果粉。幼果外皮表面有气孔和绒毛。成熟果皮外表面由皮孔代替气孔形成果点，绒毛消失。亚表皮是些小的厚壁细胞。苹果是典型的仁果类，果实切开可见果心线（core line），它是外果皮与花被组织之间的界线。果心线外侧果肉薄壁细胞间分布有花瓣维管束和萼片维管束，内侧果肉薄壁细胞间分布有心皮背维管束（dorsal bundle）和腹维管束（ventral bundle）。革质化的内果皮石细胞组成心室壁，果心有 5 个心室，为中轴胎室（axile placenta）。每个心室有种子 1～2 枚。

在常绿果树中枇杷属典型的仁果，果实由子房下位花发育形成，子房、花托和花萼共同发育成假果。心室 5 个，每室有胚珠 2 枚，但受精的胚珠不一定都能发育成种子，可能中途败育。成熟果实含种子 1～4 枚，多的 5～8 枚。种子特别肥大，主要是两片子叶发达，种胚很小。种子多为卵圆、长椭圆形，呈褐黑、褐黄或棕色，种子背面顶部有一长椭圆或卵圆形种脐。果肉由花托形成，萼筒由花萼形成，子房壁形成包围种子外的内膜。枇杷果皮由

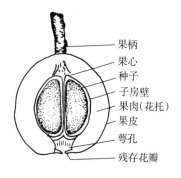

果柄
果心
种子
子房壁
果肉（花托）
果皮
萼孔
残存花瓣

图 4-4　枇杷果实结构

4～5 层细小的厚壁细胞组成，果实成熟时果皮容易剥离，表皮有角质层，外披绒毛，随着果实发育成熟绒毛逐渐脱落。中果皮由高度液泡化的大型薄壁细胞组成，是枇杷的可食部分。

4.2.2.3　浆果的结构

由上位子房发育形成的浆果，如葡萄、猕猴桃、杨桃、番木瓜、鸡蛋果等，外果皮成为果实的外皮，中果皮和内果皮之间没有明显界限，一起形成柔软多汁的果肉。

葡萄是典型的浆果，果实外皮由 1 层表皮和 7～9 层亚表皮厚壁细胞组成。表皮细胞致密，表面角质层光滑，外覆蜡质果粉。果肉由含液泡的薄壁细胞组成。外层果肉细胞相对较小，有 6～9 层，其间分布有心皮背维管束。内层果肉细胞大，有 9～12 层，含有大液泡。有些品种果肉细胞含有色素。果肉内表皮是一层薄壁细胞，形状比较扁平。葡萄两个折叠心皮的边缘在中间连接形成中轴胎座，一般着生 1～4 枚种子。

番木瓜的果实形态因株形不同而有较大的差异。番木瓜雌花结的果实多近梨形、心脏形或倒卵形，果腔大，果肉薄，一般种子较多。雌型两性花结的果实多近梨形，基部有 1～5 条沟痕，形成起棱或畸形的果实。雄型两性花的果实细长而弯，似牛角形，果腔小，肉厚，种子少。番木瓜种子着生在果腔壁上，种脐一端连着维管束。成熟种子呈黄褐色或黑色，外种皮有均匀皱纹，种皮外为一层透明胶质的假种皮所包围。

由子房和其他花器一起发育形成的浆果，如香蕉、草莓、无花果等，其外皮和果肉结构不尽相同。香蕉果实革质化外皮由花被发育形成。外皮中分布有许多纵向的维管束和乳腺（laticifer），内侧有一层通气细胞，再有一层横向的维管束。果肉由子房壁和心室中隔（partition）发育形成。果肉中分布有纵向主维管束以及分支维管束。果实具中轴胎座，但栽培香蕉多是单性结实（parthenocarpy），无种子（图4-5）。

浆果番石榴是假果，其果皮革质化，连同部分花被一起形成果实外皮，食用部分是多汁的外种皮。浆果草莓是聚合果，果实外皮和果肉都由花托发育而成的。真正的果实变干，包着种子形成瘦果（achene）。无花果是聚花果，外皮和果肉是膨大的花序轴，成为可食部分。真正的果实是隐头花序内的小核果，通常称其为种子。

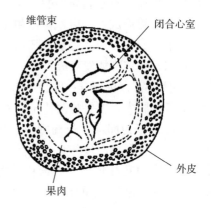

图4-5 香蕉果实的横剖面结构
(Esau, 1979)

4.2.2.4 柑果的结构

柑果果实的果皮分外、中、内三层。外中果皮界线不明显。革质化外皮包括黄皮层（flavedo）和白皮层（albedo），外果皮由板状薄壁细胞、保卫细胞及副卫细胞组成，厚角质层覆盖表面。面上有蜡，外层为角质表面蜡质，属初生角质层，下方属亚角质层。外果皮分布有油腺，油胞层在表皮下薄壁组织内，含油腺和晶异细胞，由众多油胞形成直至外、中果皮交界处。中果皮在外果皮和内果皮之间，呈白色又称白皮层或海绵层，靠近表皮和内果皮的细胞都较小，排列较紧，中果皮中间的细胞体积大，排列较松，细胞间隙大，还有一些通气组织（aerenchyma），分布有维管网络。柠檬、柚、酸橙等柑果的外皮厚，不易剥离；甜橙的外皮中等厚，难剥离；宽皮橘等柑果的外皮较薄，容易剥离。内果皮即瓢囊壁，是心室膜的一部分，由纤维状表皮细胞、亚表皮细胞和薄壁细胞组成，排列紧密，表皮上出现角质层，构成一个薄壁包裹并分隔每个心室的瓢壁。

瓢囊也称为瓢瓣或橘瓣，围绕中心柱而生，瓢囊之间由中隔分开。瓢囊内含种子和汁胞（juicy sac）。汁胞也称为汁囊或砂囊，为多细胞棒状。柑果的中心柱由果柄延长到果顶，与瓢囊胎座附近组织结合在一起。中心柱上着生心皮和瓢囊，并分出心皮维管束通向果实各个部位。

种子在瓢囊内紧靠中心柱着生，为中轴胎座。每个瓢囊内有种子数粒。种子有由胚珠发育而来，种子由胚和胚乳组成。胚珠着生在中轴胎座上，胚珠倒生，珠被没有完全包完胚珠，顶端留一珠孔。外种皮为外珠被的表皮细胞，种子成熟时表皮细胞木质化，产生次生壁，表皮坚韧，黄白色，上具乳突，并覆盖一层黏液。内种皮来自内珠被，呈紫或红褐色。合子胚发育的最后阶段形成具胚根、胚芽、胚轴和子叶的幼胚，胚乳消失。

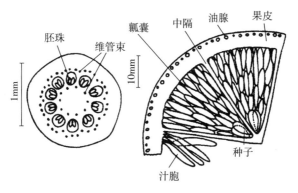

图 4-6　橙幼果（左）和成熟果实（右）的横剖面结构

(Esau，1979)

4.2.2.5　荔果的结构

荔枝果实系由上位子房发育而成的真果，属于具假种皮果实（arillate fruit），呈圆形、卵形或心型等。果皮由子房壁发育而成，具瘤状凸起，称为龟裂片（skin segment），龟裂片的中央突起部分称为裂片峰（protuberance），果实表面从果肩至果顶有明显和不明显的缝合线。果皮由外果皮、中果皮和内果皮三部分组成。外果皮由单层表皮细胞和其上面的角质构成；中果皮是构成果皮的主体，由龟裂片下的厚壁组织、上中果皮和下中果皮构成；内果皮由薄壁未木栓化的皮层细胞构成。荔枝果实可食部分的果肉，由胚珠的珠柄所发生的假种皮发育而成，由种柄向上延伸，直至包过种子。果肉呈白色、乳白色和淡黄乳白色、黄蜡色等，多为半透明。果肉内藏 1 粒种子，种皮坚硬光滑，多有光泽，内有子叶两枚，黄白色，种脐大，乳黄色。部分品种的种子有不同程度败育，即"焦核"现象。按照胚发育程度可把荔枝果实分为 4 种类型：大核果实（种胚发育正常）、焦核果实（种胚全部败育）、部分焦核果实（种胚部分败育）和无核果实（完全单性结果）。

龙眼正常雌蕊子房 2 室，并蒂而生，开花后通常是 1 室膨大，另一室萎缩，并宿存在果蒂旁边，这一时期称为并蒂期。果实外果皮底色为褐色，因品种不同又有黄褐、青褐、锈褐、赤褐、红褐等区别。果皮薄，外果皮上有明显不同的龟状纹、疣状突及放射线。果肉为假种皮。肉色淡白、乳白或灰白，呈透明、半透明或不透明，肉质脆或软。种子圆形至扁圆形，

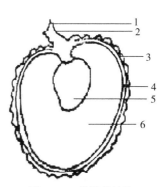

图 4-7　荔果的结构

1. 果柄　2. 果肩　3. 外果皮
4. 内果皮　5. 果核　6. 果肉

外皮主色暗黑至红棕，光滑。种脐白色，稍突。龙眼果实亦有胚胎败育而产生"蘸核"的现象，属于部分败育类型。

4.2.2.6 坚果的结构

板栗和核桃是由下位子房发育形成的假果。板栗花序的总苞（involucre）发育形成外表面密生细刺毛的壳斗（bur）。子房壁形成褐色坚硬的木质化果皮。胚发育成熟时具有乳白色的肉质子叶，贮藏糖、淀粉、脂肪、蛋白质等，成为食用部分。

核桃雌花的总苞发育形成果实外层肉质的表皮（外果壳 busk）。子房壁形成非常坚硬的核壳（shell）。胚着生在基底胎座（basal placenta）上。发育成熟的种子有一层薄种皮，肥厚的子叶富含脂肪和蛋白质，供食用。

扁桃、椰子和阿月浑子是由上位子房形成的真果。其实，它们都是核果，但中果皮部分在果实成熟时变干或纤维化，不能食用，而食用部分是种子的子叶（扁桃和阿月浑子）或胚乳（椰子）。所以，通常把它们也称为坚果。

澳洲坚果是骨突果，未成熟果皮青绿色，成熟果皮褐绿色。果实一般是单胚，少有双胚。种子球形（双胚的半球形），种壳坚硬褐色，果仁乳白色。

4.2.3 果实的食用部分

不同类型的果实其食用部分有较大的差异，同一类型的不同果实食用的部分也存在一定的差异。仁果类如梨、苹果、山楂、枇杷、木瓜等，其食用部分是肉质的花托。核果类如桃、李、樱桃、梅、毛叶枣、油梨、杧果等，食用部分为肉质的中果皮；橄榄食用部分为中、外果皮；杨梅也属于核果，食用部分则是外果皮细胞发育而成的囊状突起，称为肉柱。一般浆果类如葡萄、人心果、杨桃、西番莲、番木瓜等中、内果皮浆汁为食用部分；猕猴桃属浆果，食用的部分为中、内果皮和中轴胎座；同属于浆果的香蕉食用部分与其他浆果有很大差异，果皮是花托，食用部分为子房壁和胎座。柑果类果实内果皮形成瓤瓣为食用部分。荔果类如荔枝、龙眼、红毛丹等食用部分为果皮与种子之间肉质多汁的假种皮。坚果类通常食用部分为种子的肥厚子叶。聚合果和复果（聚花果）果实的食用部分比较复杂，主要是小花被基部、子房和花轴。

4.3 果实的外观品质

果实品质包括许多方面，用途不同，其衡量指标也不一样。通常，果实品质包括内在品质和外观品质。外观品质，主要从果实的大小、果形、色泽、洁净度、有无机械伤及病虫害等方面评定；果实的内在品质以果实质地、风味、香气、组成物质、固形物等为主要评价依据。本节重点讲述果实的外观品质。

4.3.1 果实大小

果实大小是评价果实外观品质的重要指标。果实的大小常用的表示方法有3 种：①果实最大横切面直径或纵横径；②果实平均单果重；③果实体积。在优质果品商品化生产中，果实应达到该品种的标准大小。体积过大，常导致组织疏松，食用不方便，有的还易产生某些生理性或病理性病害，耐贮性较差；而果实过小，果实发育不良，品质总体性降低。对于小果形类果实来说，不降低其他品质的情况下，大果总是更受欢迎。果实的大小取决于果肉细胞数量和细胞大小。一切有利于增加果实细胞数量和大小的栽培措施及环境条件，都可促进果实生长和发育，提高果实品质。

4.3.1.1 肥水管理

生产优质果实，首先应根据不同树种果实发育的特点，最大限度地满足其对营养物质的需求。果肉细胞数量和细胞大小是决定果实大小的关键因素。果实细胞分裂主要在开花前至果实生长前期进行，此时为氮素营养时期，细胞的构建需要大量的蛋白质；果实生长中、后期主要进行细胞体积增大，为碳素营养时期，需要大量的碳水化合物。欲获得大形果实，应重视果园的夏秋管理，并加强早春的花期管理。如合理的修剪以维持良好的树体结构改善树冠内光照条件；采后及时补肥或早施基肥，满足树体对营养的要求；做好保叶工作，尽可能延长叶片寿命，增强叶片的同化力，等等；以提高树体内贮藏养分的积累和促进次春树冠叶幕的早日形成。对柑橘等常绿果树来说，还要做好叶片的越冬保护工作。其次，在果实发育的中后期，必须充分满足树体和果实对水分和矿质元素（其中特别是钾素）的需求，在土壤水分亏缺时灌溉是重要的，还需注意后期树体内氮素过多，对果树品质的发育不利。

4.3.1.2 合理留果量

树体留果过多，对果实的个体发育影响很大，造成果多但细小，优质商品果率低。一般而言，挂果量与果实的单果重成反比，这在一些坐果性能良好的树种如龙眼、枇杷、杨桃、毛叶枣、番石榴等表现更为突出。龙眼果实重量、可溶性固形物和可食率均随着每穗果数的增多而下降（表 4-1）。然而，过度的疏花疏果或挂果量太少势必会造成产量的下降，因此应根据不同树种、品种和树势，进行合理的疏果，达到合理的叶果比和枝果比，维持良好的营养生长和生殖生长平衡，满足果实发育的需要。

疏果方法可分为人工疏果和化学疏果，化学疏果是在幼果期适当的时间使用化学药剂疏掉一部分多余的幼果，使树上保留的果实可以得到更多的养分从而长得较大，同时也使果树年年结果。化学疏果与手工疏果相比有很多优点：可以节省大量劳动力；使多余的果实在短时间内及时疏除掉；可以真正地疏掉那些发育不良的弱果；除了因减少果实数量而促进果实大小及花芽分化外，常常还可直接刺激果实增大，促进花芽分化。但到目前为止，化学疏果不是在各种果实上都成功，目前广泛应用化学疏果的果树有苹果和葡萄，绝大部分常绿果树仍然采用传统的人工疏果。

　　龙眼疏花疏果是提高果品质量，减少"大小年结果"的有效措施之一。由于龙眼坐果率较高，部分主栽品种，如'石硖'、'古山2号'、'储良'等果实较小，单果重只有6～10g甚至更小，消费者喜欢单果重12～18g的大果。通过疏花疏果，保持合理的叶果比，可以提高单果重、可食率、TSS，并可保持强健树势。龙眼结果树的叶果比（小叶数与果实数值比）以4.0～4.4：1为宜。此外，提高果实商品率，还要控制好枝梢挂果率，对花穗、果穗进行适当的处理。一般结果穗数占末次枝梢总数的百分比（枝梢挂果率）为50%～70%，结果母枝枝径为0.8～1.0cm的每穗留果20～35个为宜，因品种而异。在4月份，根据龙眼树的大小和枝条的强弱，剪去一部分花穗和果实，把过多的果穗和坐果稀少的空穗剪去，然后把并蒂果、生长不齐的小果、病果和太密的果剪去。这样，所结的果大、均匀、色泽美观。

表4-1　龙眼品质与单穗挂果量的关系

（梁昌盛，1997）

果数（个）	单果重（g）	可溶性固形物（%）	可食部分（g）
1～4	15.5	21	77.4
5～10	15	20.5	76.7
11～15	14.5	20.5	72.4
16～20	14	20.5	71.4
21～25	13	20	73.1
26～30	12.5	19.5	68.0
31～35	11	19	68.2
36～40	9.5	18.5	63.2
41～50	8	16.5	56.3
60个以上	6.5	15	53.8

　　枇杷容易成花，花穗多、每穗花朵多，且生理落果较少，若不进行适当的疏花疏果则往往因结果量大而导致果实偏小和大小年现象，故枇杷疏花疏果是十分必要的。枇杷疏花穗一般在10月上旬至11月初花穗显露但未开花时进

行。如果一条结果枝上有 4 条花穗，疏去 1～2 穗，有 5 穗则疏去 2 穗，一般疏去总花穗的 50%。有研究表明：疏去总花穗 50% 和 25% 比不疏花穗的同年产量略低（不超过 4%），但大果率增加 1 倍多，中果率也增加，小果率少得多，且次年的枝条开花率提高 1～3 倍。尽管疏花蕾可疏除过多的花，但枇杷坐果率高，每穗留 10～20 个果也往往过多而导致果实大小不整齐，熟期不一致，所以还要适当疏去幼果。疏果时期以残花落尽，幼果蚕豆大小时为宜。一般先折去部分过多的果穗，然后逐穗疏粒，将病虫果、畸形果、小果和过密果疏去。大果型品种每穗保留 2～3 个果，小果型品种留 4～5 个果。

番石榴在对生叶片的叶腋中着生花蕾，花蕾有单生、两花及三花丛生三种类型，疏花时要求保留单生花，双花则疏去弱花，保留壮花；三花疏去左右弱花，保留中央壮花。每条结果枝保留 3～4 朵花较适宜。杨桃花量多，坐果过多，则树体负担过重，果实变小、品质下降。一般杨桃适宜的疏果时间为小果长至大拇指大小时进行，人工疏去虫害果、小果、畸形果，保留果形端正、个大、着生在较粗枝条上的果。1 个花序上只留果 1～2 个。

4.3.1.3　应用植物生长调节剂

尽管内源激素在果实生长过程中的作用机理尚未被完全阐明，但栽培上应用生长调节剂促果实增大的应用却有很大的进展。植物生长调节剂对果实大小的影响主要在两个方面：一是直接促进果实的增大；二是作为化学疏果剂疏除果实，减轻树体的负载量从而增大果实。果实大小很大程度上受树种和品种的遗传因素控制，但应用生长调节剂，也可使果实的某些性状发生较大的改变。赤霉素和细胞分裂素类调节物质如 BA、CPPU 等在幼果发育期使用，可有效促进细胞分裂和膨大，而增大果实。近年来，各种生长调节剂的混合使用在增大果实方面也取得了很好的效果。

化学疏果的生理基础是同一树上的幼果，或因受精质量不同，或因着生位置及发育时间不同，使得不同幼果的激素平衡和营养水平都有所不同。也就是说树上幼果间的生理代谢强弱有所不同，在自然情况下，树上幼果在果实发育的过程中会出现强者越强，弱者越弱的情况，那些生理代谢旺盛的幼果会在竞争中取得优势，得以继续发育，弱者则发育停止，出现生理落果。化学疏果即是以某种方式促进了类似的过程，即加强生理代谢旺盛幼果的发育，也加速生理代谢微弱幼果的脱落。这种作用机制因疏果剂的种类不同而异。

常用的化学疏果剂有 NAA 类、西维因和乙烯释放剂。疏除果实的作用机制十分复杂。目前主要有以下两种理论：①种子败育论：Luckwill 的工作证明，施于叶片的 NAA 在 5d 后种子种只回收到 0.2%，表示种子败育和随之发生的小果脱落是由于不具有生长素活性的分解产物所引起。喷布 NAA 后，苹果短果枝品种的乙烯量明显增加；喷布西维因后，还可使元帅苹果的有活力种子数大为减少。种子败育可以是独立的结果，也可以是果实脱落的伴随现象。②运输受阻论：Williams 等提出，果实的疏除不是由于种子的败育，而是同化物和有关活性成分在果柄中的运输受阻。他们用 ^{14}C 标记的西维因使用到元帅苹果的短枝叶片上，15d 后种子中未测出活性物质，如将果实浸于 ^{14}C 西维因中，则维管束内具有放射性活性。他们还证明在有活力种子数与疏除百分率之间缺乏相关性。实验表明，疏除的效果是由于果实活性成分的代谢和上下移动受到干扰，从而导致产生乙烯，果实衰老，离区细胞发生离析，营养运输受阻（吴邦良等，1995）。

将 NAA 喷布树冠后，有 20%～30%可为叶片吸收，进入叶片和果实中的 NAA 使氨基酸代谢系统受到影响，处理当天到处理后 5d，呼吸活性提高，并促进乙烯形成，从而抑制了生长素的合成和转移，使维管束的分化和形成延缓，离层产生。对喷布 NAA 后 5～6d 的柑橘幼果作电镜观察，发现幼果蜜盘部形成层细胞发生质壁分离，细胞壁与原生质膜间形成孔隙，造成原生质膜碎断，液泡膜解体，粒状酶蛋白被游离出来，纤维素酶及多种水解酶作用于胞壁的结果，使其膨胀、断裂。细胞解体的影响还能传播到邻近的细胞，使其同时发生自溶，最终导致分离。幼旺树喷布 NAA 后疏果作用强烈，是由于这些树含氮量高，呼吸强度大，乙烯发生量多，导致落果增多。高温下喷 NAA 能促进果实疏除，作用与上述类似。化学疏除时小果脱落多，是因为小果发育不良，维管束发育迟，NAA 处理后生成的乙烯使维管束形成更晚，致落果率增加。

乙烯利从盛花期到盛花后 50d 都有疏除果实作用，其疏除机制一直都毫不怀疑地认为是增加了树体内乙烯的水平，从而引起脱落。由于不同品种，不同植株对乙烯的敏感性不同，所以，乙烯利作为疏果剂，其应用技术难掌握，因而，疏除效应不太理想。西维因是干扰幼果维管束系统的运输作用，使幼果得不到发育所需的物质，这种干扰首先在生长较弱的幼果上出现，并导致幼果脱落。

4.3.2 果实色泽

果实色泽是商品品质要素之一。果实色泽包含果面的底色（ground color）和表色（surface color）。果实着色（或上色）通常是指表色的发育。即便是优良的品种也只有在充分表现出其典型色泽时，在市场上才具有吸引力。色泽变化是从果实成长（maturation）到充分成熟（ripening）期间最易从外表观察到的变化，是相对独立的过程，在时间程序上与成熟期的其他变化无关。叶绿素、类胡萝卜素和酚类色素（主要有花色素、黄酮和黄酮醇）是决定植物颜色的三大类植物色素。果实成熟着色，是果实细胞中叶绿素降解和类胡萝卜素（carotinoid）（黄色或橙色果实）或花色素苷（anthocyanin）（紫色或红色的果实）形成和显现的结果。

4.3.2.1　叶绿素

果实底色的消淡由叶绿素（chlorophylls）含量的减少开始。叶绿素含量的快速减少可以发生在果实完成成熟（ripe）之前（如橙、荔枝、草莓等）或之后（如梨），也可以与果实的成熟同时发生（如香蕉）。一些果实如香蕉、梨、荔枝、草莓、葡萄等叶绿素含量的减少与叶绿素的降解有关；另一些果实如番茄和柑橘则主要由叶绿体经过超微结构的转换，形成富含类胡萝卜素的有色体。叶绿素降解型果实成熟时，随着叶绿素的降解，叶绿体的片层结构也遭到破坏。关于叶绿素的全部降解过程目前仍未清楚，但已确定在叶绿素酶的作用下降解成叶绿醇是叶绿素降解的第一步。

果实成熟时叶绿素含量过高，不但使果实的底色增浓，干扰红色表色的显现；而且还会影响果实成熟期间花色素苷的合成。众所周知，降低光强的措施，如套袋处理，可以降低果皮叶绿素的含量，从而减弱叶绿素对红色表色的屏蔽效应。套袋降低光强使果皮叶绿素降解黄化，光敏素水平显著提高，黄化组织比正常组织的光敏素高 100 倍。因套袋而黄化的果实与绿色果实相比，只需较少的光辐照就能够形成大量的花色素苷。王惠聪等（2002）以着色不良的'妃子笑'和着色良好的'糯米糍'两个荔枝品种为试材，发现'妃子笑'果实着色不良的主要原因是果皮中的高叶绿素含量。高叶绿素含量一方面增强了果面的底色，遮掩了花青苷色泽的显现；另一方面，阻延了花青苷的合成，使着色延迟，导致着色滞后于假种皮糖分的积累的"滞绿"（stay green）现象。叶绿素降解与花色素苷合成关系密切，在一些果实中叶绿素和花色素苷的含量呈负相关关系。

温度影响果实退绿。在树上成熟的甜橙果实退绿以 20℃ 以下的日温为适宜；离体柑橘果实的退绿则以 15℃ 最为适宜。在果实发育成熟期温度高的产地，柑橘常出现"青皮熟"的现象，如海南岛种植的红江橙，在果实成熟过程中，果皮退绿缓慢，致使采收时果皮呈绿色称为"海南绿橙"。过高的温度也不利于果皮叶绿素的降解，香蕉成熟过程中，正常的退绿需要 20℃ 左右的温度，而在 30℃ 的温度下容易造成香蕉的青皮熟。施氮肥可延缓叶绿素的破坏。不同外源激素对果实退绿的影响不同。GA_3 处理明显抑制叶绿素酶活性、延迟叶绿素的降解并推迟草莓果实着色（Martinez et al, 1996）。CTK 和生长素均能延缓果实退绿，相反，乙烯、ABA 和茉莉甲酯对大多数果实都有加速退绿的作用。在采前 3 周 100mg/L 6 - BA 浸果处理荔枝果穗可显著抑制果皮叶绿素酶的活性，延迟叶绿素的降解，而 ABA 和茉莉酸处理则显著提高果皮叶绿素酶的活性，加速叶绿素的降解（Wang et al，2005）。

4.3.2.2 类胡萝卜素

类胡萝卜素（carotenoids）是不溶于水的橙黄及红色色素。果实成熟时类胡萝卜素的颜色显现有两种情况：①果实成熟时不积累类胡萝卜素，当叶绿素降解退绿后，原先已存在的类胡萝卜素的颜色便显现出来，苹果、梨、葡萄、香蕉、荔枝、草莓等属于这类；②果实成熟时形成大量的类胡萝卜素，由叶绿体经过结构的变化重新组成含有大量类胡萝卜素的有色体，番茄、辣椒、柑橘等果实就是这类。果实内的类胡萝卜素种类很多。其中以 β-胡萝卜素、番茄红素（lycopene），叶黄素（lutein）、玉米黄质（zeaxanthin）、β-隐黄质（β-crytoxanthin）等分布较广。在同一种果实内，往往以一两种为主，其他的只有少量或痕量。

果实的色泽除与类胡萝卜素的含量有关外，与类胡萝卜素的类别及其比例也有明显的关系。柑橘类果实含 α、β、γ 胡萝卜素、玉米黄质和隐黄素等，不同品种的柑橘果实呈现红、橙、黄颜色差异的原因不是由于其果皮积累的类胡萝卜素种类不同，而是由于其果皮积累红、橙色类胡萝卜素的能力及其组成比例不同引起：'满头红'以积累红色的 β-柠乌素为主；'尾张'以积累橙色的 β-隐黄质为主（橙）；'胡柚'积累的 β-柠乌素和 β-隐黄质均较低（徐昌杰等，未发表）。根据各种类胡萝卜素在果实内分布的情况不同，可将果实分为 7 个类型：①类胡萝卜素含量不明显；②在叶绿体内含小量类胡萝卜素，主要是 β-胡萝卜素、叶黄素（lutein）、菫菜黄质（violaxanthin）、新黄质（neoxanthin）；③含较大量的番茄红素以及八氢番茄红素（phytoene）、六氢番茄红素（phytofluene）、γ-胡萝卜素（neurosporene）；④含大量的 β-胡萝卜素及其衍生物隐黄质和玉米黄质；⑤含有非常大量的环氧衍生物；⑥含有独特的类胡萝卜素，如辣椒红（capsanthin）；⑦含多顺式类胡萝卜素，如 prolycopene（多顺式番茄红素）。

在果实生长期内，类胡萝卜素的形成，受各种外界条件的影响。光对类胡萝卜素形成的影响，随类胡萝卜素的种类和果实生长期而异。一般果实成熟过程中受光少，类胡萝卜素含量也少。高温可抑制类胡萝卜素的形成。番茄红素形成的最适温度为 19～24℃，30℃以上不易形成。

4.3.2.3 花色素类

4.3.2.3.1 果实花色素的共显色、组成和分布　花青素类（anthocyanidins）

是指果实表现红、蓝、紫等色的水溶性色素。花色素以阳离子的形式存在于液泡内，显色时的浓淡和深浅都随 pH 的变化而改变。同一种花色素在不同的 pH 中可以显示不同的颜色，在低 pH 下呈红色，pH 升高时色泽消失，pH 再升高至中性时呈蓝色。在室温下，花色素存在的最适宜条件为弱酸性，一般水果液泡通常呈弱酸性或中性。因此，pH 的变化并不是控制果实色泽的主要因素。花色素在不同外界环境所显示出来的色泽变化不仅取决于其组成，而且和它是否处于解离状态以及是否与金属离子络合有关。当花色素与 Fe、Al、Sn 螯合时，由于其最大吸收峰发生漂移而改变原来颜色，不同的花色素能结合不同的金属离子而呈现不同的颜色。

在自然界中发现的花色素有 17 种，但在高等植物中常见的只有 6 种，分别为天竺葵色素（花葵素 pelargonidin）、芍药色素（甲基花青素 peonidin），矢车菊色素（花青素 cyanidin）、锦葵色素（二甲基花翠素 malvidin），矮牵牛色素（3′-甲基花翠素 petunidin）、飞燕草色素（翠雀素 delphinidin）。分布最广泛的是 3 种没有甲基化色素（矢车菊色素、飞燕草色素和天竺葵色素）的葡萄糖苷，69％果实的花色素苷是由它们组成的（Kong et al，2003）。在植物可食部位这 6 种最常见的花色素的分布为矢车菊色素（50％）、天竺葵色素（12％）、芍药色素（12％）、飞燕草色素（12％）、矮牵牛色素（7％）、锦葵色素（7％）。色素很少为游离状态，主要以糖苷的形式存在。常见的四种花色素糖苷是 3-单糖苷、3-双糖苷、3，5-双糖苷和 3，7-双糖苷。3-单糖苷出现的频率比 3，5-双糖苷高 2.5 倍。单糖苷最普遍的是葡萄糖苷（glucoside），此外也有半乳糖苷（galactoside）、鼠李糖苷（rhamnoside）和芸香糖苷（rutinoside）。因此，自然界中最常见的花色素苷为矢车菊色素-3-葡萄糖苷。

对一个特定的果树品种，花色素苷的组成与遗传基因密切相关，与季节和栽培的地区无关。不同树种果实中花色素苷的组成不同，甚至不同的品种也存在差异，因此花色素苷的组成也广泛用于植物的化学分类研究。果实中花色素苷的组成，有些复杂有些简单，有些只有少数几种花色素苷，而有些则达 20 余种。花青素-3-葡萄糖苷是一些主要水果花色素苷的主要组成。血橙红色的主要成分是花青素-3-葡萄糖苷（Mondello et al，2000）。'Hass' 油梨果皮组织中的花色素苷主要为花青素-3-葡萄糖苷，在果实成熟过程中其含量增加（Cox et al，2004）；黑加仑果实含有大量的花色素苷，主要为花青素-3-葡萄糖苷、花青素-3-芸香糖苷、翠雀素-3-葡萄糖苷和翠雀素-3-芸香糖苷（Costa et al，1998）。Lee 和 Wicker（1991）利用高效液相色谱技术研究表明，'Brewster' 荔枝果皮中的花色素苷主要是花青素-3-芸香糖苷（67％）、花青素-3-葡萄糖苷（少于 10％）和锦葵色素-3-乙酰葡萄糖苷（14.7％）。而

Rivera-López 等（1999）研究'Brewster'荔枝果皮在发育成熟过程中的花色素苷变化时发现，绿色的荔枝果皮中主要是锦葵色素-3-乙酰葡萄糖苷，成熟的荔枝果皮主要是花青素-3-芸香糖苷（75%），也有一定量的花青素-3-葡萄糖苷（17%）和锦葵色素-3-乙酰葡萄糖苷。Zhang 等（2000）认为'淮枝'荔枝果皮主要的花色素苷为花青素-3-葡萄糖苷（91.9%），另外还有少量的锦葵色素-3-葡萄糖苷。然而，同样是以'淮枝'作试材，Zhang 等（2004）利用液质谱联用技术研究指出'淮枝'果皮中主要的花色素苷是花青素-3-芸香二糖，占总色素的 92%。这些报道在荔枝果皮中主要的花色素为花青素（矢车菊素）是一致的，仅在所占的比率和糖配基有所差异。这种差异是因不同品种、生态条件或是检测技术而产生还有待进一步查证。葡萄、蓝莓的色素由于与加工关系密切，研究较深入，花色苷的种类分别达到了 21 和 25 种。

　　花色素苷主要存在于果皮的表层内，但有些果实的果肉也含有花色素苷。花色素苷合成的数量和时间决定了果实红色的出现和着色的时期。对于某一特定的树种，花青苷的绝对含量对颜色起重要的作用。着色深的品种花色素苷含量高而着色浅的品种花色素苷含量低。随着高效液相色谱等技术的运用，果实中的各种花色素苷都得到分离和鉴定。每 100g 草莓花色苷含量为（23.8±0.4）mg，欧洲越橘为（360±3）mg；充分成熟的'Angeleno'李（*Prunus domestica*），每 100g（鲜重）果实的花青苷含量约为 16mg（Nyman 等，2001）。'桂味'荔枝每 100g（鲜重）成熟果皮中含的花色素苷（以花青素-3-芸香糖苷计）为 16mg（胡位荣等，2005）；'Hass'油梨在果实采后时，每 100g（鲜重）平均总的花色素苷含量为 15mg（Cox et al，2004）。

4.3.2.3.2　果实中花青苷生物合成　关于果实花青苷合成途径的报道不多。目前，大多数发表的花青苷生物合成的途径是以花卉为研究试材，而且研究得比较清楚。花青苷是通过莽草酸途径形成的。在涉及花青苷合成的 11 个酶中，研究较多的可以分为三类：①前体合成相关的酶，主要是苯丙氨酸解氨酶（PAL），是酚类物质合成的第一个酶；②黄酮类合成相关的酶，主要是查儿酮合成酶（CHS）和查儿酮异构酶（CHI）；③花青苷合成密切相关的酶，主要是二氢黄酮醇还原酶（DFR）和类黄酮糖基转移酶（UFGT）。

　　在高等植物中生物合成多酚骨架的第一个关键步骤是从苯丙氨酸到肉桂酸，这个反应由苯丙氨酸解氨酶（PAL）催化。在苯丙氨酸向肉桂酸转化中 PAL 是一种限速酶，是一种关键的诱导酶。在 PAL 与花青苷积累的关系方面，不同研究者和不同树种的研究结果有较大的差异。葡萄和草莓 PAL 活性与花青苷的合成呈显著的正相关；而在荔枝果实成熟过程中，花青苷含量不断增加，果皮中的 PAL 活性却不断降低，在花青苷快速积累期间 PAL 活性也没有明显增加（王惠聪等，2004）。苹果花青苷的生物合成与 PAL 活性的研究报道最多。Ju 等（1995）的研究结果说明虽然 PAL 可以催化形成花青苷合成的前体，但在前体充足的前提下，花青苷的积累与 PAL 活性无关，花青苷的合成只有在缺少前体的情况下，才与 PAL 活性相关。

类黄酮合成的关键步骤是由 CHS 催化 3 分子的丙二酰- CoA 和 4 -香豆酰- CoA，反应生成含有 15 个碳原子的查儿酮（Heller et al，1988），再由 CHI 催化形成第一个黄酮类物质（2S）-黄烷酮。由于所有接下来的反应都是从（2S）-黄烷酮开始，在多种的植物中已证明 CHI 在黄酮类物质的进一步转化中起有重要作用（Beggs et al，1986）。与 PAL 一样，CHS 和 CHI 为花青苷的合成提供了前体，因而是花青苷合成所不可或缺的。然而花青苷只是 CHS 和 CHI 的终产物之一，其活性与花青苷的积累并非总是一致（Ju et al，1995b）。

DFR 催化二氢黄酮醇还原反应生成花白素（leucoanthocyanidin）。目前已用番茄 DFR 基因设计引物克隆到了 Cranberry 的 DFR 基因片段，并通过 RT - PCR 得到了全长，利用 CaMV 35S 启动子转基因到烟草，发现转基因植株花色较对照深。这个实验证明了 Cranberry DFR 基因的功能，也进一步说明 DFR 的超量表达可用于增加转基因植株的花青苷含量（Polashock et al，2002）。在果树上至今关于 DFR 酶活性与花青苷合成关系的报道不多。在苹果红果品种的 DFR 活性比不红的品种高，虽然不积累花青苷 'Golden Dilicious' 和 'Indo' 也有较高的 DFR 活性。荔枝果皮中的 DFR 酶在着色期间即花青苷合成的过程中活性下降，套袋解开后花青苷含量迅速增加，而其活性却没有明显的增加，促进和抑制花青苷合成的生长调节剂处理对 DFR 活性没有显著的影响（王惠聪等，2004）。这些结果说明 DFR 可能与果实花青苷合成没有线性相关。

UFGT 是花青苷合成的最后一个酶，它使不稳定的花青素转变为稳定的花青苷。在许多植物中，在 3 位的糖苷化是形成第一个稳定花青苷的必要反应。在一些植物组织中，花青苷的积累与 UFGT 活性也呈明显的正相关。Boss 等（1996a，1996b）以黑色果皮的 'Shiraz' 葡萄品种的几种不同组织为试材，检测花青苷生物合成的几个相关基因的表达情况，发现 UFGT 基因在果皮上特异表达，其他的基因在各组织中表达；进一步利用一些芽变，黑皮品种的白色和棕色芽变或者是白皮品种的红色芽变，结果 UGFT 只在有合成花青苷的有色的葡萄中表达，而没在白葡萄皮表达，说明 UFGT 是葡萄皮着色的关键基因。即使在同一个果的不同果面已着红色区域比还没着色的区域都含有较多的花青苷和高的 UFGT 活性（Ju et al，1999）。这些结果说明 UFGT

是果实发育过程中调控花青苷合成的关键酶之一，花青苷的合成依赖 UFGT（Stafford，1990）。

4.3.2.3.3　影响果实花色苷积累的条件　除了遗传原因外，影响果实花色苷积累的因子主要有以下几方面：

（1）可溶性碳水化合物积累　花色素苷由花色素和糖组成，而花色素又是在糖代谢的基础上由丙酮酸和乙酸缩合而形成的，所以，花色素苷的合成与糖的代谢途径有关。磷酸戊糖途径的加强能够促进花色素苷的合成，而三羧酸循环的加强则对花色素苷合成有抑制作用。细胞中花色素苷的合成必须有足够的糖量为条件，所以凡能导致细胞中糖分积累的因素都可能在不同程度上促进花色素苷的合成（鞠志国，1991）。'富士'苹果果皮的花色素苷含量和着色程度与果肉还原糖和可溶性糖含量呈显著的正相关（赵宗方等，1992）。'玫瑰露'葡萄的糖含量要达到 14％时上色才好，'康可'葡萄的含糖量低于 8％时不上色（黄辉白，1992）。果肉的含糖量与果皮花色素苷含量之间的关系，可能只是果实成熟过程的基因同步表达，因为花色素苷的合成是在果皮组织中进行，所以与花色素苷合成相关的还只能是果皮的糖含量。

碳水化合物被认为是花色素苷生物合成多种酶基因表达的诱导信号分子（Kawabata et al，1999）。外源的蔗糖、半乳糖和葡萄糖促进苹果叶片花色素苷的合成。采前用 0.25mol/L 的半乳糖或葡萄糖处理'富士'苹果树叶片可促进花色素苷的合成（Bae et al，1995）。有些研究结果则显示糖含量与果实的花色素苷合成关系不大。Awad 等（2001）通过不同的疏果程度控制树体苹果的负载量，发现坐果率低的树在果实重量、可溶性固形物、含酸量和硬度均显著高于坐果率高的树，但是树的负载量对于果实的花色素苷、类黄酮及绿原酸含量却均没有显著影响。此外，有人通过比较不同着色品种的果实含糖量与花色素苷积累的关系后，认为花色素苷积累与含糖量无关（Noro et al，1988）。有些促进花色素苷形成的措施对含糖量有负效应，如套袋处理在一定程度上降低果实的糖含量，但能促进花青苷的合成。

（2）矿质营养　果实着色状况与叶片氮含量呈负相关关系。氮肥对果实着色影响很大，叶片和果实的叶绿素含量几乎随着氮素供应增多成比例地增加，所以氮肥过多对着色尤为不利。施氮过量对果实着色的影响是多方面的。第一，施用氮肥后，树体营养生长加强，促进了糖分向氨基酸、蛋白质方向转化，而降低了果实中糖分的积累；第二，促进果实中叶绿素合成，从而推迟了叶绿素含量的下降。在苹果发育成熟过程中，氮、镁和氮/钙值往往与花色素苷积累量呈负相关；而钙和钾与花色素苷积累量的关系，不同年份有一定差异（Adwad et al，2002）。缺氮和缺磷往往会促进组织中花色素苷的合成，这是植物体的一种应逆反应，在胁迫状态下植物体会产生更多的花色素苷。钾离子作为多种酶，特别是糖代谢途径中酶类的活化剂，一方面促进糖分积累，另一方面促进糖分由叶片和枝条向果实中运输，从而提高果实中糖含量，促进花色素苷的合成。

（3）光照　光照是花色素苷合成的前提。完全不照光的果实能够正常成熟，但无花色素苷合成。说明光照的作用除了与碳水化合物的合成有关外，还直接作用于花色素苷的形成。光照可从两方面影响花色素苷的合成：其一是光照可影响光合作用从而影响糖、苯丙氨酸等有机物合成；其二是光照通过一定的机制可调节与花色素苷合成有关酶的活性。苹果花青苷的积累量在全光照50％内随光强增大而增加（Barritt et al，1997）。在果园地上铺设具反射作用的薄膜能增加苹果果皮花色素苷的积累（Ju et al，1999）。套袋试验是研究光照作用的很好方法，Ju（1998）研究发现套 3 层袋的苹果没有花色素苷积累，去袋后进行光照处理，则花色素苷迅速积累。

Awad 等（2001）发现树冠顶部和树冠外围果实花色素苷含量较树冠内部高，在树冠内部 UV - A（330～400nm）、蓝光、绿光和红光弱，而远红光强，远红光/红光（FR/R）比例与着色和花色素苷含量有直接关系，在树冠内部 FR/R 在阴天约为 2，晴天则达 3，果实几乎没有花色素苷积累，而树冠顶部和外围比值约为 1。白光和红光对果实色泽发育有促进作用，红光有促进花色素合成的显著效能，远红光抵消了红光对花色素苷合成的作用（池方等，1997）。结果说明在花青苷生物合成过程中，光作为一种信号在起调控作用。光质对花色素苷的合成也有重要的作用，照射紫外光的果实着色最佳，可见光仅微弱着色，红外光则几乎不着色。高海拔高纬度地区苹果着色率往往好于平原和低纬度地区，其原因就在于果实能接受较多的短波光。紫外光对着色有利，可能原因是 UV 可诱导乙烯的产生，乙烯可增加细胞膜透性使糖分易于移动，又可诱导 PAL 活性，促进果实着色。

（4）温度　温度是影响花色素苷合成的另一个重要的环境因子。早在 1965 年 Vota 就用旭苹果研究了温度与着色的关系，结果表明，在平均夜温为 7.8℃时，果实有 75％着色，随夜温的上升着色度下降，平均夜温为 22.8℃时完全不着色；在另一组实验中，两个处理平均昼间温度近似，分别为 29.4℃ 和 28.3℃，但平均夜间温度差别较大，前者为 22.8℃，后者为 17.2℃，结果夜温低的处理有 31％着色，而夜温高的处理完全不着色。这说明对花色素苷合成影响较大的是夜间温度。高的夜温往往会减少葡萄浆果果皮花色素苷的积累，高夜温（30℃）比低夜温（15℃）条件下果皮积累的花色素苷少，高夜温抑制 CHS 等与花色素苷合成相关的酶基因的表达，也抑制了转熟后 UFGT 活性的增加（Mori et al，2005）。在一定范围内，夜间温度越低，昼夜温差越大，花色素苷的积累越明显。Mazza 和 Miniati（1993）指出高夜温抑制花青苷的合成似乎是由于减少了果实可溶性糖的积累。夜间温度降低，抑制了果实的呼吸作用，使果实积累糖分，从而促进了花色素苷的合成和果实着色。但温度过低似乎也不利于花色素苷的积累，在 UV-B 和可见光的照射下，'Royal Gala' 10℃下花色素苷的积累比 20℃下少（Reay et al，2001）。

（5）植物生长调节剂　植物激素往往通过影响植物体内的代谢过程和植物基因的表达，来影响果实成熟和着色。ABA 和乙烯能促进大多数果实的花色素苷积累。采前三周 ABA 浸果和导入处理促进'妃子笑'荔枝果实的花色素苷的合成，处理果皮花色素苷含量显著高于对照（王惠聪和黄辉白，2002）。乙烯利能释放乙烯促进一些果实着色和花色素苷的合成（Sharma et al，1986；Kim et al，1998）。生长素类物质（ABG-3168）和 GA$_3$ 处理显著抑制'Jonagold'苹果花色素苷的积累，ABG 延迟了花色素苷的快速积累约两个星期，推测 ABG 和 GA$_3$ 抑制花色素苷合成的作用与其抑制乙烯产生有关（Awad et al，2002b）。用合成的生长素类物质 BTOA（benzothiazole-2-oxyacetic acid）处理葡萄浆果，使果实成熟滞后约 2 周，也使得与花色素苷合成相关的基因（包括 CHS 和 UFGT）表达明显延迟（Davies et al，1997）。生长素类物质对花色素苷合成的作用可能与使用的浓度的高低有关，在低浓度的条件下生长素物质作为乙烯的拮抗剂，抑制乙烯的产生，而高浓度的生长素类物质会促进组织乙烯的产生。有关细胞分裂素是否参与调控果实着色的报道不多。王惠聪等（2002）发现 100 mg/L BA 处理，降低了果实组织的内源 ABA 含量和 ACC 氧化酶活性，同时也显著抑制了荔枝果皮的花色素苷的合成。

（6）栽培措施调控　采用套袋措施可以有效地调控果实的着色。套袋而黄化的果实与绿色果实相比只需要较少的光辐照就能大量形成花色素苷。因此套袋后黄化了的果实中花色素苷的合成特别迅速，几天后果实着色即超过了对照果。刘成连等（1997）的试验表明，套袋后果皮中的花色素苷含量不会随着果实套袋时间的延长而增多。去袋后，果实最初形成很多花色素苷，随后合成下降，而对照果还要再持续一段时间，所以采收时差异并不大（Arakawa，1988）。套袋是否能增加果实最终的花色素苷含量仍没有定论，不过套袋促进果皮叶绿素的降解，改善显色的背景，提前了花色素苷的合成从而极大增进果实的着色，是应予肯定的。王惠聪等（2002）研究发现，无纺布套袋处理和牛皮纸套袋采前去袋处理都能显著提高果皮叶绿素酶活性，导致叶绿素含量减少，果皮黄化，使果面红色着色均匀；无纺布套袋使果皮花青苷合成时间提前，牛皮纸袋采前去袋后花青苷合成迅速。套袋果面着色面积增加，果皮色泽的鲜艳度明显提高；然而套袋处理并没有增加采收时果皮中的花青苷的最终含量，它主要的效应只是降低了果皮中叶绿素的含量。

施肥、挂果量、修剪程度显著影响果实的着色。在生产上，栽培措施往往是几种同时采用才能达到较理想的着色效果，其措施概括起来有如下几种：①后期少施氮肥，多施磷钾肥；②增加人工辅助照光，特别是利用短波光或是利用银白色地膜反射自然光；③进行合理的修剪以增加果实受光面积和受光时间。

4.3.3　果实质地

许多果实成熟期间变软即硬度下降。通常认为果肉的软化是衰老的特征，最终导致果实的衰败。现在普遍认为即使是这样的衰败过程也包含着积极活跃的基因表达和生化反应，而且不同的果实具有各自特有的软化方式。决定果实硬度的内因是果实细胞间的结合力、细胞构成物质的机械强度与细胞膨压。果实硬度与果胶物质、半纤维素以及淀粉、纤维、石细胞等有关。果胶物质和半纤维素存在于细胞壁和胞间层内，未成熟的果实果胶物质为不溶于水的原果胶，主要存在于初生壁内，胞间层内则充满果胶钙，也属于非水溶性。成熟期间原果胶溶解为一种溶于细胞液与胞汁液的果胶酸。此时胞间层内的果胶物质减少乃至消失。这种细胞结构的变化是由于某些水解酶的诱导活化所致，如果胶酶、果胶甲酯酶，此外纤维素酶、木聚糖酶等活性增强对果实变软起重要作用。

4.3.3.1　果实细胞壁构成成分及其在成熟过程中的变化

果实的果肉组织通常由薄壁细胞构成，细胞壁可以看作是由纤维素微纤丝与非纤维多糖及蛋白质胶合在一起的，但精细结构相当复杂。纤维素结构变化与成熟果实软化密切相关。对油梨、苹果及梨成熟果实的超微结构观察发现，细胞壁微纤丝网状结构有解离现象。用真菌纤维素酶处理果实可以重复这种解离现象。细胞壁微纤丝结构的解离可能是由纤维素的不完全水解，或构成微纤丝的非纤维多糖等物质的转化所引起的。双子叶植物细胞初生壁中的主要半纤维素由木葡聚糖组成，占干重的 $20\%\sim25\%$。通过对草莓及番茄的研究表明，果实成熟期间尽管胞壁半纤维素的含量只有微小变化，但半纤维素聚合物的体积显著减少。果实成熟过程中半纤维素的这种变化可能是果肉质地变化的重要原因。果胶类物质是存在于高等植物初生细胞壁和细胞间隙的一组密切相关的多糖，其化学结构和分子量在不同的植物组成中不同。与果实成熟有关的果胶的变化的一直受到重视，并进行了大量研究，但由于聚合物常以不同的聚集方式存在，所以，其结构不管在体内还是在体外都难以研究。在研究中常用螯合剂提取果胶，溶于螯合剂的果胶表明不溶性聚合物的共价联结已断裂，只剩下离子键键合，很可能是钙与半乳糖醛酸聚合物的键合。许多果实在成熟过程中，水溶性与溶于螯合剂的果胶极显著增加，表明细胞壁中的果胶聚合物共价键已断裂。

4.3.3.2 细胞壁水解相关酶

果实成熟期间细胞壁结构成分及聚合物分子大小发生显著变化，表明随着成熟的开始，降解特殊细胞壁成分的酶也开始合成或活化。对这些酶，特别是多聚半乳糖醛酸酶和羧甲基纤维素酶，目前已进行了大量的研究。许多果实的成熟都伴随着果胶结构的变化。这种变化是由于 PG 酶的作用，催化多聚半乳糖醛酸键水解。关于 PG 酶，在跃变型的果实，如番茄、香蕉、猕猴桃等，有较深入的研究。在果实成熟过程中，PG 酶活性急剧增加与 PG 酶的 mRNA 及其翻译的蛋白产物的增加相一致。由于 PG 酶使果实成熟软化，然而，通过反义 RNA 技术，使果实成熟期间的 PG 酶活性抑制了 90%，而果实的软化进程与对照果却没有差别。说明果胶酶不能单独控制果肉软化。PG 酶更容易作用于脱甲基的果胶，因此，果胶甲酯酶在决定 PG 降解果胶的程度上起重要作用，它使半乳糖醛酸脱甲基。由于该酶的作用，使果肉组织对 PG 更为敏感。羧甲基纤维素酶指一类降解羧甲基纤维素的酶。油梨及梨果实成熟期间纤维素微纤丝的降解与羧甲基纤维素酶活性的增加相关。然而，后来的研究表明，这种纤维素微纤丝的降解可能是由半纤维素的化学提取所造成的。

4.3.3.3 果实质地的影响因素

叶片的含氮量常与果肉硬度呈负相关，含氮量高，果实硬度低。钾肥也有类似的效应。水分含量高，果个大，果实细胞体积大，果肉硬度低；干旱年份，旱地果实比灌溉地的果实硬度大。采收时和采收后的温度对果实的硬度有很大影响。果肉变软的速度在 21℃ 时比 10℃ 时要快 2 倍。使用激素也会影响果实硬度。一些防止采前落果的药剂如萘乙酸、比久，会增加果实硬度。为促进果实成熟着色而应用乙烯利，会明显降低果实硬度。

4.3.4 果实日灼病

日灼病是果实开始或接近成熟时的一种生理性障害。在柑橘、龙眼、芒果、番木瓜、番石榴、余甘子等果实上容易发生。其症状的出现是因为夏秋的酷热和强烈阳光的暴晒，加上干旱，树体蒸腾作用下降，果面温度升高达到40℃以上，果皮气孔少，蒸腾少，组织疏松的果皮容易在受热不均匀的位置上产生生理障碍，出现局部干化现象，因此在太阳直射的果面出现高温灼伤。开始时为褐色的斑点，随后逐渐扩大，呈现凹陷，形状和大小各不相同，果皮质地变硬。

　　日灼病一般在浅根性、树势弱的品种上容易发生；根系发达、生长势强的品种或植株上日灼病较轻。为了减少日灼病的发生栽培上一般可采取以下的措施：①深翻改土，促进根系健壮生长，增强根系的吸收范围和吸水能力，保持地上部树冠和地下根系的生长平衡。②及时灌水、喷雾、覆盖土壤，减少水分蒸发，不使树体发生干旱。③树干涂白。在一发生日灼病的树干上中部的东西方向，喷布 1%～2% 的熟石灰水，增加日光反射和降低果温。④进行果实套袋，遮挡强日光和紫外线的照射，减少日灼病的发生。

4.4　果实的内在品质

4.4.1　果实的营养成分与保健作用

　　果实的营养指可用物理或化学方法测定的果实营养成分含量，具体指标有蛋白质、糖分、脂肪、有机酸、矿物质、维生素和其他对人体健康有益成分的含量。果实中含有的果胶质是工业上加工的原料；某些果实含有单宁及其他具有涩味的物质；另一些果实如番木瓜、菠萝、无花果等含有蛋白酶，蛋白酶制剂在工业及医药上有广泛的用途。因此，果实不单是人类喜爱和重要的营养食物，有较高的营养价值和明显的保健功能，而且是重要的工业原料。

4.4.1.1　碳水化合物和有机酸

　　一般果实均有一定量的糖分和有机酸，使果实具有甜酸的风味；果实的碳水化合物含量较高，大部分果品介于 9%～20%，主要包括一些可溶性糖类和一些不溶性的淀粉、果胶、半纤维及粗纤维。果实的可溶性糖分主要为葡萄糖、果糖和蔗糖三种，能为人体提供一定的热量。人体能直接吸收葡萄糖，含葡萄糖高的果实是消化能力弱者的理想营养果品，而对于果糖含量较高的果品如荔枝，一次进食太多则容易出现"低血糖"症。淀粉、果胶、半纤维素及粗纤维可促进肠的蠕动，通肠清便，可治疗中老年性的便秘，对于神经性结肠炎等有一定的疗效。

　　果实中含有多种有机酸，如苹果酸、酒石酸、柠檬酸、尼克酸以及鞣酸等，可促进消化液的分泌，增加胃肠蠕动，增进食欲，有利于消化。有些果实含有较高的鞣酸，有收敛作用，可治疗慢性腹泻。虽然水果含有各种有机酸，仍属于生理碱性食物，可以缓和肉食的生理酸性，调节血液的酸碱平衡。

4.4.1.2　氨基酸和蛋白质

　　水果中的氮化物有人体所不可或缺的氨基酸和蛋白质。但是，水果的氨基酸含量均很低，因此在营养上的价值微不足道，也很少为人重视。但是有研究表明，果实内的氨基酸含量会影响果实加工，如使柑橘制品变褐，因此开始受到人们的注意。在甜橙果实内的氨基酸主要有天冬氨酸、天冬酰胺、精氨酸、脯氨酸、丝氨酸、谷氨酸和谷氨酰胺等，此外也含有 γ-氨基丁酸和甜菜碱。柠檬果实内的氨基酸主要有精氨酸、天冬氨酸、谷氨酸、丝氨酸，也含有 γ-氨基丁酸。据报告，香蕉果肉总氨基酸含量为 $515\mu g/g$，其中天冬酰胺占 15% 以上，谷氨酰胺和组氨酸各占 $10\%\sim15\%$，天冬氨酸、γ-氨基丁酸和六氢吡啶羧酸各占 $5\%\sim10\%$。

水果的蛋白质含量很少，介于 $0.5\%\sim1.2\%$。菠萝、荔枝、杧果和杨桃蛋白含量极低，含量小于 0.7%，而橄榄、香蕉、龙眼则含量相对较高，也仅在 1% 左右。一些以种子为食用部分的坚果，如椰子、澳洲坚果等蛋白质作为贮藏物质，含量较高，是坚果的主要营养成分，如椰子果肉的蛋白含量为 3.4%，杏仁蛋白含量高达 24.9%。水果的蛋白质主要是作为原生质的成分，而不是作为贮藏物存在的。因此对水果蛋白质的研究，主要是从生理角度着眼，如与果实呼吸、酶活性、成熟、衰老等的关系，而不是从营养方面考虑。

4.4.1.3 脂肪

大部分水果脂肪含量介于 $0.1\%\sim1.5\%$。龙眼、荔枝、杧果和杨桃脂肪含量均小于 0.3%，而香蕉、番石榴、柚、柠檬则含量较高，在 0.7% 左右。脂肪含量高的主要是一些以种子为食用部分的坚果如椰子、澳洲坚果等，脂肪作为贮藏物质，含量高达 30% 以上，是坚果的主要营养成分，果品的脂肪与动物性的脂肪有较大的差别，果品的脂肪含有人体所必需的多种不饱和脂肪酸，既是人体细胞的重要组成成分，又是一类有助于清除氧自由基，抗氧化、抗衰老的重要物质。

4.4.1.4 矿物质

在果实的干物质中，除含有有机成分外，还有无机物，即灰分成分。在果实的灰分中含有各种矿质元素。水果中含有钾、钠、钙、磷、镁、铁等人体必需的大量元素，也含有硒、锶、碘、锌等多种人体必需的微量元素。不同的水果各种矿物质的含量不同。水果中可溶性磷和铁有补脑益血、安眠养神的作用。一些水果含有较丰富的锌，而且容易被消化吸收，对人体缺锌症有惊人的疗效。香蕉富含钾离子，钾离子可以起到降血压、保护血管的作用。一般水果中的钾含量大于钠，对水肿病人有利尿消肿的作用。

4.4.1.5 色素成分

4.4.1.5.1 类胡萝卜素　一般果实在成熟前均呈绿色，在成熟后均转变为黄、

橙、红等颜色。果实内的色素可分为脂溶性和水溶性两大类，前者存在于质体中，后者则分布在液泡中。存在于质体内的脂溶性色素包括叶绿素和类胡萝卜素，前者使果实呈绿色，后者则呈黄、橙、红等颜色，视所含类胡萝卜素种类的不同而异。不同类型的果实果肉的类胡萝卜素含量有较大的差异，有些果实果肉基本不含或只含有微量的类胡萝卜素如柠檬、龙眼、荔枝、番石榴、黄皮、椰子等，有些则含有较高的类胡萝卜素如杧果（5.7 mg/100g）、枇杷（1.52 mg/100g）、柑橘（0.55 mg/100g）。在各种不同的类胡萝卜素中，值得注意的是 β-胡萝卜素，它在人体内可以转变为维生素 A，所以在提供维生素 A 方面有重要价值。此外，根据最新的一些研究成果，果实中的类胡萝卜素还普遍具有增强人体免疫力、预防心血管疾病以及防癌抗癌等作用。

4.4.1.5.2　花色素苷　花色素苷作为一种水溶性色素，在果实的可食部分广泛存在，并且在是一些水果中含量较高，如蓝莓、桑葚、葡萄、黑醋栗、草莓、血橙、李等。花色素苷除作为天然色素外，还具有很强的抗氧化、清除氧自由基的能力，能防治许多疾病，是具有保健功能的天然活性物质，被誉为继水、蛋白质、脂肪、碳水化合物、维生素、矿物质之后的人体第七大必需营养，因而成为天然色素中最具应用前景的一类色素。目前花色素苷的医疗保健价值受到了广泛的注意，美国人每日的摄入量为 $180 \sim 215$ mg/d，比其他的黄酮类化合物（23 mg/d）高得多（Hertog et al，1993）。花色素苷对各种疾病的防治都有积极的作用，许多国家已作为一种处方药使用（Cao et al，2001）。花色素苷的医疗保健功能主要在于它们的特殊化学结构，可与活性氧反应，减少和消除活性氧对生物体的伤害，因此抗氧化性是花色素苷的最主要的生理活性。

4.4.1.5.3　酚类和黄酮类化合物　酚类和黄酮类化合物在果实内分布广泛，其含量视果实种类、品种，甚至季节与产地不同而有很大差异。酚类化合物主要是肉桂酸衍生物，如包括 β-香豆酸、咖啡酸、阿魏酸、芥子酸，通常呈脂类状态存在，最常见的是与奎尼酸缩合成酯；其中以绿原酸（咖啡酰奎尼酸）最为重要，在苹果、梨、桃、樱桃、葡萄等果实中均存在。另一重要的酯是 β-香豆酰奎尼酸。肉桂酸衍生物有时也以糖苷状态存在，如咖啡酸-3-葡萄酸苷。果实中的类黄酮化合物主要为（＋）儿茶酸（catechin）和（－）表儿茶酸（epicatechin），此外还有（＋）没食儿茶酸（gallocatechin）、（－）表没食子儿茶酸（epigallocatechin）和 3-没食子酰表儿茶酸（gallpylepicatechin）。上述几种类黄酮化合物在不同果实内的含量不同。一般这些化合物在果皮内比在果肉内含量较多。类黄酮化合物除以单体存在外，也呈缩合态存在即寡聚原花色素和原花色素。原花色素（procyanidins，简称 PC）是一种高效、低毒、高生物利用率的一种极强的体内活性功能因子，近 10 年来学界对原花色素的保健功能作了大量的研究。许多研究表明，原花色素是清除自由基很强的抗氧化剂，其抗氧化、清除自由基的能力是维生素 E 的 50 倍，维生素 C 的 20 倍。原花色素广泛分布于植株中，如松树、柏木、银杏等，也存在水果中如葡萄、苹果、番荔枝、草莓、樱桃、山楂等。目前的研究表明原花色素的保健功效主要在以下几个方面：①清除自由基、抗氧化；②保护心血管和预防高血压；③抗突变、抗肿瘤；④抗炎、抗过敏；⑤抗辐射，具有皮肤保健和美容作用；⑥改善视力。

在柑橘果实内含有多种类黄酮化合物，已确定的达 61 种之多（包括不同的糖苷）。其中主要的黄烷酮有柚苷配基（naringenin，$4'$，5，7-三黄烷酮）、异樱花亭（isosakuranetin）、圣草粉（eriodictyol）、橘皮素（hesperctin）等。它们并不以游离的苷配基存在，而是以其 C-7 上的羟基与糖形成糖苷。柑橘果实内也含有多种黄酮，但其含量一般较少，常见的有芹菜苷配基（apigenin，5、7、$4'$-三基黄酮）、金合欢素（acacetin）、毛地黄黄酮（luteolin，$3'$，$4'$，5，7-四基黄酮）等，均以糖苷形式存在。

4.4.1.6 维生素

果实内的维生素最主要的是维生素 C，在枇杷、柑橘、香蕉等水果中也含有相当量的 β-胡萝卜素（维生素 A 原）。此外，大部分的果实如柑橘、荔枝、龙眼、杧果、香蕉等也含有一定量的泛酸和生物素，烟酸、叶酸、硫胺素、核黄素等也小量存在。但一般来说，这些 B 族维生素在果实内的含量是较少的，不是食物中的主要来源。少数的水果内也含有少量的维生素 E 和维生素 P，果实一般极少或完全不含维生素 D 和维生素 B_{12}。

维生素 C 是人体必需的，它有助于清除体内的自由基。维生素 C 摄入量严重不足会造成败血病，人体免疫力下降等。因此，新鲜果品有助于提高人体的免疫能力，有抗衰老、防癌等作用。维生素 A 与人的视力有关，维生素 E 能促进生殖能力，维生素 P 可防治心血管疾病和老年高血压，B 族维生素也是人体正常代谢所必需的。总之，水果中的各种维生素对神经系统和心血管系统的正常活动是大有裨益的，能使人延年益寿。

果实是人类营养必需的抗坏血酸（维生素 C）的主要来源之一。一般果实均含有抗坏血酸，但不同种类或品种的果实含量有很大差异，少的每 100g（鲜重）中仅含有几毫克，多的可以达几千毫克。每 100g 香蕉中维生素 C 的含量为 6 mg，杧果中仅为 4 mg，面枣中则达 466～505 mg，番石榴果皮部分含 74 mg，柑橘类含 40 mg 左右。同种水果不同的品种果实中的维生素 C 含量也明显不同。Wang（2006）年采用高效液相色谱技术检测了 8 个荔枝品种的维生素 C，含量高的品种有'妃子笑'，为每 100g 含有 41.4 mg；'玉荷包'为 36.8 mg。而含量低的品种如'糯米糍'和'荷花大红荔'，则分别仅为11.4mg 和 5.1 mg。龙眼不同品种维生素 C 含量也有差异，'华路广眼'和'罗伞木'每 100g 中含量分别为 55mg 和 65 mg，大部分品种含量为 30 mg 左右（胡志群等，2006）。荔枝和龙眼两个树种果实假种皮中的维生素 C 含量均与其还原糖和蔗糖的比率有较大的相关性，总的看来，假种皮中还原糖含量高的品种，维生素 C 的含量也较高。

4.4.2　果实风味

一般果实都有一定量的糖分和有机酸。不同的果实具有不同的香气，使果实具有特殊的风味。果实的风味主要包括甜味、酸味和香气等。

4.4.2.1　果实的甜味——可溶性糖

果实的含糖量视果实种类不同而有很大差异。例如在来檬（lime）中只有痕量的糖，而在椰枣（date）中可达鲜重的 61%。香蕉、菠萝、甜橙果实的糖分分别占干物重的 22%、10.2% 和 7.1%（束怀瑞，1993）。荔枝果肉含糖量高，而且品种间也有一定的差异，'糯米糍'果肉含糖量占鲜重的 15.3% 或干重的 91.3%，'妃子笑'则占鲜重的 14.6% 或干重的 78.7%。大多数果实以可溶性糖或淀粉作为主要积累物，油梨却以脂肪为主要积累物，在收获时含糖量只有 0.4% 左右。按照糖积累类型，可将果实分为以下三种类型：①淀粉转化型。叶片光合产物输入这类果实后，除用于果实生长发育与呼吸消耗外，多余部分主要以淀粉形式积累于果实中直至采收，采收后再经后熟将淀粉转化为可溶性糖。这类果实，如香蕉和杧果等基本上属于呼吸跃变型果实。②糖直接积累型。光合产物输入这类果实仅在果实生长发育早期有极少量淀粉积累，其余均以可溶性糖的形式输入果实并贮藏于液泡中。属于这类果实有柑橘、草莓、葡萄、荔枝、龙眼等。③中间类型。这类果实在发育早中期将输入的光合产物转化为淀粉进行积累，至果实发育后期淀粉含量开始下降而含糖量上升，属于此类有苹果、桃、梨等，也称呼吸跃变型果实（秦巧平等，2005）。

果实中的糖分或可溶性糖包括单糖和寡糖，主要为果糖、葡萄糖和蔗糖，其他的单糖和寡糖含量甚微。葡萄糖和果糖通常称为己糖。在果糖、葡萄糖和蔗糖三种糖中，果糖的甜度最高，其甜度为蔗糖的 1.8 倍，葡萄糖的 3 倍。因此，果实甜度除与糖总量有关之外，还取决于糖分组成。

4.4.2.1.1　果实的糖分组成

（1）单糖　水果中的单糖主要是己糖中的葡萄糖和果糖，均具有还原性合称为还原糖。不同的水果中，葡萄糖和果糖的相对含量是不同的。苹果、梨、樱桃等果实中，果糖的含量大大超过葡萄糖；杏、香蕉、无花果、菠萝、李等果实中葡萄糖的含量却超过果糖；而荔枝、龙眼、橙果实中的葡萄糖和果糖的含量大致相当。果实中还有其他己糖，通常只以微量存在。如苹果、桃、梨、橙中含有甘露糖，梨中含有半乳糖；苹果、无花果，石榴、葡萄柚、橘及葡萄、杧果、番石榴的一些品种中含有阿拉伯糖；在蔷薇科果实中如草莓、樱桃、桃、杏、梨、苹果、李等含有木糖；在油梨中含有 D-甘露庚酮糖和其他庚酮糖，此外还含有辛酮糖和壬酮糖。硬皮甜瓜、橙、草莓、番茄果实中也含有庚酮糖。

（2）寡糖 果实中的双糖主要是蔗糖。杏、香蕉、桃、菠萝果实含有较多的蔗糖，橙汁中的蔗糖约与还原糖（葡萄糖和果糖）相等，樱桃、无花果、葡萄、番茄果实基本不含蔗糖。有些树种，如荔枝和龙眼，不同品种含蔗糖的比率有较大的差异，根据果肉中蔗糖与还原糖的比例可以大致可分为三个类型：①蔗糖积累型果实。假种皮中蔗糖是单糖的 1.5 倍以上，如荔枝品种'糯米糍'、'桂味'和'鸡嘴荔'，又如龙眼品种'双孖木'和'储良'，蔗糖占总糖含量的 70％以上；②中间型果实。假种皮中蔗糖与单糖的含量基本相当，如龙眼品种'石硖'、'东壁'和'水眼'，荔枝品种'三月红'；③还原糖积累型的果实。假种皮中的单糖含量是蔗糖的 1.5 倍以上，如龙眼的'华路广眼'和'罗伞木'，荔枝的'妃子笑'、'玉荷包'和'雪怀子'（胡志群等，2006；Wang et al，2006）。在果实中，除蔗糖外，其他双糖含量很少，但香蕉果实中含麦芽糖达鲜重的 0.2％，番石榴也含有少量的麦芽糖，葡萄也含有痕量的麦芽糖和蜜二糖。此外，还有个别果实含有其他的寡糖，如葡萄含有蜜三糖和水苏糖，李含有微量蜜三糖。

（3）糖衍生物和多元醇 蔷薇科果实含有微量游离的 D-半乳糖醛酸，其他果树果实却很少含这种糖醛酸。从成熟的桃核和梨中分离出半乳糖二酸（黏酸）。在草莓中发现有葡萄糖醛酸。在许多果实中均含有山梨醇，特别是蔷薇科果实，如苹果汁中每 100mL 中含量达 300～800 mg，此外在梨、樱桃、李、桃、杏、枇杷等果实中也含有。果实中也含有肌醇，每 100mL 中橙汁的含量达 128～170 mg；苹果也达 24 mg。

4.4.2.1.2 **果实糖分积累相关酶** 不同果实的糖分构成如此不同，其实质为不同酶系统的调控，而酶系统及其活性是基因表达的结果。比如，一些果实不积累淀粉是因为果实中的 ADPG 淀粉合成酶及 ADPG 焦磷酸酶活性很低的缘故。杧果随着果实成熟，淀粉转化为糖，淀粉酶、淀粉-1，6-糖苷酶、麦芽糖酶和淀粉磷酸化酶均可能参与并起水解作用（曾骧，1992）。果实中糖的组分和含量与转化酶（EC 3.2.1.26，invertase）、蔗糖合酶（EC 2.4.1.13，sucrose synthase,）和蔗糖磷酸合酶（EC 2.3.1.14，sucrose phosphate synthase）关系密切。不同树种的果实在不同的果实成熟期，酶的种类及活性的不同便会使果实含糖的种类及数量有所不同，如柑橘果实积累蔗糖为主，在发育后期以酸性转化酶活性下降为特征；以积累蔗糖为主的'糯米糍'荔枝在果实成熟过程中几乎测不到酸性转化酶的活性，而以积累还原糖为主的'妃子笑'则保持了高的酸性转化酶活性（王惠聪等，2003）。这些说明酸性转化酶活性的降低或消失是蔗糖积累的前提条件。草莓和桃果实中，蔗糖磷酸合酶活性升高时，蔗糖的浓度也随之升高时。在蔷薇科木本果树中如枇杷，以山梨醇为主要运输态光合产物，但果实中蔗糖代谢还是占重要地位，果实中的主要糖分为蔗糖和还原糖，山梨醇在果肉中也有一定的含量，因此这类型的果实糖分的组成与山梨醇代谢也有密切的关系。涉及山梨醇代谢的关键酶主要有：山梨醇-6-磷酸脱氢酶（sorbitol-6-phosphate dehydrogenase，S6PDH）、依赖于NAD的山梨醇脱氢酶（NAD-dependent sorbitol dehydrogenases，NAD-SDH）、依赖于NADP的山梨醇脱氢酶（NADP-SDH）和山梨醇氧化酶（sorbitol oxidase，SOX）。

4.4.2.2　果实的酸味

4.4.2.2.1　果实有机酸的类型　果实内富含各种有机酸，并以游离的酸或呈盐、酯、糖等结合状态存在，通常溶解于细胞液胞中，但有时也呈结晶态存在，如许多幼嫩果实含草酸钙结晶，葡萄含酒石酸氢钾。游离态的有机酸与糖，形成糖酸比，是决定果实风味品质的重要因素之一。依据果实有机酸分子碳架来源，可分成三大类（陈发兴等，2005）：①脂肪族羧酸：按分子中所含羧基个数又可分为一羧酸如甲酸、乙酸、乙醇酸、乙醛酸、丙酮酸、乳酸等，二羧酸如草酸、苹果酸、丙二酸、琥珀酸、戊二酸、己二酸、富马酸、草酰乙酸、α-酮戊二酸、酒石酸、柠苹酸等，三羧酸如柠檬酸、顺乌头酸、异柠檬酸等。②糖衍生的有机酸如葡萄糖醛酸、半乳糖醛酸等。③酚酸类物质（含苯环羧酸），如奎尼酸、莽草酸、绿原酸、水杨酸等。果实中主要的可溶性有机酸是二羧酸与三羧酸。有机酸组分与含量的差异使不同类型果实各具独特的风味。

4.4.2.2.2　果实有机酸的含量和组分　不同类型果实的含酸量有很大的差异。有些果实如荔枝、龙眼、香蕉果实含酸量低，一般在0.1%～0.4%，有些果实，如柠檬的含酸量则可高达7%。果实含有机酸的种类很多，但常以一种有机酸为主，其他的以少量或微量存在。除葡萄以酒石酸为主外，大部分果实均以苹果酸和柠檬酸为主。荔枝、龙眼、枇杷、香蕉、杨桃、番荔枝等成熟果实以苹果酸为主要有机酸。龙眼假种皮中的有机酸含量较低介于1.46～3.46

mg/g（FW）（即 0.146%～0.346%），主要的有机酸为苹果酸（34.6%）、α酮戊二酸（14.5%）、草酰乙酸（16.1%），同时还含有少量的草酸（8.8%）、酒石酸（3.3%）、奎尼酸（3.2%）和柠檬酸（6.6%）（胡志群等，2006）。Wang 等（2006）研究了 8 个不同的荔枝品种发现荔枝果肉中的有机酸主要是苹果酸和酒石酸，没有检测到琥珀酸的成分。枇杷果实中有机酸在果实生长发育各时期均以苹果酸为主要有机酸，其次为奎尼酸，再次为酒石酸，此外，还含有少量的草酸、柠檬酸和顺乌头酸（陈发兴等，2004）。香蕉果肉以苹果酸为主，另含有草酸、柠檬酸和多种微量的有机酸。杨桃果实中含有较高的草酸，一般人认为杨桃果实的主要有机酸是草酸，而胡志群等（2005）的研究则表明，在杨桃果实发育的前中期草酸含量较高，大概与苹果酸的含量相当，然而随着果实成熟草酸含量明显下降，而苹果酸含量下降幅度较小，因此在成熟的杨桃果实中主要的有机酸为苹果酸，苹果酸的含量约为草酸的 1.5 倍。Sánchez 等（1998）发现，毛叶番荔枝（*Annona cherimola* Mill. cv. Fino de Jete）果实以苹果酸为主，其次是柠檬酸，另含有少量的富马酸。

柑橘、菠萝、杧果、西番莲、番石榴、树莓、无花果、猕猴桃等成熟果实中以柠檬酸为主要有机酸。柠檬酸在高酸和鲜食柑橘品种果汁中占 75.4%～96.9%；苹果酸在无（低）酸柑橘品种果汁中可占 55.8%～60.1%，而在其他柑橘品种中仅占 2.6%～22.9%（Yamaki，1989）。有些柑橘种类、品种还含有柠苹酸（曾骧，1992）。菠萝果实有机酸中，柠檬酸约占总酸的 87%以上，苹果酸、草酸、抗坏血酸等约占 13%；此外，果实中还含有糖质酸（李明启，1989）。杧果实中除含有大量柠檬酸外，还含有苹果酸、乳酸、甲酸、富马酸、奎尼酸、莽草酸、琥珀酸、酒石酸、没食子酸等（Gil et al，2000）。番石榴果肉中的主要有机酸为柠檬酸，在白肉和红肉番石榴品种占总酸的 80%以上（Wilson et al，1980）。

4.4.2.2.3 果实的有机酸代谢 果实有机酸的来源途径有二：①直接来自叶片与根部；②果实本身的合成或转化。第一来源有如下的证据：一般果实在采摘后有机酸不再增加，部分去叶的枝条上的果实含酸量比不去叶的枝条上的果实含酸量低；葡萄夏季修剪证明果汁含酸量与留叶量有成正比趋势；[14]C-苹果酸从叶片传到葡萄果实中去（曾骧，1992）。用同位素标记的蔗糖、果糖、葡萄糖喂入葡萄果实，可以得到有同位素标记的有机酸如苹果酸（葡萄）、柠檬酸（草莓）。这证明果实可将蔗糖转化为有机酸。果实内存在三羧酸循环，一方面有机酸本身可充当呼吸底物；另一方面三羧酸循环也产生各种的有机酸。果实本身可进行 CO_2 暗固定，合成有机酸。置于[14]CO_2下会产生带放射性的有机酸，在这过程中主要有磷酸烯醇式丙酮酸羧化酶（phosphoenolpyruvate

carboxylase，PEPC）和磷酸烯醇式丙酮酸羧激酶（hosphoenolpyruvate car-
boxykinase）参与。

有机酸一般是在果实生长的早期形成的，在成熟过程中有逐步减少的趋势。甜橙、夏橙、宽皮柑橘、葡萄柚果实发育过程中有机酸水平的变化均具有相似的趋势：果实发育早期有机酸含量迅速增加，果实体积达到最终体积一半时汁胞中有机酸水平最高，以后逐渐降低；而柠檬是例外，仍在增加。枇杷果实生长初期到花后 120d，可滴定酸含量缓慢增加，120d 以后含量迅速上升，到 140d 以后达到最高量，然后随着果实成熟，可滴定酸含量才急剧下降。荔枝主要含苹果酸，它在假种皮发育的早期含量稍有增加，而后含量迅速下降，到果实成熟时降至低水平；假种皮中酒石酸含量较低，在果实的发育和成熟过程中变化幅度小。成熟期果实有机酸减少的可能机理为：①稀释作用。果实膨大，水分大量进入。②分解作用。一些分解代谢的酶活性增加；有机酸作为呼吸底物被消耗，一些果实在成熟过程中的呼吸商升高，说明呼吸的底物由糖转变为有机酸，有机酸进行氧化脱羧。③因酶系统改变造成，有机酸合成受抑。④酸转化为糖，糖酵解和三羧酸循环的中间产物逆转为葡萄糖，即所谓葡萄糖异生作用。

4.4.2.3　果实的香气

果实香气成分的综合效果能客观的反映不同水果的风味特点和果实成熟的程度，是评价果实风味品质的重要指标，也是果品吸引消费者和增强市场竞争力的重要因素之一。随着国际市场对果品品质要求的提高以及食品工业对天然风味物质需求的增加，果品香气日益受到关注。特别是近年来，随着气谱—质谱联用（GC-MS）分析测试技术的发展，香气已成为果品品质的重要研究领域之一。

各种果实均具有特殊的香气，这是由于在果实中含有挥发性物质，这些物质挥发成气体，并散发到空气中，然后由我们的嗅觉感受出来。不同果实所含的挥发性物质成分不同，其香气也就不同。人们根据果实散出的香气，就可以判断出水果种类。水果的香气成分大约有 2 000 种，除早已知道的酯类外，还包括内酯、醇类、酸类、醛类、酮类、醛缩醇类、萜，甚至还有酚类、醚类及氧杂环化合物等。果实内含有的挥发性物质虽然类种很多，但浓度确实很低。例如香蕉（‘Gros Michel’品种）的香气成分只有 12～18 mg/L，番茄只有 2～5 mg/L。另一方面，某一成分的香气也不与其含量相关。例如，元帅苹果含乙基-2-丁酸甲酯的量很少，但其对嗅觉的值却只有 0.000 1 mg/L。不同的香气化合物对人的味感阈值有很大的不同，只有其含量超过味感阈值的少数物质对果实的风味起重要作用，因此某种挥发性化合物对水果香气的贡献很难用绝对的百分含量来表示。一般在文献中更常提到的是水果的特征性香气成分，即一般指能反映成熟果实特殊果香味的几种关键挥发性香气化合物。

低分子酯类物质是苹果、梨、菠萝、香蕉和甜樱桃等许多果实香气的主要成分（乜兰春等，2004）。菠萝挥发性成分中酯类物质占44.9%，菠萝鲜果中的主要香气成分有2，5-二甲基-4-羟基-3（2H）-2呋喃酮、2-甲基丁酸甲酯、2-甲基丁酸乙酯、乙酸乙酯、辛酸乙酯、己酸乙酯、丁酸乙酯、2-甲基丙酸乙酯、辛酸乙酯及丁酸乙酯等（Wu等，1991）。纳智（2004）鉴定出菠萝蜜果肉的挥发性成分有82种化合物，占香气成分总量的94.66%，主要为脂肪酸类以及脂类、醇类、烷氧基烷烃类和酮类物质，主要成分为亚油酸（24.10%），棕榈酸（15.72%）和油酸（6.16%）。丁香醇、丁香醇甲酯及其衍生物等酚类物质大量存在于成熟香蕉果实的挥发性物质中。西番莲果肉香气独特，被称为"百香果"，其果汁素有"饮料之王"的美誉。陈玲等（2001）应用GC-MS分析了海南西番莲的香气成分，乙酸乙酯、丁酸乙酯、3-羟基丁酸乙酯、己酸乙酯、菠萝呋喃酮、3-羟基己酸乙酯、丁酸异戊酯、丁酸叶醇酯、己酸叶醇酯、异丁酸己酯、己酸己酯、香草酸、2-己酮、苯甲醛、叶醇、己醇、苄醇、对乙氧基苯甲酸乙酯、十六酸等126种成分。荔枝是重要的常绿果树树种，品种繁多，香气独特，多年来广大研究者都积极研究和配置荔枝香精，荔枝的头香中可检测到21种香气成分，包括萜烯在内的含氧化合物含量占80%以上，含量最大的是乙酸，其次是异戊醇、乙酸甲酯、间甲氧基乙苯、芳樟醇、异丁醇等成分。

柑橘类香气成分的研究主要是从工业应用角度出发，从外果皮的油细胞中提取有香味的精油，如香橙果皮油中的特征香气成分有萜烯类、羰基化合物、$C_6 \sim C_{10}$的烷基丙烯醛、2，4-癸二烯醛和桉叶-11-烯-4-醇。果汁感香气味的有异戊二烯。红橘中果皮油特征香气成分有麝香草酚甲醚、苯甲醇、长叶烯、芹子烯、薄荷二烯酮和N-甲基邻氨基苯甲酸甲酯。柚子果皮油的特征香气成分有麝香草酚、甲酸香叶酯、紫苏醛（Jia et al，1999）。温州蜜柑果皮油中特征香气成分有1-仲薄荷烯醇-9和1，8（10）-仲薄荷二烯醇-9的乙酸酯。柠檬的特征香气成分是倍半萜烯类的β-甜没药烯、石竹烯、α-香柠檬烯。果肉和果汁中含有的香气成分比果皮少，只有0.001% ~ 0.005%（Esam et al，1978），成分和果皮油近似但并不相同。

柑橘香精油存在于柑橘皮细小分泌腺中，是柑橘加工中的重要副产品，广泛应用于调味剂、饮料、食品、化妆品、烟酒制品、肥皂、医药制品及杀虫剂的生产。近年来有文献报道，柑橘香精油具有使人体中枢神经镇静的作用和减轻应激性的效果，能使人消除疲劳等功能。全世界年产柑橘香精油约1.6万t，国际市场价格为14 000美元/t。柑橘香精油由萜烯烃、倍半萜烯烃等纯碳氢烯烃和高级醇类、醛类、酮类、酯类组成的含氧化合物组成。萜烯的主要成分为 d-柠檬烯，其含量占 95 ％，这些全由碳氢构成的萜烯类对柑橘香精油之香气贡献很少，含氧化合物虽然含量少于 5 ％，但却是柑橘香精油香味的主要来源（李于善等，2004）。

4.4.2.4 果实的苦味

芸香科和楝科果实和种子中的苦味物质是三萜烯的氧化物。柑橘中的脐橙和夏橙果实中有特殊的苦味，如苦味过强则不堪食用。这种苦味可用不同砧木改变其浓度。如脐橙用葡萄柚为砧木果实中苦味消失早，用柠檬砧则苦味几乎无变化。柑橘果汁搁置数小时或加热后，常出现苦味。这是由于在果汁中存在无苦味的柠檬苦素单内酯（monolactone），搁置时在果汁的酸作用下缓慢地转变为具苦味的柠檬苦素双内酯（dilactone）。柑橘果实内的酶也能使单内酯转变为双内酯。柑橘果汁中含很少量的柠檬苦素即可使果汁呈苦味，其苦味的最低值为 0.5 mg/L，最高值为 32 mg/L。柑橘果实中的黄烷酮糖苷如柚苷和新橘皮苷（neohesperidin）也呈苦味，其苦味在完整的果实中和在新榨的果汁中均存在；却在甜橙、柠檬、莱姆和橘等果实中均不存在。柠檬苦素则在所有柑橘果实中均存在，只是其含量有时很低而不显出苦味。柠檬苦素的另一特征是在搁置后才缓慢出现。这是它和黄烷酮类苦味物质的区别。

4.4.2.5 果实的涩味

果实的涩味主要是酚类化合物造成的，一般随着果实成熟果实内的酚类化合物含量下降，涩味消失。单宁是水溶性酚类化合物，分子量在 500～3 000，除了可发生通常的酚类反应外，它们还有特殊的性质，如能够沉淀生物碱、明胶和其他蛋白质。在苹果、香蕉、柿子等果实中均含有单宁。

果实内的单宁常使果实带有涩味或苦味。这在未成熟的香蕉和柿子内最为明显。在果实成熟过程中，可溶性单宁下降，涩味消失，这个过程称为"脱涩"。果实的脱涩主要通过两个途径实现：其一，可溶性单宁聚合，成为不溶性聚合酚；其二，可溶性单宁与其他成分结合成不溶性物质。

4.4.3 影响果实内在品质的因子

4.4.3.1 影响果实糖、酸含量的因子

4.4.3.1.1 **环境因子调控** 果实生长后期大量降雨或采前数天连续降雨，使果实吸入大量水分，导致糖、酸的稀释，会明显降低果实可溶性固形物（TSS）和可滴定酸含量。灌溉也通过稀释效应影响柑橘的糖分积累。灌溉良好的柑橘果实 TSS 和酸度通常较低，但果形较大。适度水分胁迫会提高果实含糖量，但严重水分胁迫与正常灌溉之间果实含糖量没有显著性差异。温度也

影响果实糖积累。在湿度高并且夜间温暖的地区生产的柑橘通常为高糖、低酸。相反，在干旱和夜温低的地区生长的柑橘果实通常为低糖、高酸。短期的气候因子对果实糖、酸含量也有重要影响。在天气炎热的地区短时间遇凉爽的气候，也会使果实变甜。如葡萄柚，当树体处于凉爽气候下3周时，叶和果皮的己糖含量急剧上升，果汁组织中虽然没有如此明显，但也表现出类似的趋势。光照状况对果实糖积累有一定的影响。一般树冠外围的果实与内膛果相比，有较高的可溶性固形物含量和固酸比。

4.4.3.1.2　栽培措施　栽培措施对果实糖积累也有影响。摘叶、疏果、环剥是改变源库关系常用的手段。叶果比大，枝叶停止生长早的果实含糖量高。因为果实内的酸有一部分来自叶片，所以叶果比大，也可使果实酸含量高。去叶，酸含量减少。在番木瓜中，摘除75％叶片明显延迟了新花开放、降低坐果率和果实 TSS，而摘叶50％则没有影响。疏果增加了坐果率和成熟果实的含糖量，主要原因是疏果影响了糖代谢，当已成熟的果实去除后，幼果果型增大、发育加快。

4.4.3.1.3　采收时期　由于在同一块地上甚至同一株树上的果实成熟度都不一致，因此，一次性统一采收必然导致果实品质参差不齐。如25年生'伏令夏橙'统一采收时，平均糖度仅为10.24°Brix，但分批采收外围果先采时，外围果的糖度为11.12°Brix，其余果实完熟后也能达到甚至超过11.12°Brix。因此，通过选择性采收可提高整体果实品质。延迟采收增糖的主要原因是由于延迟采收的果实有较长的时间从叶片获得光合产物，从而有更多的光合产物用于果实糖积累。

4.4.3.1.4　营养元素　营养元素对果实糖含量有重要影响。氮素过多，枝叶徒长新梢停止生长晚，糖积累少，酸多。钾可增加葡萄柚和'伏令夏橙'的柠檬酸含量，降低可溶性氨基酸和葡萄酒石酸含量，增加糖含量。在氮水平高时，钾与氮等量或倍量可提高含糖量，植株缺磷，果实酸多；磷适量，糖多酸少。对于温州蜜柑，高氮处理虽可增大果型，但降低了果实糖与酸的含量。

4.4.3.2　影响果实香气的因子

4.4.3.2.1　品种和成熟度　不同树种或品种的果实香气成分存在较大的差异。同一种类的不同品种之间也存在基因型差异。在荔枝中，有些品种香气比较突出，并在品种命名时得到了体现，如'桂味'、'香蜜荔'等。常绿果树中不同品种香气成分的差异研究较少，苹果和梨等落叶果实则有较深入的研究。苹果'金冠'、'乔纳金'和'Elstar'中含较多的乙酸丁酯和乙酸己酯；'Nico'、'Grany Smith'、'Panlared'和'Summerred'品种含较多的丁酸己酯和己醇；而'Boskoop'和'Jacques lebel'含较多的法尼烯和2-甲基丁酸己酯（Dixon，2000）。

果实香气物质是随着果实成熟而产生的。对苹果、梨和香蕉等呼吸跃变型果实研究表明，绝大多数香气物质是在呼吸跃变开始之后大量产生的。如洋梨（*Pyrus communis* L.）的特征香气成分 2，4-癸二烯酸酯的生成量在呼吸和乙烯生成量达到高峰后的 2～3d 内升到最高值，这时洋梨吃起来滋味也最好。菠萝、榴莲、番石榴、树菠萝等果实成熟时，往往闻不到它的特征性香气，只有随着果实的成熟，香气物质才迅速产生。

4.4.3.2.2　乙烯的释放　乙烯可以通过增强呼吸，为脂肪酸和氨基酸代谢提供能量和物质保证，促进果实香气的产生。果实的呼吸量、乙烯的释放量及香气产生均达到较高水平时，果实处于最佳采收期。甜瓜果实有呼吸跃变型和非跃变型，跃变型果实能产生大量乙烯，往往有很浓的香气；而非跃变型果实释放的乙烯少，香气也很少。Lurie 等（2002）使用不同浓度的乙烯生成抑制剂 1-MCP 处理苹果果实发现，1 mg/L 的 1-MCP 能较好的抑制乙烯的生成，使总香气成分中醛类和醇类保持较高水平，而酯类含量较少。香蕉等呼吸跃变型果实，香气成分在乙烯跃变之后产生（Golding et al，1999）。

4.4.3.2.3　环境条件和栽培措施　环境条件和栽培措施对果实香气形成影响的研究报道尚不多。果实香气物质与果实成熟期间的光照条件有关。适当的光照有利于果实香气的形成，苹果果实在光强为充分光照 53％ 的条件下酯类形成最多。果实位置也影响香气，位于树冠南面和西面的果实比东面和北面的果实酯类物质合成多。Mpelasoka 等（2002）报道缺水管理的果实在成熟时，香气与对照无显著差异，但贮藏期间香气较对照增加。负载量对果实香气无显著影响。栽培管理中施氮肥过量能增加桃果实"清香型气味"成分生成，减少"甜香气味"成分浓度，降低桃果实的感官风味（Jia et al，1999）。

4.4.3.2.4　贮藏条件　果实经过贮藏后，新鲜香气往往会变淡或消失。呼吸跃变型果实在湿度较低的环境中贮藏，果实香气物质会损失。苹果较耐贮藏，在 0～30℃ 范围内贮藏期间香气生成量随着温度升高而增加，达到高峰后，逐渐减少。低温和气调贮藏抑制香气的产生，Fan 等（1998）用 1-甲基环丙烯（1-MCP）、茉莉酸甲酯及离子辐射处理苹果，均抑制香气的形成，其机理是抑制了乙烯的产生和呼吸作用。但若给苹果低氧常温（大于 20℃）短期（数小时到几天）处理，果实由于因无氧呼吸而积累大量酯类合成的前体物质醛类和醇类，处理结束放回常规存放环境，空气将促进果实合成大量的酯类香气物质。对于苹果和香蕉等果实，贮藏期间用香气前体物质的气体处理，则可显著增加其香味，使果实具有优质和谐的香气。

（王惠聪，陈杰忠，华南农业大学园艺学院）

参 考 文 献

陈发兴，刘星辉，林华影，等.2004. 离子交换色谱法测定枇杷果实和叶片中的有机酸[J].
　　福建农林大学学报，33（2）：195-199.

陈发兴，刘星辉，陈立松.2005. 果实有机酸代谢研究进展 [J]. 果树学报，22（5）：
　　526-531.

陈玲，杨文彬，李剑政.2001. 海南西番莲果实香气成分研究 [J]. 香料香精化妆品，68：
　　1-5.

池方，李树人，田红星.1997. 光照对套袋苹果花青素含量的影响 [J]. 河南农业大学学
　　报，31（2）：174-177.

胡位荣，庞学群，刘顺枝，等.2005. 采后处理对荔枝果皮花色素苷含量和花色素苷酶活性
　　的影响 [J]. 果树学报，22（3）：224-228.

胡志群，李建光，王惠聪.2006. 不同龙眼品种果实品质和糖酸组分分析 [J]. 果树学报，
　　23（4）：568-571.

胡志群，周碧燕，陈杰忠，等.2005. 杨桃果实生长发育过程营养品之的变化 [J]. 园艺学
　　报，32：782.

黄辉白，程贵文，高飞飞.1986. 荔枝果实发育研究Ⅱ. 成熟期间的某些生理生化变化特点
　　[J]. 园艺学报，13：9-15.

黄辉白，江世尧，谢昶.1983. 荔枝假种皮的发生和果实的个体发育 [J]. 华南农学院学
　　报，4（4）：78-83.

黄辉白.2003. 热带亚热带果实栽培学 [M]. 北京：高等教育出版社.

曾骧.1992. 果树生理学 [M]. 北京：北京农业大学出版社.

江建平，苏美霞，李沛文.1986. 荔枝果实在发育和采后的乙烯产生及其生理作用 [J]. 植
　　物生理学报，12：95-103.

鞠志国.1991. 花青苷合成与苹果果皮着色 [J]. 果树科学，8（3）：176-180.

李明启.1989. 果实生理 [M]. 北京：科学出版社.

李于善，贺艳，邓静，等.2004. 柑橘香精油的提取及提高其香气品质的研究 [J]. 食品与
　　发酵工业，203：51-54.

林植芳，孙谷畴，陈芳，等.1990. 荔枝果实的氰不敏感呼吸 [J]. 植物生理学报，16（4）：
　　367-372.

刘成连，王永章，原永兵，等.1997. 套袋时间对红富士苹果着色及其他品质性状的影响
　　[J]. 北京：中国农业出版社.

刘愚.1986. 果实成熟过程中乙烯的生成和作用 [J]. 大自然探索，5：127-132.

罗云波，刘先舜.1994. 乙烯诱导下草莓果实采后 RNA 代谢与蛋白质合成活性的变化[J].
　　植物生理学报，20：235-239.

乜兰春，孙建设，黄瑞虹.2004. 果实香气形成及其影响因素 [J]. 植物学通报，21（5）：

632 -637.

纳智 . 2004. 菠萝蜜中香气成分分析 [J]. 热带亚热带植物学报，12（6）：538 - 540.

秦巧平，张上隆，谢鸣，等 . 2005. 果实糖含量及成分调控的分子生物学研究进展 [J]. 果树学报，22（5）：519 - 525.

沈成国 . 2001. 植物衰老生理与分子生物学 [M]. 北京：中国农业出版社 .

束怀瑞 . 1993. 果树栽培生理学 [M]. 北京：农业出版社 .

宋俊岐，邱并生，王荣，等 . 1998. 通过表达 ACC 脱氨酶基因控制番茄果实的成熟 [J]. 生物工程学报，14（1）：33 - 38.

宋俊岐，赵春晖，贺焰，等 . 1997. 控制果实成熟的植物基因工程研究进展 [J]. 生物技术通报，（5）：8 - 13.

王惠聪，黄辉白，黄旭明 . 2002. '妃子笑'荔枝果实着色不良原因的研究 [J]. 园艺学报，29（5）：408 - 412.

王惠聪，黄辉白，黄旭明 . 2003. 荔枝果实的糖积累与相关酶活性 [J]. 园艺学报，30（1）：1 - 5.

王惠聪，黄旭明，胡桂兵，等 . 2004. 荔枝果皮花青苷合成与相关酶的关系研究 [J]. 中国农业科学，37（12）：2028 - 2032.

吴邦良，夏春森，赵宗方，等 . 1995. 果树开花结实生理和调控技术 [M]. 上海：上海科学技术出版社 .

尹金华，高飞飞，叶自行，等 . 1999. 乙烯对荔枝果实成熟的影响 [J]. 果树科学，16（4）：272 - 275.

赵宗方，谢嘉宝 . 1992. 富士苹果果皮花青素发育的相关因素分析 [J]. 果树科学，9：134 -137.

ABELES F B，TAKEDA F. 1990. Cellulase activity and ethylene in ripening strawberry and apple fruits [J]. Scientia Horticulturae，42：269 - 275.

ARAKAWA O. 1988. Characteristic of color development in some apple cultivars：changes in anthocyanin synthesis during maturation as affected by bagging and light quality [J]. Journal of the Japanese Society for Horticultural Science，57：373 - 380.

AULAKH P S，SAROWA P S. 1993. Effect of ethephon on ripening and quality of Perlette grape [J]. Maharashtra Journal Horticultural，7（2）：35 - 36.

AWAD M A，DE JAGER A. 2002b. Formation of flavonoids，especially anthocyanin and chlorogenic acid in 'Jonagold' apple skin：influences of growth regulators and fruit maturity [J]. Scientia Horticulturae，93：257 - 266.

AWAD M A，DE JAGER A. 2002a. Relationships between fruit nutrients and concentrations of flavinoids and chlorogenic acid in 'Elstar' apple skin [J]. Scientia Horticulturae，92：265 - 276.

AWAD M A，JAGER A D，DEKKER M，et al. 2001. Formation of flavonoids and chlorogenic acid in apples as affected by crop load [J]. Scientia Horticulturae，91：227 - 237.

AYUB R, GUIS M, BEN AMOR M, et al. 1996. Expression of ACC oxidase antisense gene inhibits ripening of cantaloupe melon fruits [J]. Nature Biotechnology, 14: 862-866.

BAE R N, LEE S K. 1995. Effects of some treatments on the anthocyanin synthesis and quality during maturation of Fuji apple [J]. Journal of the Korean Society for Horticultural Science, 36: 655-661.

BARENDSE G W M. 1986. Hormone action on enzyme synthesis and activity. In: Hormone regulation of Plant growth and development (Purohit S S. Ed) [M]. Vol (3), India, Aro. Botanical Publisher.

BARRITT B H, DRAKE S R, KONISHI B S Rom C R. 1997. Influence of sunlight level and rootstock on apple fruit quality [J]. Acta Horticulturea, 451: 569-577.

BEGGS C J, WELLMANN E, GRISEBACH H. 1986. Photocontrol of flavanoid biosynthesis. In: Photomorphogenesis in plants (Kendrick R E, Kronenburg G H M, Martinus Nijhohh Dr W, eds) [M]. Netherland, Junk Publishers, Dordrecht.

BOSS P K, DAVIES C, ROBINSON S P. 1996b. Anthocyanin composition and anthocyanin pathway gene expression in grapevine sports differing in berry skin colour [J]. Australian Journal of Grape and Wine Research, 2: 163-170.

BOSS P K, DAVIES C, ROBINSON S P. 1996a. Expression of anthocyanin biosynthesis pathway genes in red and white grape [J]. Plant Molecular Biology, 32: 565-569.

CAO G, MUCCITELLI H U, SANCHEZ-MORENO C, et al. 2001. Anthocyanins are absorbed in glycated forms in elderly women: a pharmacokinetic study [J]. The American Journal of Clinical Nutrition, 73: 920-926.

COOMBE B G, HALE H Z. 1973. The hormone content of ripening grape berries and the effects of growth substance treatments [J]. Plant Physiology, 51: 629-634.

COSTA C T, NELSON B C, MARGOLIS S A, et al. 1998. Separation of blackcurrant anthocyanins by capillary zone electrophoresis [J]. Journal of Chromatography A, 799: 321-327.

COX K A, MCGHIE T K, WHITE A, et al. 2004. Skin colour and pigment changes during ripening of 'Hass' avocado fruit [J]. Postharvest Biology and Technology, 31: 287-294.

DAVIES C, BOSS P K, ROBINSON S P. 1997. Treatment of grape berries, a nonclimacteric fruit with a synthetic auxin, retards ripening and alters the expression of developmentally regulated genes [J]. Plant Physiology, 115: 1155-1161.

DIXON J, HEWETT EW. 2000. Factors affecting apple aroma/flavour volatile concentration: a review [J]. New Zealand Journal of Crop and Horticultural Science, 28 (3): 155-173.

ESAM M A, RAYMOND A D, PHILIP E. S. 1978. Effect of Selected Oil and Essence Volatile Components on Flavor Quality of Pumpout Orange Juice [J]. Journal of Agricultural and Food Chemistry, 26 (2): 368-372.

FAN X, MATTHEIS J P, BUCHANAN D. 1998. Continuous requirement of ethylene for apple fruit volatile synthsis [J]. Journal of Agricultural and Food Chemistry, 46: 1959 - 1963.

GIL A M, DURATE I F, DELGADILLO I, et al. 2000. Study of compositional changes of mango during ripening by use of nuclear magnetic resonance spectroscopy [J]. Journal of Agricultural and Food Chemistry, 48: 1524 - 1536.

GOLDING J B, SHEARER D, MCGLASSON W B. 1999. Relationships between respiration, ethylene, and aroma production in ripening banana [J]. Journal of Agricultural and Food Chemistry, 47: 1646 - 1651.

GRAY J, PICTON S, SHABBER J, et al. 1992. Molecular biology of fruit ripening and its manipulation with antisense genes [J]. Plant Molecular Biology, 19: 69 - 87.

HALE C R, COOMBE B G, HAWKER J S. 1970. Effects of ethylene and 2 - chloroethylphosponic acid on the ripening of grapes [J]. Plant Physiology, 45: 620 - 623.

HAMILTON A J, BOUZAYEN M, GRIERSON D. 1991. Identification of a tomato gene for the ethylene forming enzyme by expression in yeast [J]. Proceedings of the National Academy of Sciences of USA, 88: 7434.

HELLER W, FORKMANN G. 1988. Biosynthesis//The flavonoids. Advances in Research Since 1980 (Harbrone J B ed) [G]. Chapman and Hall Ltd, New York.

HERTOG M G L, HOLLMAN P C H, KATAN M B, et al. 1993. Intake of potentially anti-carcinogenic flavonoids and their determinants in adults. Netherland [J]. Nutrition and Cancer, 20: 21 - 29.

JIA HUIJIAN, KEN HIRANO, GORO OKAMOTO. 1999. Effects of fertilizer levels on tree growth and fruit quality of 'Hakuho' peaches (*Prunus persica*) [J]. Journal of the Japanese Society for Horticultural Science, 68: 487 - 493.

JU Z G. 1998. Fruit bagging, a useful method for studying anthocyanin synthesis and gene expression in apples [J]. Scientia Horticulturae, 77: 155 - 164.

JU Z Q, DUAN Y S, JU Z G. 1999. Effects of covering the orchard floor with reflecting films on pigment accumulation and fruit coloration in 'Fuji' apples [J]. Scientia Horticulturae, 82: 47 - 56.

JU Z, YUAN Y, LIU C, et al. 1995a. Relationship among phenylalanine ammonialyase activity, sample phenol concentrations and anthocyanin accumulation in apple [J]. Scientia Horticulturae, 61: 215 - 226.

JU Z, YUAN Y, LIU C, et al. 1995b. Activities of chalcone synthase and UDPGal flavonoid - 3 - o - glycosyltransferase in relation to anthocyanin synthesis in apple. Scientia Horticulturae, 63: 175 - 185.

KAWABATA S, KUSUHARA Y, Li Y, et al. 1999. The regulation of anthocyanin biosynthesis in Eustoma grandiflorum under loe light conditions [J]. Journal of the Japanese Society for Horticultural Science, 68: 519 - 526.

KIM S K, KIM J T, Jeon S H, et al. 1998. Effects of ethephon and ABA application on coloration, content, and composition of anthocyanin in grapes (Vitis spp.) [J]. Journal of the Korean Society for Horticultural Science, 39: 547 - 554.

KLEE H J, HAYFORD M B, KRETZMER K A, et al. 1991. Control of ethylene synthesis by expression of a bacterial enzyme intransgenic tomato plants [J]. Plant Cell, 3: 1187 -1193.

KONG J M, CHIA L S, GOH N K, et al. 2003. Analysis and biological activities of anthocyanins [J]. Phytochemistry, 64: 923 - 933.

LEE H S, WICKER L. 1991. Anthocyanin pigments in the skin of lychee fruit [J]. Journal of Food Science, 56: 446 - 468.

LURIE S, CLAIRE P A, UZI R, et al. 2002. Effect of 1 - methylcyclopropene on volatile emission and aroma in cv. Anna Apples [J]. Journal of Agricultural and Food Chemistry, 50: 4251 - 4256 .

MARTINEZ G A, CHAVES A R, ANON M C. 1996. Effect of exogenous application of gibberellic acid on color change and phenylalanine ammonia - lyase, chlorophyllase, and peroxidase activities during ripening of strawberry fruit (Fragaria × ananassa Duch.) [J]. Journal of Plant Growth Regulation, 15: 139 - 146.

MAZZA G, MINIATI E. 1993. Anthocyanins in fruits, vegetables and grains [M]. CRC, Press Boca Raton.

MCGLASSON, W B. 1985. Ethylene and fruit ripening [J]. HortScience, 21: 51 - 54.

MONDELLO L, COTRONEO A, ERREANTE G, et al. 2000. Determination of anthocyanins in blood orange juices by HPLC analysis [J]. Journal of Pharmaceutical and Biomedical Analysis, 23: 191 - 195.

MORI K, SUGAYA S, GEMMA H. 2005. Decreased anthocyanin biosynthesis in grape berries grown under elevated night temperature condition [J]. Scientia Horticulturae, 105: 319 - 330.

MPELASOKA B S, BEHBOUDIAN M H. 2002. Production of aroma volatiles in response to deficit irrigation and to crop load in relation to fruit maturity for 'Braeburn' apple [J]. Postharvest Biology and Technology, 24: 1 - 11 .

NORO S, KUDO N, KITSUWA T. 1988. Differences in sugar and organic acids between red and yellow apple cultivars at times of coloring and effect of climatic acid on development of anthocyanin [J]. Journal of the Japanese Society for Horticultural Science, 57: 381 - 389.

NYMAN N A, KUMPULAINEN J T. 2001. Determination of anthocyanidins in berries and redwine by high—performance liquid chromatography [J]. Journal of Agricultural and Food Chemistry, 49 (9): 4183 - 4187.

OELLER PW, LU MW, TAYLOR LP, et al. 1991. Reversible inhibition of tomato fruit senescence by antisense RNA [J]. Science, 254: 437 - 439.

POLASHOCK J J, GRIESBACH R J, SULLIVAN R F, et al. 2002. Cloning of a cDNA encoding the cran berry dihydroflavonol‐4‐reductase (DFR) and expression in transgenic tobacco [J]. Plant Science, 163: 241‐251.

RAY J, KNAPP J, GRIERSON D, et al. 1988. Cloning of a cDNA library for PE from tomato and construction of its recombinant expression vectors [J]. European Journal of Biochemistry, 119: 174.

REAY P F, LANCSATER J E. 2001. Accumulation of anthocyanins and quercetin glycosides in 'Gala' and 'Royal Gala' apple fruit skin with UV‐B‐Visible irradiation: modifying effects of fruit maturity fruit side, and temperature [J]. Scientia Horticulturae, 90: 57‐68.

RIVERA-LÓPEZ J, ORDORRICA-FALOMIR C, WESCHE-EBELING P. 1999. Changes in anthocyanin concentration in Lychee (*Litchi chinensis* Sonn.) pericarp during maturation. Food Chemistry, 65: 195‐200.

SÁNCHEZ J A, ZAMORANO J P, HERNÁNDEZ T, et al. 1998. Enzymatic activities related to cherimoya fruit softening and sugar metabolism during short-term controlled-atmosphere treatments [J]. Zeitschrift für Lebensmittel-Utersuchung und Forschung A, 207: 244‐248.

SHARMMA S B, RAY P K, RAI R. 1986. The use of growth regulators for early ripening of litchi (*Litchi chinensis Sonn.*) [J]. Journal of Horticultural Science, 61: 533‐534.

SMITH C J, WATSON C F, RAY J, et al. 1988. Antisense RNA inhibition of polygalacturonase gene expression in transgenic tomatoes. Nature, 334: 724.

STAFFORD H A. 1990. Flavonoid metabolism [M]. CRC Press, Boca Raton, FL, USA.

WANG H C, HUANG H B, HUANG X M, et al. 2006. Sugar and acid compositions in the arils of *Litchi chinensis* Sonn.: cultivar differences and evidence for the absence of succinic acid [J]. The Journal of Horticultural Science and Biotechnology, 81 (1): 57‐62.

WANG H C, HUANG H B, HUANG X M. 2007. Differential effects of abscisic acid and ethylene on the fruit maturation of *Litchi chinensis* Sonn [J]. Plant Growth Regulation, 52: 189‐198.

WANG H C, HUANG X M, HU G B, et al. 2005. A comparative study of chlorophyll loss and its related mechanism during fruit maturation in the pericarp of last-and slow-degreening litchi pericarp [J]. Scientia Horticulturae, 106: 247‐257.

WANG H, HUANG H, HUANG X. 2007. Differential effects of abscisic acid and ethylene on the fruit maturation of *Litchi chinensis* Sonn [J]. Plant Growth Regulation., 52: 189‐198.

WATADA A E, HERNER R C, KADER A A, et al. 1984. Terminology for the description of developmental stages of horticultural crops [J]. American Society for Horticultural Science, 19 (1): 20‐21.

WILSON C W. 1980. Guava//Tropical and Subtropical Fruits: Properties and Uses [M]. A. V. I. Publications, Westport, Connecticut, USA.

WU P, KUO M C, HARTMAN TG, et al. 1991. Free and glyco sidically bound aroma compounds in pineapple [A nanas com osus (L.) Merr.] [J]. Journal of Agricultural and Food Chemistry, 39 (10): 1848 - 1851 .

YAMAKI Y T. 1989. Organic acid in the juice of citrus fruits [J]. Journal of the Japanese Society for Horticultural Science, 58: 587 - 594.

ZHANG D, QUANTICK P C, GRIGOR J M. 2000. Changes in phenolic compounds in Litchi (*Litchi chinensis* Sonn.) fruit during postharvest storage [J]. Postharvest Biology and Technology, 19: 165 - 172 .

ZHANG Z, PANG X, YANG C, et al. 2004. Pritfication and structure analysis of anthocyanins from litchi pericarp [J]. Food Chemistry, 84: 601 - 604.

第5章　开花结果的化学调控技术

5.1　生长调节剂

　　果树的生长发育是一个复杂的过程，既受到内部遗传因子（基因）的控制，又受到环境条件的影响，还受到树体内一些特殊有机物质的调节，这些物质虽然在树体内含量甚微，但其生理活性极强，对树体的生长、开花和结果有极大的影响，故称之为植物激素。传统公认的植物激素有 5 类：生长素类（auxins，IAA）、赤霉素类（gibberellins，GAs）、细胞分裂素类（cytokinins，CKs）、脱落酸（abscises acid，ABA）和乙烯（ethylene，ET）。1998 年第 16 届国际植物生长物质协会上确认油菜素内酯（brassinolide，BR）为第 6 类植物激素。植物激素不像动物激素那样具有特定的合成器官，同一种植物激素可以在不同的器官或部位中合成。植物激素在树体内含量极少，难以提取，在生产上无法大规模的推广应用。随着科学的发展，人们已经能够人工合成许多具有天然植物激素生理活性的有机化合物，这些有机化合物称为植物生长调节剂。根据生长调节剂的生理作用可分为植物生长促进剂、植物生长抑制剂和植物生长延缓剂。

　　凡是能促进植物细胞分裂、分化、膨大和延长的化合物，都称为植物生长促进剂，如生长素类、细胞分裂素类和赤霉素类的各种化学调控剂，在适合的使用范围内对植物生长有促进作用。凡对植物生长有抑制作用的化合物，称为植物生长抑制物质；根据其抑制生长的作用方式不同，生长抑制物质可以分为两类，即生长抑制剂和生长延缓剂。生长抑制剂使顶端分生组织细胞的核酸和蛋白质生物合成受阻，细胞分裂慢，抑制顶端分生组织生长，使之丧失顶端优势，植株形态发生很大变化，外施赤霉素不能逆转这种抑制效应。人工合成的生长抑制剂有三碘苯甲酸、整形素等。在果树生产上，为了获得丰产，提高经济效益或提高树体的抗逆性，往往应用一些植物生长抑制剂抑制生长。生长延缓剂能够抑制茎部近顶端分生组织的细胞延长，节间缩短，叶数和节数不变，使株形紧凑、矮小，而生殖器官不受影响或影响不大。生长延缓剂均为人工合成，如矮壮素（CCC）、多效唑（PP$_{333}$）、比久（B$_9$）等。在果树生产栽培中为了缓和或减慢植物的生长速度，利于花芽分化或开花结果，往往要应用植物生长延缓剂。

5.1.1 生长素类

生长素（auxin）是最早发现的一种植物激素。19世纪末达尔文在研究植物向光性运动时发现，1928年Went予以证实并命名；1934年荷兰的F Kogl等从玉米油、根霉、麦芽等分离和纯化刺激生长的物质，经鉴定是3-吲哚乙酸（简称IAA），其分子式是$C_{10}H_9O_2N$。这大大推动了植物激素研究向前发展，现已证明，植物体中的生长素类物质以吲哚乙酸最为普遍（潘瑞炽，2006）。利用生长素的生物鉴定法，不仅可以研究植物体内各部位生长素的含量及分布，同时也从人工合成的一些有机化合物中，筛选出多种与生长素有类似生理效应的植物生长调节剂。最早发现的是吲哚丙酸（IPA）和吲哚丁酸（IBA），它们和吲哚乙酸一样具有吲哚环，只是侧链的长度不同。以后又发现没有吲哚环而具有萘环的化合物，如萘乙酸（NAA），以及具有苯环的化合物，如2,4-二氯苯氧乙酸（2,4-D）。人工合成的具有生长素活性的化合物根据其化学结构，分为三类：

①吲哚类。包括吲哚丙酸（IPA）、吲哚丁酸（IBA）及吲熟酯（IZAA）等。吲哚乙酸虽是天然的，但也有人工合成的产品，在果树上应用较多的是吲哚丁酸，因其活力强、稳定而不易降解。

②萘酸类。包括萘乙酸（NAA）及其钾钠盐、萘乙酸胺（NAD）、萘乙酸甲酯（MENA）和萘氧乙酸（NOA）等。在果树上应用较多的是萘乙酸及其钾盐或钠盐。

③苯氧乙酸类。包括2,4-二氯苯氧乙酸（2,4-D）、2,4,5-三氯苯氧乙酸（2,4,5-T）、2,4,5-三氯苯氧丙酸（2,4,5-TP）、4-氯苯氧乙酸（4-CPA）等。在果树上应用较多的是2,4-D及2,4,5-T，其活性较IAA高100倍以上。

生长素在植物体中的合成部位主要是叶原基、嫩叶和发育中的种子，成熟叶片和根尖也产生生长素，但数量甚微。生长素在植物体组织内呈不同化学状态，人们把易于提取的生长素称为游离态生长素（free auxin），游离态生长素具有生理活性；而把受酶解、水解或自溶作用从束缚物释放出的那部分生长素，称为结合态生长素（bound auxin）。结合态生长素主要是肽合IAA和酯合IAA，IAA与氨基酸结合形成肽合IAA，如吲哚乙酰冬氨酸；IAA与葡萄糖结合形成酯化IAA，如吲哚乙酰葡萄糖酯，结合态生长素是一种贮藏和运输形式，没有生理活性，它的运输效率比游离态高1 000倍，它可以避免氧化破坏。两种形式可以相互转化，调节植物体内的 IAA 水平。

表 5-1　在果树上常用的生长素类化合物

(朱蕙香等，2002)

名称 （通用名）	化学名	分子式 （分子量）	理化性质	剂　型
吲哚乙酸 （IAA）	3-吲哚乙酸	$C_{10}H_9NO_2$ （175）	不溶于水，易溶于乙酸乙酯、乙醚和丙酮；在酸性介质中极不稳定，在碱性溶液中较稳定，在光下易分解，需避光保存；对人、畜安全	粉剂、可湿性粉剂、片剂
吲哚丁酸 （IBA）	4-吲哚-3-基丁酸	$C_{12}H_{13}NO_2$ （203）	不溶于水、氯仿，能溶于醇、醚及丙酮等有机溶剂	98% 粉剂，10%可湿性粉剂
吲熟酯 （IZAA）	5-氯-1H-3基乙酸乙酯	$C_{11}H_{11}ClN_2O_2$ （238.6）	难溶于水，易溶于乙醇及甲醇，一般条件下贮藏较稳定，遇碱易分解，低毒	95% 粉剂、20%乳油
萘乙酸 （NAA）	α-萘乙酸	$C_{12}H_{10}O_2$ （186）	溶于热水不溶于冷水，易溶于乙醇、丙酮等有机溶剂，其钾、钠盐可溶于水	90%或80%粉剂、2%钠盐水剂、2%钾盐水剂
2,4-D	2,4-二氯苯氧乙酸	$C_8H_6O_3Cl_2$ （221）	难溶于水，易溶于有机溶剂，对金属有腐蚀性	20% 乳油、1%水剂
2,4,5-T	2,4,5-三氯苯氧乙酸	$C_8H_5O_3Cl_3$ （255）	难溶于水，易溶于乙醇、乙醚等，可长期保存	
防落素 （4-CPA）	对氯苯氧乙酸	$C_8H_7O_3Cl$ （187）	微溶于水，易溶于醇、酯等有机溶剂	98%或95%可湿性粉剂
增产灵 （PIPA）	4-碘苯氧乙酸	$C_8H_7O_3I$ （278）	微溶于水、醇、苯，遇碱生成盐	95%粉剂

　　生长素的生理作用很广泛，它影响细胞分裂、伸长和分化，也影响营养器官和生殖器官的生长、成熟和衰老（潘瑞炽，2006）。生长素对果树生长发育的作用随着浓度的增加而增强，但达到一定的浓度就会引起明显的抑制作用。生长素的生理作用主要有：①促进作用，促进雌花增加、单性结实、子房壁生长，增加细胞分裂，促进维管束分化、光合产物分配，促使叶片扩大、茎伸长、乙烯产生，形成不定根，表现顶端优势；②抑制作用，抑制侧枝生长、块根形成，延长叶片衰老。

　　有些人工合成的生长素，由于原料丰富，生产过程简单，可以大量制造；此外，它们也不像 IAA 那样在体内受吲哚乙酸氧化酶的破坏，效果稳定。因此，萘乙酸、2,4-D 等人工合成的生长素在农业生产上得到了广泛的推广应用。

　　人工合成的生长素应用于农业生产，主要有下列几个方面：

①促进插枝生根。生长素类可使一些不易生根的植物扦插枝条顺利生根。当用生长调节剂处理后，插枝基部的薄壁细胞首先脱分化，即细胞恢复分裂的机能，产生愈伤组织，然后还可能长出大量的不定根。在扦插枝条上保留正在生长的芽或幼叶时，其基部便容易产生愈伤组织或根。这是因为芽和叶中产生的生长素，通过极性运输并积累在插枝基部，使之得到足量的生长素。促使插枝生根常用的人工合成生长素类物质有 IBA、NAA、2,4-D 等。

②促进开花。研究证明，凡是达到 14 个月营养生长期的菠萝植株，在 1 年内任何月份，用 5~10mg/L 的 NAA 处理 2 个月后就能开花。用生长素处理菠萝植株，可使植株结果和成熟期一致，有利于管理和采收，也可进行产期调控，使一年每月都有菠萝成熟，终年均衡供应，但实际生产中少用 NAA，多用乙烯利来促花。

③促进结实。雌蕊受精后，即产生大量的生长素，调动营养器官的养分运到子房，促进子房形成果实，所以生长素有促进果实生长的作用。

④防止器官脱落。生长素含量高的组织或器官，好像是一个营养物质输入"库"，营养物质便向着正在生长的组织或器官源源供应。在果树生产上，应用防落素能促进植株生长，防止落花落果，加速果实发育，提早成熟等，在黄皮花期喷 500mg/L 赤霉素+10mg/L 2,4-D 混合液，能增强前期的保果能力，又能减少后期的落果，而仅用 10mg/L 2,4-D 处理，只能使后期落果减少。

5.1.2　赤霉素类

赤霉素（gibberellins）是日本人黑泽英一（Kurosawa）1926 年从水稻恶苗病的研究中发现的。患恶苗病的水稻植株之所以发生徒长，是由病菌分泌出来的物质引起的。这种病菌称为赤霉菌（*Gibberella fujikuroi*），赤霉素的名称由此而来。

赤霉素类有 127 种，分为自由赤霉素和结合赤霉素。自由赤霉素不以键的形式与其他物质结合，易被有机溶剂提取出来。结合赤霉素是赤霉素和其他物质（如葡萄糖）结合，要用酸水解或蛋白酶分解才能释放出自由赤霉素，结合赤霉素没有生理活性。

赤霉素和生长素一样，较多存在于生长旺盛的部分，如茎端、嫩叶、根尖和果实种子。赤霉素在高等植物中生物合成的位置至少有三处，如发育着的果实（或种子）、伸长着的茎端和根部。高等植物的赤霉素含量一般是 1~1 000 ng/g（鲜重），果实和种子（尤其是未成熟的种子）赤霉素含量比营养器官的多两个数量级。赤霉素在植物体内的运输没有极性。根尖合成的赤霉素沿导管向上运输，而嫩叶产生的赤霉素则沿筛管向下运输。

从 1968 年开始就能人工合成赤霉素，现已合成 GA_3、GA_1、GA_{19} 等。目前在果树生产上应用最多的是 GA_3（赤霉酸 gibberellic acid），其分子式是 $C_{19}H_{22}O_6$。分子量是 346，纯品为白色晶体，工业品为白色粉末，熔点为 233～235℃，易溶于醇类、丙酮、醋酸丁酯、冰醋酸等有机溶剂中，难溶于水，不溶于石油醚、苯和氯仿等。其钾盐、钠盐易溶于水，使用原粉时，先用少量乙醇或烧酒溶解，然后加水稀释至需要浓度。在不同 pH 溶液中，其稳定性不同；在 pH3～4 条件下，其水溶液最稳定；在中性或微碱性条件下，稳定性明显下降；在碱性溶液中即被中和失效，所以应用时不能与碱性农药混合使用。若将赤霉素溶液长期放置在室温或高温条件下，活性丧失。赤霉素对人畜安全。小白鼠的急性口服 LD_{50} 大于 15 000mg/kg。大鼠吸入无作用剂量为 200～400mg/L，未见致突变及肿瘤作用。

赤霉素的作用机理：①是促进生长，赤霉素能显著促进植物生长，包括细胞分裂和细胞增大两方面；②是促进 RNA 和蛋白质的合成，试验研究证明，GA_3 对 α-淀粉酶合成的影响是控制 DNA 转录为 mRNA。

赤霉素的生理作用可以归纳为两个方面：

①促进。促进两性花的雄花形成、单性结实、某些植物开花、细胞分裂、叶片扩大、茎延长、侧枝生长、种子发芽、果实生长、坐果。

②抑制。抑制成熟、侧芽休眠、衰老、块茎形成。

表 5-2 在果树上常用的赤霉素类化合物

（朱蕙香等，2002）

名称（通用名）	化学名	分子式（分子量）	理化性质	剂 型
赤霉素（GA_3）	GA_3	$C_{19}H_{22}O_6$（346）	纯品为白色晶体，工业品为白色粉末，溶于乙醇、甲醇、丙酮及 pH6 的磷酸缓冲液等，难溶于水、苯、醚、氯仿等；其钾、钠盐易溶于水；遇碱分解，加热分解快。对人畜安全	85% 结晶粉，4%乳油，40%水溶性粉剂或片剂
赤霉素 4（GA_4）	GA_4	$C_{19}H_{24}O_5$（332.4）	纯品为白色晶体，溶于乙醇、乙酸乙酯等，不溶于水、氯仿、煤油等；遇热、碱加速分解	80%、90%醇可溶性粉剂
赤霉素 7（GA_7）	$GA7$	$C_{19}H_{22}O_5$（330.4）	纯品为白色晶体，溶于乙醇、乙酸乙酯、甲醇等，不溶于水、氯仿、苯等	80%、90%醇可溶性粉剂

赤霉素在果树生产上的应用主要有下述几方面：

①促进坐果和无籽果的形成。赤霉素（GA_3），又名"九二〇"，是目前公认效果较好、应用最广泛的保果调节剂。用 30～50mg/L 的 GA_3 喷布植株 1～2 次，或人工用 200～500mg/L 高浓度的 GA_3 涂幼果 1 次，可大大提高柑橘坐

果率，达到保果的效果。在开花小果期对江西红橘喷 GA_3 能促进单性结实，促进无籽果的形成。

②促进营养生长。赤霉素对根的伸长没有促进作用，但可显著促进茎叶生长。生产中常用 $50\sim1~000mg/L$ 的赤霉素来促进枝梢萌芽和新梢的生长，以使幼树尽早成形。

③打破休眠。在落叶果树上多用。

④延缓衰老及保鲜作用。用 $5\sim20mg/L$ 的 GA_3 于果实着色前2周喷果一次，可防脐橙果皮软化，有保鲜作用。如用 $100\sim500mg/L$ 的 GA_3 于果实失绿前喷果一次，可延迟柠檬果实成熟；用 $5\sim15~mg/L$ 的 GA_3 于绿果期喷果一次，可使柑橘果实保绿，延长贮藏期；用 $10mg/L$ 的 GA_3 于香蕉采收后浸果，可延长其贮藏期。

5.1.3 细胞分裂素类

生长素和赤霉素的主要作用是促进细胞的伸长，在促进细胞分裂方面是次要的。细胞分裂素类（cytokinin，CTK）则是一类促进细胞分裂的植物激素，其中最早被发现的是激动素，化学成分是 6-呋喃氨基嘌呤，分子式为 $C_{10}H_9N_5O$，相对分子质量为 215.2（潘瑞炽，2006）。在激动素被发现后，又发现了多种天然的和人工合成的具有激动素生理活性的化合物。把具有和激动素相同生理活性的天然的和人工合成的化合物统称为细胞分裂素。

细胞分裂素类是腺嘌呤衍生物，目前已知天然的和人工合成的细胞分裂素类有 200 多种，天然存在的细胞分裂素又可分为游离的细胞分裂素和在 tRNA 中的细胞分裂素。植物和微生物中都含有游离的细胞分裂素，共 20 多种，其中玉米素是天然细胞分裂素，相对分子量为 219.2，其生理活性比激动素强得多。植物 tRNA 中的细胞分裂素主要有异戊烯基腺苷、玉米素核苷、甲硫基异戊烯基腺苷、甲硫基玉米素核苷。最常用的天然细胞分裂素有玉米素（Z）、反式-玉米素核苷（［9R］Z）、异戊烯基腺嘌呤（iP）和异戊烯基腺苷（［9R］iP）；最常用的人工合成细胞分裂素有玉米素、6-苄基腺嘌呤（6-BA）和四氢吡喃苄基腺嘌呤（PBA）。高等植物的细胞分裂素主要存在于进行细胞分裂的部位，如茎尖、根尖、未成熟的种子、萌发的种子和生长着的果实等。

细胞分裂素的生理作用有：①促进作用，如促进细胞分裂、地上部分化、侧芽生长、叶片扩大、气孔开张、偏上性生长、伤口愈合、种子发芽、形成层活动、果实生长和坐果等；②抑制作用，抑制不定根的形成、侧根的形成、延缓叶片衰老。

细胞分裂素在果树生产中的作用主要表现在：

①促进果实膨大和生长。细胞分裂素的生理作用是多方面的，但它主要的作用是促进细胞分裂，细胞分裂素也可以使细胞体积加大，但和生长素不同的是，细胞分裂素的作用是使细胞增大，而不是伸长。

②诱导插条芽的形成。愈伤组织产生根或产生芽，取决于生长素与激动素的浓度比值。当激动素/生长素的值低时，诱导根的分化；两者比值处于中间水平时，愈伤组织只生长不分化；两者比值较高时，则诱导芽的形成。诱导形成根还是形成芽是受 IAA 和激动素的不同浓度比值控制的，而在芽的分化中，激动素起着重要的作用。

③延缓叶片衰老，防止生理落果。延缓叶片衰老是细胞分裂素特有的作用，离体叶子会逐渐衰老，叶片变黄，细胞分裂素可以显著延长保绿时间，推迟离体叶片衰老。细胞分裂素也可以防止果树生理落果，用 400mg/L 的 6 - BA 水溶液处理柑橘幼果，显著地减少第一次生理落果，处理的果实果梗加粗，果色浓绿，果个增大。

表 5 - 3 在果树上常用的细胞分裂素类化合物

(石尧清等，2001)

名称 （通用名）	化学名	分子式 （分子量）	理化性质	剂 型
激动素 （CTK）	6 -糠基氨基嘌呤	$C_{10}H_9N_5O$ （215）	纯品为白色片状晶体，难溶于水、乙醇、乙醚、丙酮，可溶于稀酸、稀碱及冰醋酸	原药
苄基嘌呤 （6 - BA）	6 -苄基氨基嘌呤	$C_{12}H_{11}N_5$ （225）	纯品为白色结晶，在酸、碱中稳定，光、热不易分解，难溶于水，易溶于乙醇	95%粉剂
苄基腺苷	6 -苄基腺苷	$C_{11}H_{19}N_5O_4$ （357）	难溶于水，可溶于酸、碱及乙醇、丙酮等有机溶剂	原药
二苯脲 （DPU）	N，N'-二苯脲	$C_{13}H_{12}N_2O$ （212）	易溶于水	

5.1.4 乙烯发生剂和乙烯抑制剂

乙烯（ethylene）是简单的不饱和碳氢化合物，分子式为 C_2H_4，结构式为 $H_2C{=}CH_2$，相对分子质量为 28.05，在生理环境的温度和压力下是一种气体，比空气轻。1901 年，俄国植物生理学家 Neljubow 报道，照明气中的乙烯会引起黑暗中生长的豌豆幼苗产生"三重反应"，他认为乙烯是一种生长调节剂。以后许多工作也说明煤气、煤油炉气体和各种烟雾，都有调节植物生长的效果，它们都含有乙烯。1934 年英国 Gane 首先证明乙烯是植物的天然产物，美国 Crocker 等认为乙烯是一种果实催熟激素，同时也有调节营养器官的作用。后来许多试验证实，乙烯具有植物激素应有的一切特性，1965 年 Burg 提出，乙烯是一种植物激素，以后得到公认。

高等植物各器官都能产生乙烯，但不同组织、器官和发育时期，乙烯的释放量是不同的。成熟组织释放乙烯较少，一般为 $0.01 \sim 10nl/[g（FW）\cdot h]$，分生组织、种子萌发、花刚凋谢和果实成熟时产生乙烯最多，某些真菌和细菌也产生较多的乙烯。

由于乙烯是一种不饱和烃，在常温下是气体，作为调节剂应用较困难，20 世纪 60 年代末发明了乙烯发生剂后，才获得了极为广泛的应用。乙烯发生剂目前为止发现有近 10 种，但在生产上应用最普遍的只有乙烯利一种，乙烯利（2-氯乙基膦酸）是一种水溶性乙烯发生剂，在 pH<4.1 的条件下稳定，被植物组织吸收后，因组织内 pH>4.1，乙烯利被分解，释放出乙烯而发生作用。

乙烯利是一种有机膦类植物生长调节剂，化学名称为 2-氯乙基膦酸，其分子式为 $C_2H_6ClO_3P$，剂型有 40% 水剂。乙烯利是一种广谱性生长调节剂，在果树生产上的应用主要有下列几方面：

①果实催熟和改善品质。香蕉、番茄、柑橘等已在生产上应用乙烯利催熟。用乙烯利 $750 \sim 1\,000mg/L$ 喷洒香蕉，比对照提早 $5 \sim 6d$ 成熟；用 $250 \sim 1\,000mg/L$ 的乙烯利采收后浸沾柿子果实 1 次，可起到催熟和脱涩的效果；用 40% 液剂稀释 400 倍，于蜜橘着色前 $15 \sim 20d$ 全株喷洒，可以早着色、着色均匀。

②促进开花。用乙烯利对菠萝灌心催花，抽蕾率可达 90% 以上，开花提早，花期一致。

③控杀冬梢。乙烯利是龙眼生产上控杀冬梢的常用药物，但由于龙眼对乙烯利较为敏感，加上乙烯利的作用能随气温的升降而发生变化，故在生产上常因使用不当而发生黄叶、落叶、树势衰退等现象。

④提高花质。在枇杷生产上，从 9 月起每隔 10 d，连续喷 8 次 200mg/L 的乙烯利，两性花达 9.9%，而未喷的仅为 1.86%。

⑤疏花疏果。在开花、挂果过多的年份，乙烯利也常用作疏花疏果剂。

除乙烯发生剂外，乙烯生物合成抑制剂和乙烯生理作用的抑制剂在科研和生产上也应用较广泛，可以调节某些乙烯参与的生长发育过程，从而起到调控植物生长发育的作用。乙烯生物合成抑制剂主要有氨基乙氧基乙烯基甘氨酸（AVG）和氨基氧乙酸（AOA）两大类，已经在生产上应用于抑制乙烯的产生，减少果实脱落，抑制成熟延长果实的贮藏寿命以及改变植物花的性别等；乙烯生理作用的抑制剂有硝酸银（$AgNO_3$）和二氧化碳（CO_2）等，因为形成以后还要与金属蛋白质结合，进一步通过代谢后才能起生理作用。在果实气调

贮藏中常应用 CO_2 抑制乙烯的生成、减缓果实成熟，以延长果实的贮藏时间（石尧清等，2001）。

5.1.5　生长延缓剂和生长抑制剂

生长抑制物质是指对营养生长有抑制作用的化合物。1964 年，美国 Addicott 等从未成熟将要脱落的棉桃中，提取到一种促进棉桃脱落的激素，命名为脱落酸Ⅱ（abscisinⅡ）。另外，英国 Wareing 等从槭树将要脱落的叶子中，提取到一种促进休眠的激素，命名为休眠素（dormin）。后来证明，脱落酸和休眠素是同一物质，1965 年确定其化学结构，1967 在第六届国际生长物质会议上就统一称为脱落酸（abscisic acid，ABA）。

早在脱落酸被发现之前，人工合成的生长抑制物质已有了较广泛的应用，如 2，4 - D、MH 及 B_9 等。由于 ABA 的生理效应除以抑制为主外，还可以促进下胚轴生根，与激动素合用可促进细胞分裂。高浓度的生长素、乙烯也有抑制生长的作用，使生长抑制物质的概念常有争议。1974 年，Dennis 对生长抑制物质定义为在浓度为 10^{-5} mol/L 或以下，可抑制植物或植物器官生长的有机化合物。

由于生长抑制物质种类多，化学结构多样，作用机理也不尽相同，根据其抑制生长的作用方式的不同，生长抑制物质可以分为生长抑制剂（growth inhibitor）和生长延缓剂（growth retardant）两大类。生长抑制剂抑制顶端分生组织生长，丧失顶端优势，使植株形态发生很大变化，外施赤霉素不能逆转这种抑制效应。天然的生长抑制剂有脱落酸（ABA）、肉桂酸、香豆素、水杨酸和茉莉酸等；人工合成的生长抑制剂有三碘苯甲酸和整形素等。在果树生产上，为了获得丰产，提高经济效益或提高树体的抗逆性，往往应用一些植物生长抑制剂抑制生长。生长延缓剂抑制茎部近顶端分生组织的细胞延长，使得节间缩短，叶数、节数不变，株形紧凑、矮小，生殖器官不受影响或影响不大。生长延缓剂均为人工合成，如 CCC、B_9 和 PP_{333} 等，生产中为了缓和或减慢植物的生长速度，利于花芽分化或开花结果，在果树栽培中往往应用植物生长延缓剂；它们都能抑制赤霉素的生物合成，所以是抗赤霉素，外施赤霉素能逆转其抑制效应。

5.1.5.1　脱落酸

脱落酸是一种以异戊二烯为基本单位组成的含 15 个碳的倍半萜羧酸。化学名称是 3 -甲基-5 - (1′-羟基- 4′-氧- 2′，6′，6′-三甲基- 2′-环乙烯- 1′-基）- 2，4 -戊二烯酸，分子式是 $C_{15}H_{20}O_4$，相对分子质量为 264.3。脱落酸存在于全部维管植物中，包括被子植物、裸子植物和蕨类植物。高等植物各器官和组织中都有脱落酸，其中以将要脱落或进入休眠的器官和组织中较多，在逆境条件含量会迅速增多。脱落酸的含量一般是 $10\sim50ng/g$（FW），其量甚微。

脱落酸运输不存在极性，主要以游离型的形式运输，也有一部分以脱落酸的糖苷形式运输，脱落酸在植物体的运输速度很快，在茎或叶柄中的运输速度大约是 20mm/h。

5.1.5.2 青鲜素

青鲜素（maleic hydrazide，MH），又名马来酰肼、抑芽丹，化学名称是顺丁烯二酸酰肼，分子式为 $C_4H_4O_2N_2$，分子量为 112.09。纯品为白色结晶，熔点 296~298℃。难溶于水，微溶于醇，易溶于冰醋酸、二乙醇胺。青鲜素的钠、钾、铵盐易溶于水。在酸性、中性、碱性水溶液中均较稳定。剂型有25%钠盐水剂或30%乙醇铵盐水剂。纯品大鼠急性口服 LD_{50} 为 5 000mg/kg，对人畜毒性低。青鲜素作用正好与生长素相反，主要传导至生长点，能抑制芽的生长和茎的伸长，因为它的结构与核酸的组成成分尿嘧啶非常相似，可以代替尿嘧啶的位置，但不起作用，所以阻止了核酸的合成，细胞生长受阻。青鲜素主要用于抑制顶端优势，抑制顶部旺长，使光合产物进入腋芽、侧芽或块茎块根的芽里，抑制芽生长（潘瑞炽，李玲，2007）。

5.1.5.3 比久

比久（Daminozide），又名丁酰肼，B_9 或 B_{995}，化学名称 N-二甲氨基琥珀酰胺酸，分子式为 $C_6H_{12}N_2O_3$，分子量为 160。纯品为白色结晶，熔点157~164℃，在 pH5~9 范围内稳定，在酸碱中加热分解，工业品为浅灰色粉末，微臭，不易挥发，在 25℃ 时的溶解度为：水 10%，甲醇 5%，丙酮2.5%，不溶于二甲苯。比久工业品大鼠急性口服 LD_{50} 为 8 400mg/kg。在植物体内较稳定，在土壤中稳定，残效达 1~2 年，易被土壤固定或被土壤微生物分解，一般不作土壤施用。比久抑制生长素运输和赤霉素生物合成，可使植株矮化，叶绿且厚，增强抗逆性，促进果实着色和延长贮藏期。比久是应用较为广泛的生长调节剂，在叶片中使栅栏组织伸长，海绵组织疏松，提高叶绿素含量，增强光合作用，缩短节间距离，抑制枝条伸长（潘瑞炽等，2007）。

5.1.5.4 多效唑

多效唑（paclobutrazol，PP_{333}）又名氯丁唑，化学名称为（2RS，3RS）-1-（4-氯苯基）-4，4-二甲基-2-（1，2，4-三唑-1-基）-戊醇-3。分子式为 $C_{15}H_{20}N_3OCl$，分子量为 293.5。纯品为白色结晶，溶解度：水 35mg/L，甲醇 15%，丙醇 11%，二甲苯 6%。熔点 165~166℃，纯品在 25℃ 以下稳定 6 个月以上，稀溶液均稳定，对光也稳定。工业品为淡黄色的 15%可湿粉剂。原药对哺乳动物低毒，对雄大白鼠急性口服 LD_{50} 为 2 500mg/kg、雌大

表 5-4　在果树上常用的其他生长延缓剂

（石尧清等，2001）

名称 （通用名）	化学名	分子式 （分子量）	理化性质	剂型
矮壮素 （CCC）	2-氯乙基三甲基氯化铵	$C_5H_{13}Cl_2N$ （158）	易溶于水，不溶于苯、乙醚、乙醇，在中性和酸性介质中稳定，在碱性介质中较不稳定	50%、 10%水剂
矮健素	（α-氯烯基）-三甲基氯化物	$C_6H_{13}Cl_2N$ （170）	易溶于水，吸湿性强，不溶于苯、乙醚等，遇碱分解，略带腥臭味	50%水剂
缩节安 （助壮素）	N，N 二甲基呱啶氯化物	$C_7H_{18}ClN$ （149.8）	易溶于水，微溶于乙醇，难溶于丙酮、乙酸乙酯，在土壤中易分解	25%水剂、 原药
烯效唑	（E）-1-（4-氯苯基）-4，4-二甲基-2-（1H 1，2，4-三唑-1-基）戊-1-烯-3-醇	$C_{15}H_{18}ClN_3O$ （291.8）	能溶于甲醇、丙酮、氯仿等有机溶剂	5%液剂、 5%可湿性粉剂
调节膦	氨基甲酰基磷酸乙酯铵	$C_3H_{11}N_2O_4P$ （170）	易溶于水，微溶于甲醇、乙醇，难溶于氯仿、苯等	40%水剂
调节安 （DMC）	N，N-二甲基吗啉鎓氯化物	$C_6H_{14}NOCl$ （151）	易溶于水，微溶于乙醇，难溶于丙酮及非极性溶剂，有强烈的吸湿性，其水溶液呈中性	95%粉剂
乙烯利	2-氯乙基膦酸	$C_2H_6ClO_3P$ （144.5）	易溶于水和乙醇，在酸性介质中稳定，在碱性介质中易分解，pH>4 便分解	40%水剂

表 5-5　在果树上常用的其他生长抑制剂

（潘瑞炽，2006）

名称 （通用名）	化学名	分子式 （分子量）	理化性质	剂　型
三碘苯甲酸 （TIBA）	2，3，5-三碘苯甲酸	$C_7H_3O_2I_3$ （500.9）	不溶于水，易溶于乙醇、乙醚、苯等有机溶剂	2%液剂
整形素 （形态素）	2-氯-9-羧基-9-羧酸甲酯	$C_{15}H_{11}ClO_3$ （228.7）	微溶于水，可溶于乙醇和及丙酮	10% 乳油、 2.5%水剂
西维因 （carbaryl）	1-萘基-N-甲基氨基甲酸酯	$C_{12}H_{11}NO_2$ （201）	微溶于水，能溶于丙酮、乙醇等溶剂，对光、热、酸较稳定，遇碱易分解	25%、 40%、 50%、 80% 粉剂

白鼠 1 300mg/kg。急性皮下注射 LD_{50} 为 11 000mg/kg。多效唑抑制赤霉素的生物合成，减缓植物细胞的分裂和伸长。多效唑主要生理作用是矮化植株、促进花芽形成，增加分蘖、保花保果，多效唑还有抑菌作用，又是杀菌剂。15%可湿性粉剂在一般室温下 3 年内仍有效。该药在土壤中的半衰期是 6～12 个

月。坐果时若与赤霉素、细胞分裂素等混用,可控制株形、促进坐果(潘瑞炽等,2007)。

5.1.6 其他生长调节剂

5.1.6.1 油菜素内酯及其相关化合物

1970 年美国的 Mitchell 从油菜花粉中分离出一种物质,对菜豆幼苗生长有强烈促进作用。1979 年 Grove 等用 227kg 油菜花粉分离得到 10mg 的高活性结晶,定名为油菜素内酯(Brassinolide,简称 BR_1),分子式为 $C_{28}H_{48}O_6$。此后,有 40 多种油菜素内酯及多种结构相似的化合物从多种植物中被分离鉴定,这些以菑醇为基本结构的具有生物活性的天然产物统称为油菜素菑醇类化合物(Brassinosteroids,简称 BRs)。1989 年 Moore 把 BRs 作为第六类植物激素,并已获得公认。BRs 的生理功能不同于五大类植物激素。

BRs 在植物界中普遍存在,在植物体内各部分都有分布,但不同组织中含量不同,花粉和种子中含量为 1~1 000ng/kg,枝条中 1~100ng/kg,果实和叶片中 1~10ng/kg。20 世纪 80 年代,日本、美国有人工合成芸薹素内酯,已开发投放市场的 BRs 有美国的 BR1、日本的 EPiBR 和 HomoBR,以及我国的云大 120(EpihomoBR)、天丰素乳油(BR_1)及皇嘉天然芸薹素(BR_1)等。芸薹素内酯外观为白色结晶粉,溶于甲醇、乙醇、丙酮等有机溶剂,芸薹素内酯属低毒性物质,是菑体化合物中生物活性较高的一种,它广泛存在于植物体内,它在植物生长发育的各个阶段中既可促进营养生长,又能利于受精作用。人工合成的 24-表-芸薹素内酯(2α,3α,22R-四羟基-24-S-构型甲基-β-高-7-氧杂-5α 胆淄烷-6 酮)活性较高,可经由植物的叶、茎、根吸收,然后传导到其作用的部位,有人认为其可增加 RNA 聚合酶的活性,增加 RNA、DNA 的含量;有人认为可增加细胞膜的电势差、ATP 酶的活性;也有人认为能强化生长素的作用,作用机理目前尚无统一的看法。它的生理作用表现兼有生长素、赤霉素、细胞分裂素的某些特点。剂型有 0.1%、0.2%可湿性粉剂,0.01%乳油,0.04%水剂等。

果树开花盛期和第一次生理落果后用 0.01~0.1mg/L 芸薹素内酯进行叶面喷洒,结果发现:50d 后,0.01mg/L 处理的坐果率增加 2.5 倍,0.1mg/L 的坐果率增加 5 倍,而且具有一定的增甜作用。

5.1.6.2 多胺

多胺(polyamines,PA)是一类具有生物活性的低分子量脂肪族含氮碱化合物,多胺在高等植物中不但种类多,而且分布广泛,通常在细胞分裂旺盛的部位多胺的生物合成最活跃。多胺主要有五种,分别是腐胺、尸胺、亚精胺、精胺及鲱精胺。在生理 pH 下，多胺是以多价阳离子状态存在，极易与带负电荷的核酸和蛋白质结合，这种结合具有稳定核酸的空间结构，提高了对热变性和 DNA 酶的抵抗力。多胺还有稳定核糖体的功能，促进氨酰- tRNA 的形成及其与核糖体的结合，利于蛋白质的合成。多胺还可能充当植物激素作用的媒介，外施 IAA、GA 和 CTK 等可促进多胺的生物合成，而外施 ABA 则抑制多胺的生物合成。

多胺的生理功能主要有：①促进生长，多胺之所以能够促进生长，有大量的实验证明多胺的作用是加快 DNA 的转录，RNA 聚合酶活性和氨基酸掺入蛋白质速率加快，多胺影响核酸代谢，促进蛋白质合成，促进生长。②调节与光敏色素有关的生长和形态建成，多胺生物合成的关键酶——精氨酸脱羧酶活性与光敏色素关系十分密切，光照影响光敏色素，接着影响精胺酸脱羧酶活性、多胺生物合成，最后影响生长和形态建成。③延迟衰老，多胺能保存叶绿体类囊体膜的完整性，减慢蛋白质丧失和 RNase 活性，阻止叶绿素被破坏，因此延缓衰老。④适应环境条件，植物在缺钾和缺镁时，精氨酸脱羧酶活性提高几倍到几十倍，积累腐胺，以代替钾等主要无机阳离子，影响细胞 pH，使细胞适应逆境条件。

多胺在农业生产上的应用主要有促进花芽分化、利于授粉受精和增加坐果率等。

5.1.6.3　三十烷醇

三十烷醇（TRIA）是 1975 年美国科学家从干苜蓿草中分离出的一种新生长调节剂，是一种含 30 个碳原子的长饱和脂肪酸，存在于许多植物的蜡质层中。三十烷醇现已从蜂蜡中大量制取，其纯品为白色鳞片状结晶，几乎不溶于水，难溶于冷的乙醇和苯中，能溶于乙醚、氯仿及二氯甲烷中，三十烷醇对光、空气、热及碱均稳定，对植物及人畜无毒、无公害。剂型有原药、0.1%微乳剂、1.4%乳粉。三十烷醇可经由植物的茎、叶吸收，然后促进植物的生长，增加干物质的积累（朱蕙香等，2002）。用 0.1mg/L 三十烷醇于柑橘开花期叶面喷洒，具有增产、增甜和促果实着色的效果。

5.1.6.4　石油助长剂

石油助长剂是以石油及其加工残渣等下脚料为原料，经加工处理后制成。含有的生长调节物质主要是环烷酸钠和环烷酸钾，其分子式为 $C_6H_9O_2Na$ 和 $C_6H_9O_2K$。工业制品为红色或红褐色透明液体，易溶于水，性质稳定，pH7.5～8.5，遇酸变质失效。剂型有 40%水剂，对人畜低毒。石油助长剂的生理效应在于促进植物光合作用和营养的吸收，促进种子发芽，提高产量。

5.2 化学调控技术

5.2.1 果树营养生长的化学调控

植物的生长实际上是细胞数目的增多和体积的增大，因此，植物的生长是一个体积或重量的不可逆的增加过程，分为营养生长与生殖生长。营养生长的概念包括两个方面：①一次性开花植物的生长周期中以开花为界分为营养生长与生殖生长两个阶段，营养生长是指开花前以根、茎、叶片生长为主的阶段，生殖生长是指开花后的果实发育和种子形成的阶段；②多年生植物（如大多数果树）的年周期中以花芽分化为界分为营养生长阶段和生殖生长阶段。但实际上对多年生植物而言，该两个阶段并不能截然界定，以单株树为单位很难界定，但若以单个芽或生长点来看，则可以说某个芽是花芽或营养芽。

尽管人们对花芽分化前后的形态及生理变化有十分详尽的描述，但却没有对营养生长的形态与生理变化作过具体的界定，长期以来人们把从营养生长到生殖生长的转化作为植物发育中最重要的环节，但实际上却并没有对两个过程之一的营养生长作过真正系统的研究，其主要原因不仅在于开花相对于以发生叶片为主的营养生长而言是一个引人注目的变化，更主要的是农业生产中人们的收获对象均是与以开花为代表的生殖生长密切相关。

近年来的研究表明，传统的以开花来界定的营养生长与生殖生长是比较粗放的概念，很难全面地反映出植物器官发生过程中很多复杂的变化，实际上营养生长与生殖生长之间存在着相关性。①营养器官与生殖器官的生长之间，基本上是统一的，生殖器官生长所需的营养大部分是由营养器官供应的；营养器官生长不好，生殖器官的生长自然也不会好。②但是营养器官和生殖器官生长之间也有矛盾，表现在营养器官生长对生殖器官生长的抑制，以及生殖器官生长对营养器官生长的抑制两个方面。当营养器官生长过旺，消耗较多养分，便会影响到生殖器官的生长，果树如枝叶徒长，往往不能正常开花结实，甚至花、果严重脱落；反过来，生殖器官生长同样也影响营养器官生长。在果树生产中通过疏花、疏果、控梢、摘小叶等措施，使营养上收支平衡，并有积余，便能连年丰产。

5.2.1.1 促进或延迟芽的萌发

对芽萌发的控制可以解决生产上遇到的一些现实问题，如温带果树（苹果、梨、枣）因冬季低温不足或其他生理问题，造成萌芽延迟的现象，从而影响早春的营养生长和开花结果；亚热带或热带果树因冬季低温过低，影响早春芽的萌动或花芽形态分化；在春季晚霜为害严重的地区，如能延迟芽的萌动，则可避免晚霜的影响；生产上延迟嫁接后芽的萌发，使其不先于根系的发育及接口的愈合，以提高嫁接成活率等。应用生长调节剂有助于这些问题的解决。

芽的萌发或休眠与芽内内源激素水平的平衡关系密切相关，较高的 ABA 或 ABA/（IAA+GA+CTK）水平使芽进入休眠或延迟萌发，较高的 GA 或（IAA+GA+CTK）/ABA 水平则促进萌发。

果树生产上，促进发芽的生长调节剂主要有赤霉素类和细胞分裂素类、生长素类，尤以赤霉素类的应用较为广泛，赤霉素的使用浓度一般在 50～1 000 mg/L，细胞分裂素则在 50～200mg/L。延迟发芽的生长调节剂有青鲜素（MH）、多效唑（PP$_{333}$）、比久（B$_9$）、烯效唑、乙烯利等。

5.2.1.2　促进或抑制新梢生长

抑制新梢生长对果树生产具有重要意义。生长过旺的营养枝（春梢、夏梢）与花果争夺养分和水分的供应，从而影响花芽分化和正常坐果，另外，造成树冠荫蔽，不利于病虫害的防治和果实色泽的发育；冬梢的抽生更造成营养消耗，结果母枝营养积累不足而导致花芽生理分化不能正常进行，同时也导致越冬病虫的增多及降低对不利环境条件的抵抗力。

对于果园中新种植的幼年树及苗圃中的幼树，为缩短幼年期，并使树体尽快占据定植的空间，达到早期投产，则需要促进幼树的营养生长。

新梢的生长与茎尖高含量的生长素有关，茎尖、幼叶均是生长素的合成中心，高水平的生长素有利于调动细胞分裂素和营养物质向茎尖移动，进一步促进稍尖的细胞分裂，幼叶的形成和生长；同时幼叶又是赤霉素合成的主要部位，赤霉素可使茎尖生长素的合成增多，又可与生长素一起促进新梢节间的伸长。这种生长素和赤霉素在新梢上先端部位的相互作用，使得新梢的生长越来越快。但成熟的和老的叶片可形成较多的 ABA，这可拮抗 GA 的作用，或是由于根部运输来的细胞分裂素水平的下降，以及乙烯对赤霉素和生长素的拮抗作用，都可对生长起限制作用。

在果树生产上，可应用 GA 和 NAA 来促进新梢的生长，以使幼树尽早成形，提早结果，但应用尚不普遍。应用生长延缓剂或生长抑制剂来控制新梢的生长较为普遍，如在柑橘上应用 B$_9$、MH 来控制营养生长，在杧果上应用多效唑、B$_9$、矮壮素、MH 等来控制或延缓营养生长，同时诱导花芽分化，在荔枝、龙眼上应用多效唑、B$_9$、烯效唑及乙烯利来控冬梢、促花等。

5.2.1.3　萌蘖的控制

目前果树生产栽培上为便于树冠操作和采收，将树冠控制在一定的高度内，但这会导致树干基部萌蘖的发生。果树在高接换种、树形改造，锯短大枝时，在锯口处也易抽发萌蘖，扰乱树形。

萌蘖的发生使树冠内膛荫蔽，消耗树体养分，结果枝生长不良，降低果实的品质，使农药不易喷入树冠，影响病虫害防治的效果。如用人工除去，常常会发生更多的萌蘖和徒长枝，因此，需要加以控制。

在美国佛罗里达州对甜橙、柠檬、葡萄柚的成年树常须进行较重的修剪，以控制树高，使其不超过 4.6～6.1m。在加利福尼亚州，对柠檬每年进行短截，使树高不超过 3m，以方便采收及病虫害防治。但对于温暖潮湿地区则不能这样操作，否则会发生大量的萌蘖，此时，若将 1%～2%NAA 喷布到经短截的树干上，在 1.2m 以下范围内，可成功控制树干上萌蘖的发生。用 NAA 控制柑橘嫁接苗砧木上发出的萌蘖效果也很好，但要先将接芽包裹好，再对砧木进行喷布，在柠檬和枳壳上获得很成功。

也有人用含 0.5%～1.0%浓度的萘乙酸或萘乙酸乙基乙酯，在修剪时涂抹在剪口或锯口，可阻止该枝萌蘖发生或抽发徒长枝，对柑橘、橄榄、石榴等均有效。此外，春季萌芽前对易发生萌蘖和徒长枝的树干喷或涂含萘乙酸的修剪漆也有效。用 1%～2%浓度的萘乙酸乙基乙酯涂在柑橘果树的树干上，可防止树干发生萌蘖长达 1 年之久。用浓度为 2 000mg/L 的调节膦喷树干，也可抑制主干上萌蘖发生长达 1～3 年，对树体和果实无不良反应，还有增产的效果，但调节膦切忌喷到叶片上，也不能连年使用，喷过 1 次后，应隔 3～4 年再用（李三玉等，2002）。

香蕉球茎或根茎上发生的萌蘖可用于进行香蕉苗的繁殖，但发出的萌蘖太多则会降低产量。在澳大利亚的香蕉园中，用 10～100mL 2%的 2,4-D 注入香蕉植株基部，使萌蘖的生长点受到损伤，从而抑制更多的萌蘖的发出，如果要将已经长出地面萌蘖疏除一部分，则可用 1∶16 的 50%2,4-D 灌入长出地面的萌蘖叶片形成的喇叭口中；如灌入煤油也有效。

5.2.1.4　增大果树枝条开张角度

果树开张角度越大，越有利于树体结果。对柑橘幼树喷施浓度为 50～800mg/L 的三碘苯甲酸（TIBA），可增大树干的分枝角度。苹果和梨树经短截后抽生角度较窄的嫩枝，用含萘乙酸 200mg/L 或三碘苯甲酸（TIBA）25mg/L 的羊毛脂软膏涂于夹角内侧，可增大分枝角度（李三玉等，2002）。

桃树新梢长到 10～20cm 时，用浓度为 50～75mg/L 整形素处理，可使新梢不定向弯曲（大多数向外弯曲），并抑制生长，基部发生副梢而开花结果。整形素引起新梢弯曲的原因是干扰了生长素的极性运输所致。

5.2.1.5　防止"冲梢"

"冲梢"是指正在发育中的龙眼花穗，因受外界条件的影响，花穗上长出枝叶，形成带叶的花穗，如果不及时处理，会逆转成营养枝。"冲梢"严重，意味着减产。

近年来，由于气候反常，龙眼花芽分化期的天气越来越复杂多变，同时因果园偏施氮肥，"冲梢"严重，造成龙眼产量不稳及低产，克服"冲梢"成为龙眼栽培上的重要环节。

龙眼的花芽为混合花芽，花序分化时出现花芽原始体和叶芽原始体，但是，究竟发育成花芽还是叶芽，则受到气候条件、水分状况、营养和品种特性等所影响。温度决定龙眼花穗发育的方向，据观察，持续 4～5d 气温高于18℃，就容易出现"冲梢"。花穗发生"冲梢"初期，可采用浓度为 150～250mg/L 的乙烯利抑制花穗上的红叶长大及顶芽的伸长，每隔 7d 喷一次，连续喷两次；或者用浓度为 300mg/L 的多效唑喷施，也可以抑制红叶的长大。但龙眼使用乙烯利要特别小心，其对乙烯的反应比荔枝敏感，应用时要根据树势、气候条件灵活掌握浓度，如果浓度过高，会造成老叶和花穗大量脱落，一般浓度以 150～250mg/L 较为安全。此外，当龙眼花穗主轴长 5～6cm 时，为了促进花穗的迅速发育，减少"冲梢"发生的机会，可喷施 300～400mg/L 的细胞分裂素。

5.2.2　促进花芽形成的技术

果树的生长点内开始区分出花（或花序）原基时称为花的开始分化或花的发端（floral initiation）。随之，花器各部分原基陆续分化和生长，称为花的发育（flower development）。从花原基最初形成至各花器官形成完成称为形态分化（flower formation or histological differentiation）。在此之前，生长点内进行着由营养生长向生殖生长状态的一系列的生理、生化转变称为生理分化（physiological differentiation）。引起生理分化的因素称为诱导（induction）。

关于果树花芽分化的机理问题，前人进行了不懈的探索，曾经有人提出用成花素假说、C/N 关系学说、养分分配方向假说、基因启动假说及光周期理论等来解释，近年来的研究表明，果树花芽分化过程和其他发育过程一样，是其内源激素和同化物在空间和时间上相互作用的结果，即花芽分化受激素平衡和营养物质及外界环境条件的共同制约。花芽分化开始前，在一定的营养状态和花诱导条件下，使各类激素达到某种特定的平衡状态，并调运营养物质至生殖器官，开始花的器官构造。

早在 1974 年，Luckwill 就指出激素的平衡变化可导致与成花有关的基因解除阻遏。在激素诱导基因表达方面，有研究认为，组蛋白可限制染色质上的基因表达，使 DNA 不能转录成 mRNA，而激素的某种平衡关系则可解除组蛋白的这种限制，使 DNA 暴露出来其模板的作用；在开花信息到达茎顶端后，

DNA 合成出现高峰，同时组蛋白水平降至最低，而后又迅速增加，而且总蛋白量与组蛋白量平行。

IAA 促进 DNA、RNA 和蛋白质的合成，GA 提高一些水解酶的活性，使相应的一些化合物水解；CTK 对基因具有特殊的影响，维持 mRNA 和蛋白质的合成，调节蛋白质和可溶性氮化物之间的平衡；ABA 通过抑制 RNA 聚合酶的活性，降低 mRNA 的翻译水平，减少淀粉酶的含量，从而使淀粉积累；乙烯也被认为是蛋白质合成的促进激素。

基于以上的认识，激素对成花可能有两方面的作用，一是调节营养物质的合成与分配，二是使开花基因解除阻遏状态，而进入蛋白质合成，通过调节酶的合成来调节代谢过程。

在果树花芽形成过程中，树体内营养状态和激素的种类、数量水平及比例都会发上明显变化，如树体内碳水化合物不断积累，抑制生长类激素增加，促进生长类激素减少等。为了促使植株减缓或停止营养生长，进入生殖生长（花芽的生理分化及形态分化），单凭树体本身的代谢，难以达到理想效果，应用生长调节物质来控梢促花，才能取得效果。

5.2.2.1 促进柑橘花芽形成技术

能够有效促进柑橘花芽分化和形成的植物生长调节剂有 CCC、PP$_{333}$、B$_9$ 和核苷酸等。赤霉素在某些地区用于平衡大小年花量，即在大年用赤霉素适当抑制花芽分化，使植株大年花量减少从而间接为小年促花。生长调节剂诱导柑橘实生苗开花，只有通过了性阶段发育才有可能；成年树要在花芽生理分化期使用，效果才显著，在生理分化期以后施用，虽有一些影响，但作用效果不明显。

CCC、B$_9$ 对甜橙和宽皮柑橘有明显的促花效果。9 年生实生温州蜜柑珠心苗，在 9 月中旬喷施 CCC 2 000 mg/L 或 B$_9$ 2 000～4 000 mg/L，能分别增加翌年春花量 118% 和 242%。温州蜜柑始果期在 9 月 15 日～11 月 25 日，每隔 10d 喷 1 次 50mg/L 的核苷酸，都能增加次年的花芽分化数，其中以 11 月中旬喷施的效果最好，花芽分化量增加将近 1 倍。试验证明，在花芽生理分化期前喷施 PP$_{333}$，能极显著地促进成花，其中温州蜜柑类的适宜浓度为 700mg/L，椪柑为 1 000mg/L。在花芽形态分化阶段喷施浓度为 200mg/L 的细胞分裂素，也能极显著地促进花器发育和增加次年花量。秦煊南等（1994）于尤力克柠檬花芽分化前的 10 月下旬至 11 月上旬，树冠喷洒 300～400mg/L 浓度的多效唑 2 次，可极显著地促进成花和正常花的比例，对提高次年坐果率、抗寒力及降低冬季不正常落叶率，也有一定的效果。矮壮素、B$_9$ 及 MH-30 也能促进柠檬花芽分化，许建楷等（1994）促进椪柑成花试验发现，在秋梢老熟后，于 10 月和 12 月喷 500mg/L 和 1 000mg/L 多效唑 2 次，各处理的花量是对照的 167.7%～250.6%；丁舜之（2001）认为大年温州蜜柑采果后 10d 左右，喷 15～20mg/L 2 次，每次间隔 10～15d，或喷 15% 多效唑 300～400 倍液，可明显促进花芽分化和成花。

5.2.2.2 促进荔枝花芽形成技术

荔枝冬梢指不同品种在其末次秋梢最适抽生期以后抽出的枝梢（即不易形成花芽的梢）。荔枝抽发冬梢的主要原因有：①末次秋梢过早老熟，根据不同品种花芽分化始期来决定末次秋梢老熟期，如晚熟品种糯米糍、桂味等，在气候正常的年份，花芽分化始于 11 月下旬至 12 月中旬，因此末次秋梢老熟期最好在 11 月中旬至 12 月上旬，但往往由于各种原因，末次秋梢在 9～10 月已经老熟，极易导致冬季抽发冬梢。②施肥不当，如在末次秋梢老熟期施氮肥过多。③不适时修剪，修剪刺激营养生长，在秋梢老熟后进行修剪，只要肥水能满足生长要求就容易发生冬梢。④冬季高温多湿的天气，低温干旱能抑制营养生长，促进花芽分化，相反高温、多湿的冬季有利于根系的活动和吸收大量的养分及水分，供应地上部分的营养生长，导致萌发冬梢。

冬梢的发生无疑是不利于荔枝进行花芽分化的。在花芽分化前，如果枝梢不能充分老熟，营养积累不足，就不能满足花芽分化对营养的要求，难以成花，即使能部分成花，质量也差。结果树如萌发冬梢，则表明树体仍然处于营养生长状态，还未进入花芽分化期，翌年便不能成花。因此生产上一定要严格控制冬梢的抽生。如冬梢抽出，必须及时采取措施杀灭，控制营养生长，才能使其进入花芽分化期。

荔枝控梢促花的原则是，根据不同品种花芽分化期的要求，适时抽放 2～3 次秋梢，于末次秋梢结果母枝转绿或老熟后即可进行控冬梢促进花芽分化的管理措施。

利用化学调控药物可成功地控制荔枝冬梢的萌发，促进成花，提高成花率及雌花比例，培养健壮的花穗，为翌年开花结果打下良好的物质基础。生产上常用 0.2% 的 B₉ 加 0.04%～0.06% 的乙烯利（40% 水剂）或用 1 600mg/L 多效唑来控制冬梢，可以达到预期效果。但由于乙烯利的效果不稳定，随气温的变化而变化，温度较高时药效明显，温度低时药效差；喷后药物能在植物体内残留一段时间后再起作用，故常常由于暂时不见药效而重复喷用或由于使用浓度不当，引起严重的落叶，有些品种如糯米糍、桂味对乙烯利的反应敏感，更容易造成药害。因此必须根据气候条件调节乙烯利的使用浓度。近年来，广东省农业科学院果树研究所研制和推广的控梢利花及荔枝专用促花剂等控梢促花药剂，对控冬梢和促花取得了较理想的效果，尤其是对幼树的早结、丰产有明显的作用。荔枝专用促花剂既有控梢促花作用又有杀冬梢作用，于末次梢老熟，或冬梢抽出 5～7cm 时喷布，每小包对水 20L，相隔 20～30d，再喷第二次，连续喷 2～3 次，对控制冬梢促进成花有显著效果。

使用化学调控药物控梢促花要注意其使用浓度及使用时期，一般控梢促花类调控药物，早熟品种最后一次喷药在 11 月上旬，中熟品种最后一次喷药在 12 月上中旬，迟熟品种最后一次喷药时间不要超过 12 月下旬，过迟使用或加大浓度使用，都会造成抑制过度，影响花芽萌动、成花和结果。

5.2.2.3　促进龙眼花芽形成技术

冬季的低温有利于龙眼的花芽分化，但近年来，全球气温升高，我国华南地区出现暖冬气候，龙眼易萌发冬梢，不利于花芽分化，造成产量低且不稳定。龙眼的控梢促花处理成为龙眼获得高产稳产的重要措施，利用植物生长调节剂进行控梢促花处理有使用方便、容易掌握等优点，常用的药剂有多效唑、乙烯利、比久等。

多效唑是一种植物生长延缓剂，它通过抑制赤霉素的生物合成而起作用。龙眼叶片喷施多效唑后，节间变短、叶片增厚，提高叶绿素含量使叶片光合作用速率加快。在秋末冬初花芽生理分化处理明显促进花穗形成，500～2 000 mg/L 范围内随着使用浓度的提高，龙眼的抽穗率及成穗率均提高。

比久和乙烯利都是植物生长抑制剂，苏明华等（1997）在龙眼生理分化期（11～12 月）用 6 - BA 200mg/L ＋ 比久 2 000mg/L 浓度处理两次，减少了冬梢抽生，明显提高了花穗抽生率及花穗的质量。药剂处理后抽生的花穗，其"冲梢"的比率也明显下降，乙烯利处理能抑制龙眼的营养生长，但使用浓度要慎重，乙烯利 800mg/L 浓度处理后，叶片扭曲，甚至出现脱落现象，对龙眼树体也有伤害，利用乙烯利控梢的浓度应控制在 300mg/L 左右，以刚好喷湿叶背、叶面为度。一般是在冬梢将要抽出时喷施，其抑制效果可以维持20～30d，如果抑制效果不好，可以再喷浓度为 250～300mg/L 的乙烯利一次。

冬梢净，是速效杀冬梢药物，每包对水 20L，在冬梢长出 5～10cm 刚展叶时，对准冬梢喷药，可在 24h 内杀死冬梢，该药对已转绿或已老熟的叶片无作用，不会伤及树体。

"控梢灵"，是由多效唑和多种矿质营养元素混合而成的新型控梢促花剂，据潘建平等（2004）研究，对龙眼秋梢成花有促进作用，提高成花率显著。连续喷两次，对适时的秋梢成花率 86％～95％，对 1～5cm 长的冬梢成花率 80％～90％。

5.2.2.4　促进杧果花芽形成技术

适龄杧果树不开花是杧果栽培上所遇到的重要问题，要使杧果开花就必须应用物理和化学的方法促使枝梢停止生长，枝梢及时老熟，积累足够的碳水化合物以有利于花芽分化。因此促进杧果花芽分化和开花的化学药剂多为生长延缓剂，如比久、多效唑、乙烯利等。

12 月至次年 2 月份是杧果花芽生理分化期，此时杧果末级梢必须停止营养生长，枝梢老熟，如果此时植株仍在萌芽抽梢，就必须将嫩梢摘去或用药剂将嫩梢杀除。外用乙烯利能明显促进杧果成花，在杧果花芽分化以前，每隔 15～20d 喷 1 次 200mg/L 的乙烯利，共喷 4～5 次，可明显增加花序。杧果实生苗至少要 6 年才能开花，但每隔 15d 喷 1 次 200mg/L 乙烯利，共 15 次，40 个月龄的实生苗就能开花。如用浓度为 400～800mg/L 乙烯利在嫩梢长 8cm 以下喷洒，4d 后可以杀死嫩梢，并促进杧果花芽分化。但要特别注意乙烯利的浓度，不能加大浓度，否则会造成杧果落叶。对于 12 月至次年 2 月份间未长出冬梢，但是树势较旺的树可用以下几种药剂促花。

①乙烯利。应用乙烯利促花常在现蕾前 1～3 月进行，国外报道使用浓度为 2 000～4 000mg/kg，每隔 10～15d 喷 1 次，连续 1～6 次；国内报道，用浓度为 100～200mg/L 乙烯利在 12 月至次年 2 月份，每隔 15d 连续喷 3～4 次，可明显促进杧果开花。②比久。用浓度为 800～1 000mg/L 比久在 12 月至次年 2 月份，每隔 15d 喷 1 次，连续 3～4 次，可明显促进杧果成花。③多效唑。多效唑控梢促花常进行土壤处理，11 月至次年 1 月份在树冠滴水线下挖 10cm 深的浅沟，均匀撒下 15% 的可湿性粉剂 2g，并保持土壤湿润，能有效促使杧果成花，但多效唑在土壤中的残留时间长，不能连续使用；叶面喷施多效唑浓度为 200～500mg/kg，每隔 7～10d 喷 1 次，连续 3～4 次，促花效果较好。④控梢灵、杀梢灵。分别在杧果末次秋梢老熟后喷施，每隔 10～15d 一次，连续 3 次；在多雨暖冬时，冬梢刚萌动或刚抽出时，喷杀梢灵 1～2 次，促花效果较好。⑤生长素。尽管有人认为生长素在杧果成花诱导中有一定的作用，但是几乎没有证据能证明这一点，对杧果成花的效应没有较一致的认识。

5.2.3　抑制花芽形成的技术

许多正常管理的果树，都有大小年结果，或者不规则结果的现象，大小年结果一直是果树生产中的一大问题。对于大年，由于花量多，用人工疏花要投入较大的人力物力，使用生长调节剂抑制果树花芽分化是解决这一问题的重要方法。不同的植物生长调节剂对果树开花或花芽分化的作用不同，有些植物生长调节剂对果树成花有促进作用，而有些生长调节剂对果树成花有抑制作用。乙烯利对柑橘、荔枝等木本果树的花芽分化有促进作用，而赤霉素对这些果树的花芽分化有抑制作用。因此我们可以根据果树的生长状况在不同时期施用不同的药剂对其花芽分化及开花期进行调控。

5.2.3.1 抑制柑橘花芽形成的技术

赤霉素抑制柑橘花芽分化最有效时期是花芽分化临界期，即生理分化期至形态分化期，提前或延后效果就降低。伏令夏橙在9～11月进行，喷洒浓度以100～200mg/L为宜。在11月至次年1月，用浓度为200mg/L赤霉素喷洒沙莫蒂甜橙，每隔两周喷1次，如果喷到12月底以后，则第二年不开花，如果喷到12月初止，则第二年依然开花，但花期推迟。温州蜜柑在1月份喷洒浓度为100mg/L赤霉素，抑花效果最显著；红橘在12月份喷洒与温州蜜柑相同浓度的赤霉素，第二年花量减少75％。但喷洒赤霉素后，第二年春梢和有叶结果枝明显增多，长势亦旺，在有严重倒春寒的地区要慎用。同时赤霉素抑制第二年花量的效果与当年结果负载量有密切关系，即当年结果多时，抑花效果显著，当年结果少则效果相对减弱。

5.2.3.2 抑制杧果花芽形成的技术

生产上，可以根据杧果树的生长状况在不同的时期施用不同的生长调节剂对杧果花芽分化和开花期进行调控。据在印度的试验认为，杧果在花芽分化前喷洒赤霉素可抑制花芽分化，延迟开花期约两周。另外唐晶等（1995）在广州试验认为，在11～12月份杧果花芽分化前连续喷洒浓度为100～200mg/L的赤霉素2～3次，到次年2～3月份施用15～20g含量15％的多效唑可湿性粉剂可将杧果的开花期推迟至6月以后，收果期在9～11月，而产量和品质与正常季节收果并无差异。

5.3 坐果及果实生长发育的调控

5.3.1 坐果的化学调控

花粉从花药传到柱头上称为授粉，精核与卵核的融合称为受精（曾骧，1990）。除单性结实和无融合生殖外，凡果树的坐果都必须以授粉受精为前提，授粉受精是果实发育的必要条件。雌花经过受精后花瓣和雄花萎蔫，柱头变褐枯落，子房开始膨大，标志着果实发育的开始，这个从花向幼果的过程转变称为坐果。

大量实验证明，坐果与子房内的多种激素及其水平有关。许多果实在受精后子房的生长素、赤霉素、细胞分裂素等生长促进类激素含量大大增加，而未受精的子房或胚珠中含有较高水平的生长抑制物质（脱落酸），但受精后此抑制物质水平迅速降低直至消失，在草莓、柑橘及荔枝等果树上均得到类似的结果。这就是说，坐果并不是由一种激素所决定，而是决定于各种激素的相互关系，特别是生长促进物质与生长抑制物质之间的相互平衡起着重要的作用。生长促进物质在植株体内的存在，对养分起着动员作用，吸引着大量的碳水化合物和其他养分向果实分配。同时，在新梢先端和幼叶中合成的生长素及赤霉素与同化物质一起向果实运输。因此，子房要发育成果实就需要其内源激素达到一定的平衡，不同种和品种的果实在发育过程中所需的激素平衡关系则有所不同。

　　影响果树坐果的因素主要有果树品种遗传特性、树龄、授粉受精、果园立地条件及管理水平等。通常果树的坐果率不高，如枣的坐果率仅为 0.13% ～ 0.4%，最高不超过 2%，李、杏也是花多果少的果树，杧果坐果率为 10% ～ 20%，柑橘的坐果率通常为 1% ～ 10% 不等。坐果率是形成产量的重要因素，而落花落果是造成产量低的重要原因之一。造成落花的主要原因有贮藏养分不足、花器官败育、花芽质量差，以及花期不良的气候条件如霜冻、低温、梅雨天气和干热风等。由于上述原因，导致花朵不能完成正常的授粉受精而脱落。造成落果的主要原因有授粉受精不良，子房所产生的激素不足、不能调运足够的营养物质促进子房继续膨大而引起落果，此外土壤干湿失调、病虫害危害等也会引起果实脱落。

　　为提高果树的坐果率，通常采用果园放蜂、人工授粉、施用植物生长调节剂、环剥（割）、摘心及施用叶面肥等措施。应用生长调节剂，可以改变树体内源激素的水平和不同激素间的平衡关系，而提高坐果率。生理落果期是果实生长素最缺乏的时候，这时在果面和果柄上喷生长调节剂，可以防止果柄产生离层，减少落果，以提高坐果率。正确施用生长调节剂可以收到提高坐果率的明显效应，目前国内使用的生长调节剂主要有萘乙酸、赤霉素、B$_9$、PP$_{333}$ 和 BA 等，使用浓度应根据具体条件和果树种类确定。但也有些果树或有些果树在特定的年份坐果率很高，通常需要进行疏花疏果，如黄皮、荔枝、龙眼等的大年结果树。

5.3.1.1　柑橘坐果的化学调控

　　柑橘树萌芽、春梢生长、开花及幼果的早期发育所需的养分主要为树体上年的贮藏养分，而每一品种，树体年贮藏养分的多少是相对固定的。因此，如果橘树萌芽展叶后春梢生长过旺，贮藏养分消耗过多，开花结果得到的养分就少，开花结果由于得不到充足的养分而造成大量落花落果，坐果率低。柑橘受精后，子房由于得到种子分泌的激素（主要是生长素）发育成幼果，种子又具有吸收营养物质的作用，果实能不断成长。受精的花不易脱落，种子少或种子发育不健全的果实容易落果，这与生长素有密切关系。单性结实的柑橘子房壁具有产生生长素的能力，因此果实仍能正常膨大。当种子分泌的激素过低，或无核品种子房壁产生的生长素不足时，就会导致加速落果。

柑橘生产中用于防止落花落果提高坐果率的生长调节剂主要有：

①多效唑。据浙江大学园艺系试验结果表明，于温州蜜柑、椪柑的花蕾期，选择阴天或晴天的傍晚，在1架25L水容量的喷雾器内加入15%的多效唑可湿性粉剂125g对温州蜜柑或167g对椪柑喷雾，喷湿程度以叶片滴水为止（喷雾时应重点喷春梢幼嫩部分）能控制春梢生长过旺，减少贮藏养分的消耗，同时叶片变绿增厚，制造同化养分的能力增强，保证花果得到充足的养分，坐果率显著提高。

②赤霉素（GA₃）。是目前公认效果较好，应用最广的保果调节剂，对无核品种特别有效，一般在谢花期至第一次生理落果期使用。在温州蜜柑、椪柑等橘树花谢2/3和谢花后10d左右，树冠分别喷洒1次浓度为30～50mg/kg的赤霉素，坐果率显著提高；对于花量较少的柑橘树，谢花后幼果期喷布浓度为100～200mg/L的赤霉素1次，保果效果十分显著。

③细胞分裂素（BA）。常用的有6-苄基腺嘌呤（6-BA），在完全谢花后用50～100mg/L喷布1次，或用6-BA 200～400mg/L＋GA₃ 100mg/L涂果，对防止第一次生理落果有明显效果。

④2,4-D。一般用的是2,4-D钠盐或2,4-滴丁酯，在谢花后春梢转绿后，用5～15mg/L喷1～2次，对提高坐果有一定效果。

5.3.1.2 荔枝坐果的化学调控

荔枝受精后，二裂子房中，通常是其中一室发育，另一室萎缩，但也有双室发育成双连果的，偶有3室发育成3连果。荔枝花多果少，素有"荔枝爱花不惜子"之说，体现为荔枝落花落果严重。荔枝一般最终坐果率只有1%～5%，比较丰产的淮枝品种，在栽培管理较好、无特殊灾害天气的情况下，最终坐果率也只有3%～9%。荔枝产量低，结果少，甚至颗粒无收，在很多情况下并不是无花，而是花而不实。荔枝花而不实的主要原因是开花和果实发育过程中，不能连续地获得所需要的内外条件，影响了果实的正常发育，导致果实脱落。荔枝落花落果严重、坐果率低，这除与授粉受精和果实本身发育进程密切相关外，还受其他内外因子的影响，开花习性的缺陷、树体营养状况差是重要的内因之一，自然天气状况的影响是重要的外因。

荔枝花果发育需要大量的营养，受内源激素的调节，因此树体营养和果实中内源激素水平及其平衡关系对荔枝坐果产生重要的影响。生产实践中许多增加树体养分的措施（如环割、环切或螺旋环剥等）和外喷植物生长调节剂可较明显地减少荔枝落果，提高坐果率。

据季作梁等人对'淮枝'的研究认为，细胞分裂素在荔枝果实发育前30d

含量高，这时受精合子发育，初生胚乳分裂与圆胚形成，细胞分裂素起促进细胞分裂的作用。荔枝种子的生长素最高峰出现在果实发育的第 2、第 3 阶段的迅速生长期（李三玉等，2002）。赤霉素在果实发育前 30d 含量较低，40d 左右达到高峰，进一步促进果实发育。乙烯促进果实的成熟和脱落，其高峰出现正是荔枝第 3 次落果高峰期。而促进器官衰老和脱落的脱落酸与果实生长发育过程的 3 次落果高峰相吻合。因此在荔枝果实生长发育的不同时期施用不同种类的植物生长调节剂进行保果，才能收到良好的效果。能减少荔枝落果，提高荔枝坐果的植物生长调节剂有赤霉素（九二〇）、萘乙酸、2,4 - D、2,4,5 - T 以及细胞分裂素类。但常用的是赤霉素和 2,4 - D，赤霉素的有效使用浓度为 30～50mg/L，2,4 - D 的有效使用浓度为 5～10mg/L，两者也可以混合使用，但必须注意使用浓度，适宜的浓度才有一定的保果效果。

　　试验证明，在荔枝谢花后 7d 左右用浓度为 10～20mg/L 细胞分裂素或 5mg/L 的 2,4 - D 药液喷洒，可明显提高坐果率；在 30d 后用浓度为 30mg/kg 赤霉素或 40～100mg/L 萘乙酸溶液喷洒亦能使落果减少，提高坐果率，增大果实，提高产量。据研究证明，用浓度为 1.0mg/L 的三十烷醇在荔枝盛花后和第一次生理落果前各喷 1 次，产量、单果重、坐果率分别为 13.7kg、28.3g、2.39%，而对照分别为 11.2kg、26.3g、1.17%。在盛花期、幼果期分别喷 1 次 10 000 倍天然芸薹素液，能提高坐果率。在第一次生理落果前喷 1 000 倍的细胞分裂素也可使坐果率提高。

5.3.1.3　龙眼坐果的化学调控

　　近年来龙眼落花落果现象严重，坐果率低，甚至本是大年结果的树也会出现花果少的情况。龙眼雌花经授粉受精后 3～20d，幼果开始分出大小果，此时出现第一次生理落果，该次落果占总落果数的 40%～70%。造成龙眼花多果少坐果率低有以下主要原因：①与冬暖春寒的气候有关，冬暖满足不了龙眼植株对低温的要求，春寒使花穗的前期花序发育缓慢，到了 4 月中下旬又常出现持续高温，造成花器发育时间短，影响花质，导致大量落花落果；②与花期阴雨有关，阴雨天气影响授粉受精；③与粗放的栽培管理有关，常因营养不足，花果发育不良，造成落果；④环境污染、有害气体、酸雨等的影响也常造成花果发育不良，坐果率低。

　　应用植物生长调节剂可以减少龙眼落花落果，提高坐果率，常用的生长调节剂有赤霉素、生长素（如 2,4 - D、NAA）和细胞分裂素（如 6 - BA、CP-PU）等。

　　①生长素类。据试验，浓度为 1～4mg/L 的萘乙酸（NAA），可提高龙眼花粉的萌发率 5.5%～5.7%。生产上应用最广的是 2,4 - D，浓度为 1～2mg/

L 的 2,4 - D 可极显著提高龙眼花粉的萌发率，比对照提高 25.1％～35.5％，用 3～5mg/L 的 2,4 - D 在花期和幼果期喷布，可起到保花保果、提高坐果率的作用。

②赤霉素类。作为生长调节剂应用的主要是 GA_3、GA_{4+7}，其中 GA_3 应用较广泛，用浓度为 15～30mg/L 的 GA_3，可提高花粉萌发率，比对照提高 18.2％～26.0％；用 GA_3 来保果，也可显著提高坐果率，生产上一般应用的浓度为 20～30mg/L。

③细胞分裂素类。应用较多的是 6 - BA，在雌花谢花后 1 周，喷洒浓度为 5～40mg/kg 的 6 - BA，可显著提高龙眼的坐果率。

④混合生长调节剂。在雌花谢花后 25～30d，喷洒浓度为 50mg/L 赤霉素 ＋5 mg/L 2,4 - D 混合液；在雌花谢花后 50～70d，即第二次生理落果期，喷洒浓度为 10mg/L 赤霉素＋5mg/L 2,4 - D，能起到提高坐果、保果壮果的作用。

龙眼具有"爱子不惜身"的习性，常有因挂果过多而造成大量落叶、树势衰退甚至死树的现象发生。而且因挂果过多，也会导致果实偏小、品质下降。因此通过适时的疏花疏果，对坐果进行调控，可有效地保持树体养分的供需平衡，提高产量和质量，并使其保持强壮的树势，有利于丰产稳产。但生产上多用人工方法来疏除龙眼花穗或果穗，较少用化学方法。

5.3.1.4　杧果坐果的化学调控

杧果因品种、气候条件等各种因素影响，坐果率很低，一般为 0.1％～6.0％，为了提高坐果率，常用植物生长调节剂赤霉素、萘乙酸、2,4 - D、三十烷醇、矮壮素和 6 - BA 等进行处理。

①赤霉素。杧果谢花后 7～10d 喷 1 次 50mg/L 赤霉素，在果实黄豆大小时再喷 1 次 100mg/L 赤霉素；或在谢花后 15～20d 喷 1 次，连续喷 2～3 次浓度为 50～100mg/L 的赤霉素，能有效减少落果，提高坐果率。

②6 - BA。在花期喷 250～400mg/L6 - BA，能有效提高坐果率。

③萘乙酸。用浓度为 50～100mg/L 的萘乙酸在谢花后和果实似豌豆大小时各喷 1 次，可减少生理落果。萘乙酸不溶于水，使用前先用酒精溶解，再加水喷洒。或者开花前喷 20 000～25 000 倍液的萘乙酸，在果实呈豌豆大小时喷 500 倍液的矮壮素，也能明显提高坐果率。

④2,4 - D。在谢花后 7～10d 用浓度为 5～10mg/L 的 2,4 - D 喷施树冠可减轻落果，提高坐果率 3％～5％；或在开花前或果实子弹大小时喷施 10～40mg/L 2,4 - D＋20～40mg/L 萘乙酸；或在谢花后 15～20d 喷 1 次，连续喷 2～3 次浓度为 10～15mg/L 的 2,4 - D 溶液，都可有效提高杧果的坐果率。但

是 2,4-D 又是一种除草剂，药性很烈，容易造成药害，轻者造成果实变形，重者造成树体落叶，所以千万别随便提高浓度。

5.3.2　果实生长发育的化学调控

果树授粉受精完成后，子房开始膨大，单子房的果实直接进入幼果发育期，双子房的荔枝、龙眼果实大多有 10～15d 的子房并粒分大小的过渡期，随后进入幼果发育期。多数果实的生长周期为 4～5 个月（15～20 周），但也有短至 3 周（如草莓），长至 60 周（如夏橙）的。不管生长周期的长短，不同果实都要经历细胞分裂、细胞膨大、果实密度增大三要素的变化，使一个幼小的受精子房（以正常情况而言）到成熟果实的体积与重量及内部素质的巨大变化。

果实的生长发育需要大量的养分，但它们本身不能合成养分，所需养分都来自外部，果实是一个强有力的库，果实中胚的发育及种子的多少决定了库的强度，在多种果树（如葡萄、番荔枝等）中种子的数目和在果实中的分布，常常影响果实的大小和形状。

果实前期的生长对种子发育的依赖作用，是因为种子尤其是胚乳和正在发育的胚是多种内源激素合成的中心。由于所产生的大量激素对养分动员作用，使受精的果实成为强大的库，可与正在旺盛生长的枝条进行养分竞争。但是，不同树种果实的发育对种子的依赖程度不同。

大量研究表明，果实或种子内源生长素含量的变化与果实生长率之间没有明显相关；赤霉素含量的动态变化与果实的生长动态也并不是完全一致；细胞分裂素在果实受精后的细胞分裂期与细胞分裂的活性正相关，但果皮分裂停止后，细胞分裂素活性仍居高不下；幼果发育期能检测到乙烯，进入成熟阶段时才产生大量乙烯，乙烯不仅促进果实成熟，对果实生长和干重的增加也有促进作用；在果实整个发育过程中均能检测到 ABA 存在，并发现一些果实的 ABA 含量与种子及果实的生长率存在正相关。

实际上关于激素与果实生长发育的关系是复杂的。各种激素均在果实内产生，各种激素对果实的生长发育均有一定的作用；果实的生长发育是多种激素相互作用的结果，单独一种激素的作用往往被掩盖，多种激素间的相互平衡关系可能对果实的生长发育更起作用；不同果实或同一种果实在不同的生长阶段，控制果实生长发育的激素不同，起限制作用的激素可能也不同，若其中一种激素的含量特别低，限制了果实的生长，则其他激素的生理作用也会不明显。

使用植物生长调节剂正是调节了果实内源激素间的平衡关系，因此促进果实的生长发育，并已在许多果树上获得成功。

5.3.2.1　柑橘果实生长发育的化学调控

柑橘果实由子房发育而成，是最具种类品种系统特征的器官。柑橘果实自谢花后子房成长至成熟时期较长，随着果实增大，内部也发生组织结构和生理的变化，表现出一定的阶段性。开始是果皮的增厚，接着是果肉（汁胞）的增大为主，最后果皮果肉显现品种果实固有色泽、风味而成熟。根据果实发育过程的细胞变化可分为细胞分裂期、细胞增大前期、细胞增大后期及成熟期。在柑橘生产中，应用植物生长调节剂促进果实肥大，对解决目前生产上普遍存在的管理不当而造成的果实偏小问题，提高柑橘鲜果商品价值，增加橘农收入具有积极的意义。从柑橘果实的生长过程来看，使用植物生长调节剂应当在果实细胞增大前期进行。

①细胞分裂素类。据倪竹如等（2000）的研究表明，在 7 月初，椪柑定果期用 $100\sim200mg/L$ 的 BA 叶面喷布橘树，可显著促进果实的生长和膨大，处理组果实横经 $\geqslant6.5cm$ 的大果百分率较对照增加 $7.51\sim22.65$ 个百分点，而横径 $<5.5cm$ 的小果百分率较对照减少 $12.59\sim24.66$ 个百分点，且增加了单果重，BA 促进果实增大的效应随着施药时间的提早而增强。

CPPU 是一种活性很强的苯基脲类细胞分裂素，是一种果实发育的促进剂。据聂磊等（1999）的研究，在盛花后 5d 和 20d，用 $20\sim100mg/L$ 的 CPPU 对沙田柚果实进行表面喷布处理，CPPU 能促进纵径和横径的增长，并且明显提高果实的单果重和产量。

②赤霉素类。据吕均良等（1999）研究，$100mg/L$ 的赤霉素在盛花期喷布处理，能显著增大金柑果实的单果重。另据王长方等（2004）研究，用 $10mg/L$、$20mg/L$、$30mg/L$ 和 $40mg/L$ 的赤霉素，先后在福橘幼果初显期及第二次生理落果前对果实进行处理，平均单果重分别比对照增加 1.7g、1.7g、7.7g 和 10g，果实纵、横径也分别比对照果增大。

③生长延缓剂类。烯效唑，是一种高效新型植物生长调节剂，并兼有杀菌作用。据陈世平等（1998）研究，用 $150mg/L$ 的烯效唑对温州蜜柑进行喷布处理，处理的果实平均单果重为 120.6g，较对照提高 15.19%，平均单株产量为 89.6kg，对照为 77.5kg。表明烯效唑能明显促进果实增大，提高果实单果重和树体产量。

多效唑，据陈巍等（1994）研究，应用多效唑 $500mg/L$、$750mg/L$、$1\,000mg/L$ 处理，能显著或极显著提高四季柚当年的坐果率，同时经过处理的果实纵径分别比对照增大 1.43cm、1.79cm、1.88cm，横径分别比对照增大 1.67cm、1.43cm、1.82cm，达到显著或极显著水平。

④复合生长调节剂。"多果宝"是用 CTK、HMQ 等研制成的一种新型植物生长调节剂，它根据柑橘果实育的生理特性，在谢花后期及第一次生理落果末期处理，促进幼果的细胞分裂，加速养分向果实转运，从而减少幼果的脱落及加速果实的膨大。据陈世平等（2000）研究，用 200mg/L 的"多果宝"对 12 年生的温州蜜柑进行喷施处理，平均单果重、株产分别为 124.2g、96.1kg，而对照（喷清水）的分别为 113.4g、75.6kg。

5.3.2.2　荔枝果实发育的化学调控

荔枝雌花经过授粉受精后即开始果实的生长发育，荔枝果实的发育，不论是早、中、晚熟品种，也不论是种子发育正常或种子败育，都是呈单 S 形生长。据李建国（2003）对大核的淮枝和焦核的糯米糍果实发育过程的观察和研究认为，荔枝果实的发育可划分为 2 个时期（第 I 期和第 II 期），第 I 期是以果皮和种皮发育为主，（约占整个生长期的 2/3，花后 0～53d），为果实缓慢生长阶段；第 II 期为假种皮的快速膨大生长阶段，假种皮的快速生长挤占果皮提供的空间并对果皮形成生长应力，果皮相应延伸，从而使果皮逐渐变薄。

荔枝果实发育期主要以生殖生长为主，但也伴随着营养生长，如何协调两者间的矛盾关系，使果实得以继续正常发育，是荔枝保果壮果、促进果实生长发育的关键。应用化学药物（主要指植物生长调节剂）调控树体的营养生长与生殖生长，可有效控制夏梢的萌发，促进果实的生长发育。

合理使用植物生长调节剂对荔枝能起到保果壮果作用，促进果实的生长发育，增加树体产量。生产中常用于荔枝壮果、促进果实生长发育的植物生长调节剂有赤霉素、NAA、B_9、6 - BA、2,4 - D 和 2,4,5 - TP 等。

①生长素类。在花后 30d 用浓度为 40～100mg/L 的萘乙酸喷洒荔枝树冠，可明显促进果实发育，增大果实大小，提高树体产量（李三玉等，2002）。

②赤霉素类。在花后 30d 用浓度为 20mg/L 的赤霉素喷洒荔枝树冠，可减少荔枝落果，促进果实发育，增大果实大小，提高产量（李三玉等，2002）。

③复合植物生长调节剂。如 ABT。ABT 绿色植物生长调节剂是中国林科院在 ABT 生根粉（增产灵）的基础上研制成的又一类水溶性植物生长调节剂。据刘革宁等（1998）研究，分别用浓度为 10mg/L、15mg/L 的 ABT 生长调节剂 8 号（粉剂）对荔枝树冠进行喷施处理，单果重比对照分别增加 11.54％和 21.69％；而用浓度为 10mg/kg、15mg/kg 的 ABT 生长调节剂 9 号（粉剂）对荔枝树冠进行喷施处理后，单果重分别比对照增加了 18.56％和 2.96％。喷施 ABT 生长调节剂后，由于增强了树体的酶活性和光合强度，促进生长和果实发育，从而使果形增大，单果重增加。据李建国等（1999）研究，壮果增色素可显著提高荔枝果实大小促进果实着色，与常规的荔枝壮果保

果技术（在盛花后 10d 喷 5mg/L 的 2,4 - D 和盛花后 50d 喷 40mg/L 的 GA_3）相比，荔枝果实横径增大 9.7%，单果、果皮、种子及果肉的鲜重分别增加 27.1%、26.9%、31.4% 和 8.3%。壮果增色素增大荔枝果实的原因可能是促进了前期果皮的发育，从而导致大果皮的形成，促进了种子的发育与成熟，促进了后期果肉的生长。

5.3.2.3 龙眼果实生长发育的化学调控

龙眼雌花经过授粉受精后，果实便开始生长发育。果实的整个生长发育期因品种和各地积温的不同而有差异，一般需 110～130d。在龙眼果实生长发育过程中，果实各部分的发育是先后交替而各有侧重地连续协调进行的。受精后龙眼果实不断增大，坐果的第一个月种子先发育，纵径增大比横径快。6 月中旬果肉从种子基部长出，6 月底至 7 月上旬发育迅速，因此，果实后期横径增长速度大大超过纵径的增长速度。龙眼果实增大最快在 7 月上旬以后，此期的肥水供应与产量关系密切。

龙眼果实发育除受树体营养水平影响外，与内源激素种类及其消长关系密切。授粉受精后，当生长型激素 IAA、GA_3、CTK 的含量较高时坐果率较高，当它们的含量下降而抑制型激素 ABA 含量高时则易导致落果。在第一次生理落果时，内源 CTK 含量较低，而第二、三次生理落果时，GA_3 含量显著下降，而这三次生理落果前均有一个 ABA 含量高峰。在果实生长期，内源 IAA、GA_3 的两次明显高含量分别于果皮生长、种胚及假种皮的开始生长期相符合，从而促进果实发育。因此适时使用植物生长调节剂可以减少龙眼的生理落果，提高龙眼的坐果率，并促进龙眼果实生长发育，起到增大果实的作用。常用的生长调节剂有赤霉素、生长素（如 2,4 - D、NAA）和细胞分裂素（如 6 - BA、CPPU）等。

①赤霉素类。赤霉素对龙眼除了有保果作用外，对龙眼的快速生长（细胞膨大）也作用显著。据刘铭环（1995）研究，在龙眼谢花期、第一次生理落果期、第二次生理落果期各喷一次"九二〇"，果实的平均单果重、单株产量分别为 9.80g 和 20.79kg，分别比对照的 8.77g、16.22kg，增加 16.30% 和 26.76%。表现出"九二〇"明显促进果实生长发育的作用。另据邓九生等（1998）研究，在龙眼果实旺盛生长时，喷施 10～50mg/L 的 GA_3 可显著促进假种皮的发育，提高果实单果重。

②生长素类。2,4 - D、NAA 等有促进植物细胞分裂、促进果实生长的作用。试验证明，在雌花谢花后 25～30d 喷 50mg/kg 赤霉素＋5mg/kg 2,4 - D 混合液，或在谢花后 50～70d，即第二次生理落果期喷洒浓度为 10mg/kg 赤霉素＋5mg/kg 2,4 - D 混合液，能起到良好的保果及壮果作用，并促进果实的

生长发育。

③细胞分裂素类。试验证明，在雌花谢花后 1 周喷洒浓度为 5～40mg/L 的 6 - BA，对龙眼果实的生长发育有明显的促进作用。

利用植物生长调节剂喷施龙眼，必须根据龙眼本身的生理特性、生育期、所处的生态环境条件进行处理，选择适当的生长调节剂，以适当的浓度进行喷施，才能取得预期的结果。

5.3.2.4　杧果果实生长发育的化学调控

杧果的果实为肉质核果，但其生长发育规律不同于其他核果类，呈单 S 型生长，即授粉受精后不久生长缓慢，随后果实生长速度成指数增加，然后增长速度又减慢，直至果实成熟前 2～3 周增大基本停止。

杧果从开花受精后至果实成熟所需时间因品种、气候条件及纬度差异而不同，需 110～150d。在杧果果实整个生长发育过程中落果极为严重。据 20 世纪 60～70 年代广西农学院对 6 个杧果品种的观察，平均每百个豌豆大小的杧果幼果，其熟果率仅为 0.42%～14.85%，平均每穗收果 0.3～2.9 个。谢花后不久的落果主要是幼果受精不良，幼胚引起死亡，而果实迅速增大时期的落果，是因为养分供应不足和病虫、风等危害所致。此时若能加强栽培管理，合理使用保果、壮果措施，可以有效地减少落果、促进果实生长发育，提高产量。

影响杧果果实生长发育的因素除环境条件（温度、水分等）、树体营养水平外，杧果果实的生长发育同时受激素平衡的调控，是多种激素相互作用的结果。一般认为种子是生长素和赤霉素的合成中心，生长素不断合成并向离层运转对坐果及果实发育至关重要，脱落的果实中皮层及萼片组织中含有较少的生长素，种子败育常引起大量落果，生产中，开花前对具有小果的花穗喷洒生长素可提高坐果，并促果实发育。在杧果果实发育过程中，高含量的细胞分裂素可诱发细胞分裂，以果肉细胞增加为主；赤霉素可促进果实生长和发育。

生产中细胞分裂素、生长素和赤霉素等激素及类似的生长调节剂能有效促进果实生长、发育及膨大。

①生长素类。用浓度为 50～100mg/L 的萘乙酸在果实呈豌豆大小时对树冠喷施，对杧果果实可起到保果作用，并能促进果实的生长发育。

②赤霉素类。在杧果长到似橄榄大小时，用浓度为 50～100mg/L 的赤霉素对树冠喷洒，可明显促进果实发育，提高果实产量。

5.3.2.5　香蕉果实发育的化学调控

香蕉果实由雌花的子房发育而成，少数中性花也可发育成果实，但果形短小，无经济价值，绝大多数香蕉是单性结实没有种子的。

香蕉果实的生长在抽蕾前已开始，主要是果皮的生长。果肉的生长要等到果指上弯后才开始。香蕉果实的生长可分为3个时期，即细胞分裂期（至抽蕾后4周）、细胞膨大期（抽蕾后4～12周）及成熟期（抽蕾后12～15周），果实呈单S型生长。据印度学者报道，抽蕾后14d，果实获得了50%～64%的长度和36%～49%的粗度（直径）。在多数情况下，抽蕾后1个月内快速生长，平均每天伸长1.4～4.3mm，以后生长缓慢。

外界环境条件对香蕉果实生长发育（果实大小）影响很大，果实生长期的气温和水分对果指的伸长十分重要，此时如气温适宜，水分充足，果指就长、粗。此外，在果实生长期，对果实喷施植物生长调节剂如细胞分裂素、2，4-D、萘乙酸、赤霉素等，对增加果指长度、促进果实生长发育有很好的效果。

①细胞分裂素类。据蒋跃明（1996）研究，在威廉斯香蕉断蕾5～7d喷施复合植物生长调节剂（主要成分为细胞分裂素）后，明显增长香蕉果指长度和径围大小，促进果实的生长发育，在香蕉采收时，处理组香蕉果指长度和径围分别比对照平均增长了2.6cm和0.8cm。

②生长素类。2,4-D能促进香蕉果实的生长发育，据张汉城（1995）研究，香蕉在断蕾后形成幼果实喷施2,4-D后能增加果指的长度和饱满度，从而提高产量，但以5～8mg/L 2,4-D+0.025mg/L"增果灵"效果最好，果指长度比对照（清水）增长22.35%，果指平均增大5.53%。

③复合织物生长调节剂。香蕉壮果灵是由多种植物生长调节剂、微量元素配置成的，据孙立南等（2000）研究，用浓度为667mg/kg的香蕉壮果灵于截蕾前后3～4d各喷1次，二成成熟前再喷1次，共3次，喷施壮果灵的香蕉果串比对照（清水）增长35.0%，香蕉周径比对照增长8.1%，重量增长25.4%，表现出对香蕉果实生长发育的促进作用。

5.3.3 果实成熟的化学调控

果实成熟是指果实内部发生一系列的复杂的质的变化，使果实特有的色泽、香味、风味、质地得以充分表现而达到最佳的食用品质的过程。主要表现在：①果实变甜，在未成熟的果实中贮藏许多淀粉，所以早期果实无甜味，到成熟后期，呼吸骤变出现后，淀粉转变为可溶性糖，使果实变甜；②酸味减少，未成熟的果实中，在果肉细胞的液泡中积累很多有机酸，在果实成熟过程中，多数有机酸含量下降，有些有机酸转变为糖，有些则由呼吸作用氧化成CO_2和H_2O，有些则被K^+、Ca^{2+}等所中和；③涩味消失，没有成熟的柿子、李子等果实有涩味，这是由于细胞液内含有单宁，这些果实成熟时，单宁被氧化成无色为的过氧化物，或单宁凝结成不溶于水的胶状物质，涩味消失；④香味产生，果实成熟时产生一些具有香味的物质，这些物质主要是酯类和一些特殊的醛类；⑤由硬变软，果实成熟时由硬变软，这与果肉细胞壁中层的果胶质变为可溶性的果胶有关；⑥色泽变艳，果皮中的叶绿素被逐渐破坏丧失绿色，而叶绿体中原有的类胡萝卜素仍较多存在，呈现黄色，或者由于形成花色素而呈现红色。

在果实成熟过程中，生长素、赤霉素、细胞分裂素、脱落酸、乙烯等五大类植物激素都有规律地参加到代谢反应中，通过测定柑橘、苹果等果实成熟过程激素的动态变化发现，在开花期与幼果生长期，生长素、赤霉素、细胞分裂素的含量较高，而在成熟时乙烯、脱落酸的含量较高。

果实组织中生长素含量的高低，会影响果实对乙烯的敏感性，在自然条件下，随着果实的生长发育，生长素含量下降至一定水平，果实对乙烯达到敏感阶段，同时果实内源乙烯逐渐增多，当增多到有效浓度以上，就开始了成熟过程。赤霉素对果实成熟过程的作用效果并不明显，在许多果实成熟过程中，赤霉素水平下降，在果实进入成熟衰老时，内源赤霉素一般转化成无活性的物质。细胞分裂素可延迟植物细胞的衰老，对果实成熟则主要是延迟果皮的衰老，延迟果皮褪绿及变色。乙烯促进跃变型果实呼吸跃变进而促进成熟，乙烯诱导果实成熟的过程与其促进组织衰老和 IAA 水平的降低相关；乙烯对非跃变型果实成熟的促进作用不明显，但乙烯可影响其果皮的衰老和成熟。脱落酸具有加速衰老的作用，脱落酸参与调节了一些果实成熟如苹果、柑橘、葡萄的成熟过程。生产中有很多实践利用植物生长调节剂对果实成熟进行调控。

一是促进成熟，提早成熟期。在许多地区尤其是一些气候冷凉、积温不足或果实上色不好的地方，应用植物生长调节剂加速成熟是果树栽培中的一项重要技术。例如在葡萄浆果缓慢生长期的后半期，用 500mg/L 的乙烯利浸蘸果穗可缩短浆果生长的缓慢阶段，提早 4～6d 成熟。在常绿果树生产上也有用植物生长调节剂来促进果实成熟的，例如在柠果生产中，当果实长到豌豆大小时喷布 200mg/L 的乙烯利，可使果实提前 10d 成熟；同时用乙烯利对果实进行采后催熟处理也已广泛应用于生产实践。

二是抑制成熟，推迟成熟期。香蕉是呼吸跃变型果实，在运输过程中很快成熟，研究如何延迟成熟意义重要，在牙买加，有应用 GA_{4+7} 来延长香蕉保持绿色的时间，推迟成熟。在南非有用 GA 来推迟葡萄柚采收期，增强市场竞争力。

5.3.3.1　柑橘果实成熟的化学调控

5.3.3.1.1　促进果实成熟的化学调控　我国柑橘栽培的品种多数在 11 月至次年 1 月间成熟，在 11～12 月成熟的更为多数。这样，大量的鲜果都在短期内涌向市场，给储运、保鲜造成很大的压力。为使柑橘果实能平衡供应市场，对柑橘进行产期调节是一个有效的方法。使用植物生长调节剂对柑橘进行催熟，促进果实成熟在生产中应用较多。

①树上喷果或涂果。实验证明，在温州蜜柑或脐橙果实果顶出现黄色时，温州蜜柑用浓度为 $100\sim250mg/L$ 的乙烯利对果实喷雾，脐橙用浓度为 $200\sim250mg/L$ 的乙烯利加 1% 的醋酸对果实进行喷雾，均可使果实相应提早 $1\sim2$ 周成熟。用吲熟酯（J_{455}）喷布，可使果实提早成熟，在脐橙盛花后 3 个月，间隔 $2\sim3$ 周喷 2 次 $100\sim200mg/L$ 的吲熟酯，可提早 $1\sim2$ 周成熟。据郑重禄（1997）研究，在温州蜜柑果实膨大期的 8 月 10 日及 24 日两次分别喷布 $500\sim1\,500$ 倍的"15%柑橘催熟增糖灵"，可使温州蜜柑提早 $5\sim8d$ 成熟。另据邓崇岭等（1994）研究，在宫川温州蜜柑果顶开始转黄时，用 500 倍的"早熟灵"对树冠进行喷布，可是果实提早 $8\sim15d$ 成熟。

②采后浸果。在果实初具鲜食熟度时用乙烯利浸果数秒钟，例如在早熟椪柑和温州蜜柑用浓度为 $400\sim600mg/L$ 的乙烯利，甜橙用 $500\sim1\,000mg/L$ 的乙烯利浸果，可使果实提前 $1\sim2$ 周成熟。

5.3.3.1.2 延迟果实成熟的化学调控 延迟柑橘果实成熟比较成功的研究有夏橙和柠檬。在美国加州，伏令夏橙成熟期是 $4\sim5$ 月，如果在成熟前喷浓度为 $20\sim40mg/L$ 的 2,4-D 或 $20mg/L$ 2,4-D $+20mg/L$ GA_3，可挂果延迟至 $9\sim10$ 月采收。通常柠檬成熟时是市场淡季，在柠檬果实显黄前喷布浓度为 $10mg/L$ 的 GA_3，可延迟果实变黄，推迟成熟，供应市场。

果实留树保鲜是指人们根据市场的预测，有意将一部分果实，通过化学调控处理，使果实仍留在树上进行保鲜，分期分批采收，2%柑橘留树保鲜剂（主要成分为 GA_3）在使用时加水稀释 1\,000 倍喷洒即可。最适使用时间是柑橘果实表面由浓绿色转变为淡绿色时，在江西产区于 9 月底，开始整株树喷第一次，以后每隔 1 月喷一次，重点喷果实，一般连续喷 2 次即可，可延迟到春节前后采收。另外据四川对红橘进行留树保鲜实验，在成熟采收前 20d 左右，喷 $50mg/L$ 的 2,4-D 或 $20mg/L$ 2,4-D $+20mg/L$ GA_3，可有效延迟采收期 $2\sim2.5$ 个月。

5.3.3.2 荔枝果实成熟的化学调控

关于荔枝果实成熟与内源激素的关系，内源脱落酸在荔枝成熟前急剧上升，认为是启动荔枝成熟的主要激素（Wang et al，2001），但也有一些研究表明外源乙烯对荔枝成熟有着不可排除的效应。同一地区种植的同一品种的荔枝，可应用植物生长调节剂进行调控，控制果实的发育进程，控制果实的成熟期，从而实现分期分批成熟和上市。

5.3.3.2.1　促进果实成熟的化学调控　有实验研究表明，在荔枝即将成熟期喷浓度为 30～50mg/L 的乙烯利，可使荔枝果实提早 3～5d 成熟。据尹金华等（2001）研究，在花后 60d，果实转色之前对荔枝喷布浓度为 10mmol/L 的 STS（一种乙烯形成抑制剂），发现 STS 有明显抑制荔枝果实转色、延迟荔枝成熟的作用，这也说明乙烯对荔枝成熟的促进作用。据黄建昌等（2001）研究，在糯米糍荔枝冬季花芽分化期、花后 10d、15d、50d、60d，分别用 300 倍的 PBO 和 200mg/L 的 EP 喷布树冠，发现均能使果实提早 9d 成熟。

5.3.3.2.2　延迟果实成熟的化学调控　外施赤霉素、生长素、细胞分裂素及乙烯形成抑制剂可延迟荔枝的成熟期。如在荔枝即将成熟期用浓度为 20～30mg/L 的赤霉素或 50～100mg/L 的生长素或 30～50mg/L 的 KT-30，可适当延迟荔枝 5～10d 成熟。

5.3.3.3　龙眼果实成熟的化学调控

龙眼果实成熟与品种、地区、气候有关，各省区龙眼成熟期大致在 8～9 月，福建龙眼以 8 月下旬至 9 月中旬居多。

据黄桂香等（2003）研究，在龙眼枝梢全部老熟、冬梢全部抹去后，用浓度为 500～550mg/L 的多效唑或 400mg/L 乙烯利喷施树冠，发现多效唑对龙眼提早开花、提早成熟有明显的作用（提早 7～14d 达到成熟可食的最佳状态），乙烯利对龙眼也有促花早熟的作用，但不如多效唑的作用明显。

据张格成等（1999）研究，龙眼早熟种在幼果两个生理落果高峰期前喷布芸苔素，果实成熟期提前 7～10d，可食率增加。

5.3.3.4　杧果果实成熟的化学调控

杧果果实成熟属呼吸跃变型，从幼果期起呼吸开始下降，成熟时出现一个明显的呼吸高峰，发生一系列急速的成分上的变化，包括细胞构成物的水解和变软、有机酸的变化、乙烯生成量上升及色泽的变化等。

当杧果果实如豌豆大小时喷布 200mg/L 的乙烯利，可使果实提前 10d 成熟。杧果的采后乙烯催熟已应用于生产，通常在果实未转色时采收并进行贮藏、运输，在贮藏期间成熟。在贮藏室中通入 10～20μL/L 的乙烯，每 2h 更换一次贮藏室空气，保持 92%～95% 的相对湿度，可使果实成熟，在乙烯处理时提高室温至 30℃，可加速成熟过程，最适处理时间为 12～24h，依果实成熟度而不同，这样处理后果实可比对照提前 2～3d 成熟（石尧清等，2001）。

5.3.3.5　香蕉果实成熟的化学调控

香蕉是没有固定物候期的果树，个体植株只在生长发育到一定程度就可开花结果，因此每年各个季节都可以见到香蕉上市。关于香蕉成熟的化学调控研究报道的很少，在生产上应用的也不多，孙立南等（2000）研究认为在香蕉截蕾前后 3~4d 各喷一次香蕉壮果灵，二成熟时再喷一次，共喷 3 次，能使香蕉生长迅速，提早 10~20d 成熟；而关于香蕉后熟即采后催熟与保鲜的研究比较多，也更有实际意义。

香蕉是典型的呼吸跃变型水果，对乙烯非常敏感，微量的乙烯即可启动香蕉果实的成熟，一旦果实成熟，则很快转黄变软，果柄脱落，腐烂变质，影响价值。香蕉通常在 6.5 成熟时就可采收经催熟后基本可食，成熟度超过 9 成时，催熟后容易开裂。

5.3.3.5.1　香蕉催熟

①乙烯利催熟。这种方法在我国应用较普遍，催熟香蕉使用的浓度为500~1 000mg/kg，温度高时使用浓度要低，温度低时使用浓度可高些。

②乙烯直接催熟法。即在催熟房中直接通入乙烯气体，这种方法在国外应用较多。乙烯气体用量为催熟房体积的 1/1 000，即催熟房体积为 1 000m³，则需要用 1m³ 的乙烯，气体通入催熟房 24h 后应通风换气。乙烯气体的制备用乙烯利加碱后产生乙烯气体。

这两种方法催熟，温度一般在 15~25℃，空气相对湿度要求达到 95% 以上，这样催熟的香蕉果皮颜色鲜黄，有光泽。

5.3.3.5.2　香蕉延缓成熟

据吴振先等（2001）研究，在香蕉果实青硬状态下，用 1 - MCP 处理香蕉果实，可以明显延缓香蕉果实变黄和硬度的下降，推迟呼吸高峰的到来，有效延迟后熟，其中以浓度为 100nL/L 和 300nL/L 处理最明显。

5.3.4　果实着色的化学调控

果实外观色泽是其商品价值的重要体现，应用植物生长调节剂促进果实着色，一直受到果树生产者的重视，也是目前生产上推广应用的一项技术。据邓伯勋等（1994）研究，于 8 月中旬对温州蜜柑成年树喷一次 200~300mg/L 的早熟灵后，显著改善了果实着色，并能提早果实着色 13~16d。促进果实着色的原因可能与果实体内乙烯的产生有关，经过处理的果实体内乙烯产生量增加，从而导致果实中糖分的积累和多糖的转化，促进了花色素的形成；也有研究认为，ABA 处理显著提高了苹果果皮花青苷含量，可有效促进果实着色。

5.3.4.1　柑橘果实着色的化学调控

类胡萝卜素是柑橘果实呈色的主要色素，类胡萝卜素的含量及组成决定柑橘果实的色泽。在柑橘果实成熟时，其果皮色泽的形成是由于果皮中叶绿素的降解和胡萝卜素的积累。用植物生长调节剂乙烯利、2,4 - D 和 GA 可调节果皮中胡萝卜素的含量，从而可使柑橘果皮的色泽变浓或变淡。

①赤霉素。据蔡金术等（2005）对温州蜜柑研究，在谢花 3/4 及第二次生理落果期，用 4% 赤霉素 EC 1 000～3 000 倍处理后，在收获时，处理的果实 90% 以上果面呈橙黄色，着色均匀，果面光滑，而对照的果实只有 70% 果面着色。但据王贵元等（2004）在红肉脐橙上研究认为，外源 GA 处理后，延缓了果皮叶绿素的降解，抑制了类胡萝卜素的积累，阻碍了果皮类胡萝卜素的形成，不利于果皮的着色（红色度显著减少），而增加了果皮的亮度。

②ABA。据王贵元等（2004）研究，外源 ABA 处理在一定程度上能促进红肉脐橙果皮的着色（红色度和黄色度增加），但会使果皮略变粗糙。

③乙烯利。生产上应用乙烯利（200～500mg/L）增进柑橘果皮色泽，促进柑橘着色的效果是明显的，但常会造成严重的落叶，在喷布时不能加用表面活性剂，以免加重落叶，另外，在喷布时加入少量硫酸锌或醋酸钙（5×10^{-5} mol/L）可减轻叶片脱落。

④复合生长调节剂。有研究表明，在温州蜜柑果实膨大期对树冠喷 15% 柑橘催熟增糖灵 500～1 500 倍，可改善果实着色，处理的果实果面呈橙黄色，果肉呈红至橙红色，而未经处理的果实果面呈浅黄色，果肉呈黄红色。此外，早熟灵在提早柑橘着色、促进柑橘着色方面也有很好的效果。

5.3.4.2 荔枝果实着色的化学调控

荔枝果皮着色与叶绿素的降解和花青苷的合成有密切关系，多数品种先褪绿转黄，然后逐渐显现红色并逐渐加深，果实成熟时的表面颜色为红色，但有些品种如妃子笑、三月红退绿缓慢，达到最佳食用成熟度时，果皮仍为绿色带局部红色，常常着色不良，大大降低了商品价值，着色不良的原因主要是叶绿素分解慢，阻碍了花青苷的合成。根据生产上的经验，只要延迟采收，妃子笑果实着色面积也可以达到 90% 以上，但'妃子笑'在果皮部分转红时食用品质最佳，若等到自然全红，由于含糖量下降（俗称退糖），食用品质已经下降。因此生产上多应用植物生长调节剂来促进妃子笑荔枝果实的着色。

李平等（1999）研究表明，在妃子笑荔枝盛花后 20d 和 50d，分别多效唑、乙烯利等生长调节剂直接喷洒荔枝果面后，多效唑、乙烯利等均能不同程度地促进花青苷的形成而促进果皮的着色，且能使阴阳面果面着色差异减少，果面着色均匀，并认为调控荔枝着色的关键期在花后 50d，多效唑的最佳浓度为 200mg/L，乙烯利的最佳浓度为 200mg/L。

胡桂兵等（2000）研究表明，在妃子笑荔枝盛花后 45d，分别对树冠喷布 100mg/L 和 200mg/L 的多效唑，200mg/L 和 400mg/L 的乙烯利，40mg/L 和 80mg/L 的 NAA，均能明显促进了果实现红，有利于果实的着色；而对树冠分别喷 50mg/L 和 100mg/L 的 6 - BA，1 000mg/L 和 2 000mg/L 的 B_9 后，则抑制了荔枝果实现红，不利于荔枝果实着色。另据尹金华等（2001）用一种乙烯形成抑制剂 STS 于荔枝果实转色前进行处理，结果表明 STS 延缓了荔枝果皮花青苷的合成和叶绿素的降解，这说明了乙烯对荔枝果实着色的重要作用。

据李建国等（1999）研究，在荔枝盛花后 10d、45d、65d 各喷一次壮果增色素，壮果增色素提高了果实大小，促进了果皮着色。壮果增色素促进果皮着色主要在于提高了荔枝果皮中花青苷的含量，同时降低了其叶绿素的含量，从而有利于改善果皮的着色。

黄建昌等（2001）研究了 PBO、EP 等复合植物生长调节剂对荔枝果实着色的影响，结果表明 PBO、EP 均能显著提高果皮的着色面积和果皮中花青苷的含量，促进果实着色。

5.3.4.3　杧果果实着色的化学调控

杧果属于呼吸跃变型水果，通常在果实黄绿或绿色时采收，经过一定的后熟期，才能达到可食的成熟状态。在杧果果实后熟过程中，使用植物生长调节剂可以调节其色泽。用 2,4 - D、GA_3、NAA 等生长调节剂可延缓果皮转黄，而用乙烯利、ABA 等可加速果皮转黄。据周玉婵等（1996）研究，认为 2,4 - D、GA_3、NAA 等抑制了杧果果皮中类胡萝卜素的合成及叶绿素的降解，从而延缓了果实转黄的过程；乙烯利、ABA 等的作用则刚好相反，加速了叶绿素的降解和类胡萝卜素的合成。

5.3.4.4　香蕉果实着色的化学调控

香蕉通常在绿色时即采收，经过催熟后达到成熟。在成熟过程中，使用植物生长调节剂具有调节果实着色的效果。1 - MCP 处理可延缓果皮叶绿素的降解，抑制果皮转色，对延缓果皮黄化有明显的作用，但效果与处理时香蕉的成熟度及 1 - MCP 的使用浓度有关。

5.3.5　果实品质的化学调控

果实品质除外观的色泽外，还包括果实的含糖量、含酸量、维生素含量、果汁含量、可食率等方面，这些通常称为内部品质。对消费者来讲，通常更关心果实的内部品质，在改善果实品质方面，使用植物生长调节剂通常能起到良好的效果。

5.3.5.1　柑橘果实品质的化学调控

科学地使用植物生长调节剂不仅能提高柑橘果实的产量，而且能提高果实的品质，主要表现在促进糖分积累、提高糖酸比、提高维生素 C 的含量、增加可食率等。

①生长素类。据研究，锦橙在 10～11 月初喷 0.3％氯化钙＋200mg/L 吲

哚乙酸,可进一步促进钙向果实内部运转,从而促进果实糖分的积累,提高维生素 C 含量,提高果实品质。

②赤霉素类。据王贵元等(2005)研究,在红肉脐橙果实转色前,用 100mg/L 的 GA$_3$ 涂抹于果实表面,极显著地降低了果皮厚度,极显著提高了果皮的亮度、可溶性固形物含量及维生素 C 含量,但同时也降低果实的糖酸比和果皮的红色度。在金柑盛花期喷 100mg/L 的赤霉素能有效地增大果实大小,提高果实的品质。

③细胞分裂素类。在花后 5d 和 20d,用 20~40mg/L 的 CPPU 对沙田柚进行喷布处理,能提高果实含糖量。在沙田柚果实发育期间,用 6-BA 处理能提高果实的可食率及出汁率,提高果实的含糖量,果实风味更浓郁。在椪柑定果期,用 100~200mg/L 的 BA 对树冠喷布,不仅促进果实的膨大与生长,而且还提高了果实的可溶性固形物、总糖、还原糖的含量,降低了总酸含量,使果实品质得到改善。

5.3.5.2 荔枝果实品质的化学调控

随着市场经济的发展,荔枝果品的生产与消费越来越与果实的品质相关。主要体现在要吃焦核品种如糯米糍、桂味,要吃酸甜适中或较甜的品种。

据胡桂兵等(2000)研究,用多效唑、乙烯利、NAA、B$_9$、6-BA 等于盛花后 45d 对荔枝进行树冠喷布处理后,果实的可溶性固形物含量影响不大,但维生素 C 含量均升高。

黄建昌等(2001)研究,用复合型植物生长调节剂 PBO 300 倍液和 200mg/L 的 EP,分别在荔枝花芽分化期,花前 10d,花后 15d、50d、60d 等时期对树冠喷布处理,荔枝果实含糖量提高,含酸量下降,维生素 C 含量保持不变,改善了果实品质。

5.3.5.3 龙眼果实品质的化学调控

龙眼是重要的亚热带果树,是我国南方特产的名贵佳果。果实除鲜食外,可加工成干制品、制罐、制膏,桂圆干更是珍贵补品,具有开胃健脾、补虚益智、养血安神之功效,龙眼果实的品质是影响其消费的重要因素。

据李再峰等(2002)研究,在龙眼落花期用不同配剂的 GLD 植物调节剂(主要成分为高活性脲类细胞分裂素),均可提高龙眼果实的可溶性固形物含量,最高达 4.4%。

罗富英等(2001)研究认为,"果利达"植物生长调节剂可提高龙眼可食部分的百分含量,提高了可溶性固形物含量,同时降低了龙眼的裂果率,提高了其果实商品率,且以龙眼雌花落花期用药,浓度为 10mg/L 的效果较好。

据许伟东等(2001)研究,在龙眼花后 5d、40d 和 55d,各用云大-120 对树冠进行喷布处理，能提高果实单果重和可溶性固形物含量。

5.3.5.4 杧果果实品质的化学调控

杧果是世界十大水果之一，被誉为"热带果王"，因其果肉细滑、多汁、香甜、风味浓而深受消费者的喜爱。但在杧果的果实发育过程中，由于天气、温度、光照的影响，造成杧果果实品质低下，主要表现在果实不耐压、难运输、风味差、果汁少等方面。使用植物生长调节剂可有效提高杧果果实的品质。

在杧果幼果期每隔一周喷一次浓度低于 200mg/L 的赤霉素，连续 3 次，能增加果实单果重，提高可溶性固形物含量，提高含糖量及维生素 C 的含量。用浓度为 200mg/L 的 2,4,5-TP 处理，果实的总糖、可溶性固形物含量提高，酸含量减少。

另外，罗富英等（2000）研究发现，在杧果果实发育期间喷施果利达（GLD），可显著提高杧果果实的硬度，但可溶性固形物没多大变化。

5.3.5.5 香蕉果实品质的化学调控

香蕉是重要的热带、亚热带水果，果实质地柔软、清甜芳香，营养价值高，在一些国家或地区是位居小麦、水稻、玉米之后重要的粮食作物。

优质的香蕉果实应是果指长大、果指排列较好、果指上弯好、二列整齐、果形好、微弯、弯度不太大，果皮色泽好青果青绿、熟果艳黄、无伤斑痕，果肉滑香甜，固形物含量达 24% 以上。为达到以上质量的要求，除选择良种加强土壤及肥水管理外，合理施用植物生长调节剂也是提高香蕉果实的品质的重要途径。

在香蕉断蕾时，适当喷施植物生长调节剂如 2,4-D、赤霉素、细胞分裂素等，有助于增长果指的长度，提高果实风味及固形物含量。

据李再峰等（2004）研究，在香蕉去蕾时期，用以杂环脲类植物细胞分裂素为主要成分的"新植物细胞分裂素混剂"药液对幼果进行喷施，可提高香蕉果实的单果重、可食率和可溶性固形物含量，果实的口感、风味、质地、颜色均明显改善。

5.4 影响化学调控效果的因素

我国果树生产已由数量型向质量型转变，科学地施用植物生长调节剂来调控果树的生长发育，是高产值果品生产的一条途径。植物生长调节剂常常具有"一药多效"的功能，不同剂量的效应差异甚大，使用不当，会造成很大的损失。同时植物生长调节剂不是肥料，不可代替果树生长发育所需的 N、P、K

以及各种其他元素，但可提高肥料的利用率。生产实践中许多因素会影响植物生长调节剂的使用效果，如果树自身的因素、果园立地环境条件及生产者的应用技术等。

5.4.1 树种、品种对生长调节剂的反应差异

不同的树种、品种对同一浓度的生长调节剂的反应不同，其原因有：①树的根、茎、叶、花、果实各器官都为一层薄的角质层覆盖，角质层的物理和化学性质影响着药剂的渗透与吸收，不同的树种和品种，其各器官的角质层结构不一样；②树体本身各器官含有的激素种类及水平有差异，这影响着植物生长调节剂的吸收与运输；③药剂进入植物体，并运送到其作用部位过程中，会受到一系列的钝化与降解，不同树种与品种其酶的钝化与降解的速度不同。

许多试验与实践研究证明，多效唑使用后，桃、樱桃、杏、山楂等果树在使用当年即能表现出强烈的效应，而苹果在喷后的第二年才有明显的效应，这与树种本身含有的激素种类、水平有关。除树种外，品种间的差异也很明显，如宽皮柑橘应用 2,4 - D 保果的常用浓度为 $10 \sim 12\text{mg/L}$，此浓度在本地早橘上应用就会发生药害。

不同的砧穗组合也会影响生长调节剂的使用效果。如苹果矮化砧 M_9 中脱落酸含量比其他矮化砧高，而赤霉素含量比其他的低，所以外用同一浓度调节剂时，其效果不一样，当嫁接在不同树种砧木上时，差异会更显著。

5.4.2 树势及器官发育状态的差异

树体的生长势不同，其体内的各种内源激素分布及水平差异明显，而树体内存在的内源激素种类和水平及其与外用植物生长调节剂的相互作用，影响着植物生长调节剂所诱导的反应种类和强度。生长正常，树势健壮的树，应用植物生长调节剂后效果明显；树势过弱或老树应用植物生长调节剂后效果差，有的还可能造成作用过度或产生药害。

由于果树发育阶段不同，其内源激素水平有高低，外用植物生长调节剂效果也不一样。如培育无籽葡萄，若在花前与花后使用 2 次赤霉素，能获得大粒的无籽果，若仅在花前使用 1 次，形成果粒较小的无籽果，若仅在花后使用 1 次，则形成果实较大的有籽果。

器官的发育状态影响着植物生长调节剂的吸收及使用效果，同一株树的根、茎、叶或芽对同一激素或生长调节剂浓度的反应也不同。如当生长素浓度达到促进芽萌发和生长时，就会抑制根的生长；当浓度在提高到促进茎伸长时，就会抑制芽的生长。又如用高浓度的乙烯利涂抹温州蜜柑果实，催熟效果

明显，若改用树冠喷洒，则导致树冠落叶。同一生长调节剂通过喷施由叶片吸收与通过土施由根系吸收所产生的效果也会不一样，如应用多效唑抑制果树的营养生长，土施通过根系吸收比树冠喷洒吸收效果明显。就是同一器官，如叶，不同部位的叶、叶的不同发育阶段及叶的不同部位吸收植物生长调节剂的能力也是不同的。幼叶的角质层比老叶角质层薄，叶背面的角质层比叶的正面薄，所以幼叶比老叶层吸收的生长调节剂多，叶的背面比正面吸收的多，树冠内膛的叶比外围的叶吸收的多。

5.4.3　环境条件的影响

果园立地环境条件对植物生长调节剂的使用效果会影响各器官的发育、内源激素水平、角质层的物理化学性质、叶片的代谢类型，同时影响植物生长调节剂的渗透与吸收效果，影响植物生长调节剂使用效果的环境条件因素主要有光、温度、水分、风、土壤等（李三玉等，2002）。

5.4.3.1　光

光能促进叶片的光合作用和蒸腾作用，利于叶内的碳水化合物和生长调节剂的运输，光还能使气孔开放，所以在一般情况下，充足的光照利于生长调节剂从气孔渗入，促进生长调节剂的吸收。但是光照过强，叶面药滴容易干燥成固体状附在表面，不利于药液的吸收，因此，夏季施用生长调节剂时，避免在强光时间喷洒，而以下午5时以后喷洒效果较佳。另外光照对于见光易分解的植物生长调节剂会降低其渗入量，影响吸收。

5.4.3.2　温度

喷药时温度的高低与叶面角质层透性关系密切，一般温度高，角质层透性大，药液容易进入植物体；温度低，则透性小，药液进入植物体内少，药效低。高温可促进生长调节剂的渗透主要因为：①供给药液透过角质层的能量；②加强了代谢运输的速度；③改变了角质层类脂物质的透性。

5.4.3.3　相对湿度（水分）

果园相对湿度大，有利于药液的渗入，增加树体吸收率和发挥药效，相反，则吸收率低，药效也低。高的湿度利于药液的渗入主要是因为：①使叶表角质层处于水和状态，增加了透性；②延长了药滴处于液态时间。药滴干燥后如遇雨或雾，使残留在叶表面的药剂又再次湿润，会更增强药剂的渗入量。

5.4.3.4　风

果园微风可增加药液的吸收和运输，相反，无风或超过4级以上的大风喷药，会加速药滴干涸而降低吸收率，效果差。

5.4.3.5　土壤

土壤主要影响一些土施植物生长调节剂的使用效果,如多效唑。果园土质黏重,土壤吸附多效唑的能力强,施用相同浓度的多效唑时,则抑制生长的作用,比沙质土果园效果明显。

5.4.4 应用技术的影响

应用技术措施是影响植物生长调节剂使用效果的最主要因素。生产者必须根据生长调节剂的理化性质,立足果园的环境气候条件合理使用方可收到好的效果。

5.4.4.1 植物生长调节剂的正确选择

植物生长调节剂的效应,只能在一定的生长发育阶段和一定的环境气候条件下才起作用。正确选择生长调节剂是产生效果、达到使用目的的前提。

5.4.4.2 施用时期的影响

植物生长调节剂在果树上的施用时期,应根据施用目的而定,施用时期不同,产生的效果会完全不同,甚至适得其反。例如防止柑橘落果和夏梢的发生,必须在落花落果和夏梢发生前施用。柑橘的落果,除脐橙外,大多数品种果实横经长到 3.5cm 左右时,几乎不再发生自然落果,此后再喷生长调节剂保果,既不能发挥保果作用,也浪费人力物力。控制夏梢也是如此,施用过迟,不但没有抑制夏梢的生长,反而抑制了秋梢的发生,给生产带来不利。用乙烯利在柑橘上涂果催熟,最适时期是在果顶微转黄色时涂抹,可提早 10～15d 采收,若处理过早,虽然处理果初显转色,但容易出现转色果返青现象,处理过迟,则不起作用。

5.4.4.3 生长调节剂用药浓度的影响

生长调节剂对果树生长发育所起的作用很大程度上受施用浓度的影响,浓度不同,果树反应截然不同。一是因为药剂浓度对药剂渗入果树的量起着重要作用,在一定范围内,药剂渗入果树的量与浓度成正比;二是药剂的浓度不同,在树体内的化学反应不同,效果不同,如高浓度的生长素,抑制芽的萌发,低浓度的生长素,促进芽的萌发。又如应用浓度为 5～10mg/L 的 KT-30,能明显增大猕猴桃果实,品质优良,经济效益显著,若将浓度提高到 15mg/L 以上,则果形虽很大,但糖度低,品质差,缺乏商品价值。

5.4.4.4 生长调节剂本身理化性质的影响

生长调节剂的配方、极性、脂溶性等理化性质对生长调节剂的使用效果产生影响。有些生长调节剂在配方时加入了表面活性剂,可降低药滴的表面张力,加大了药剂与叶表面的接触,增加了黏附力,同时表面活性剂还具有溶解角质层蜡质的作用,从而加强了药剂的渗入,提高了药效。植物各器官角质层表面基本是非极性的,因此非极性的生长调节剂渗入快。角质层中类脂成分占很大比例，脂溶性的化合物渗入快，因此改变生长调节剂化合物的结构，使其易溶于脂类，可加强树体对生长调节剂的吸收。

5.4.4.5　植物生长调节剂施用技术措施的影响

生产者在施用生长调节剂时，技术措施正确与否对药效影响很大。①大部分生长调节剂加水稀释后容易失效，应现配现用；②喷施时叶片的正面、背面都要均匀喷雾；③在应用生长延缓剂抑制生长时，小剂量多次施用比大剂量一次施用效果好；④有的生长调节剂可与一些农药混合使用，如萘乙酸可与波尔多液或石硫合剂混合，但有的生长调节剂遇酸或遇碱易分解失效，如 B_9 和赤霉素与碱性药剂混合易失效，同时 B_9 不能与铜或铝制剂接触，喷波尔多液时要与喷 B_9 至少相隔 5d；⑤生长调节剂的施用与根外追肥，生长调节剂与 N、P、K 及微量元素配成一定浓度混合施用，省时、省工，只要施用时期配合得好，不仅不影响根外追肥的效果，还有助于提高生长调节剂的生理效应，但必须合理搭配方可。

（刘传和，广东省农业科学院果树研究所；陈杰忠，

华南农业大学园艺学院）

参 考 文 献

丁舜之.2001.中熟温州蜜柑大年如何成花 [J].柑橘与亚热带果树信息，17（11）：24-25.

尹金华，高飞飞，胡桂兵，等.2001.ABA 和乙烯对荔枝果实成熟和着色的调控 [J].园艺学报，28（1）：65-67.

王长方，游泳，陈峰，等.2004.天丰素、赤霉素 A_4 调节福橘生长研究 [J].江西农业大学学报，26（5）：759-762.

王贵元，夏仁学，周开兵.2004.外源 ABA 和 GA_3 对红肉脐橙果皮主要色素含量变化和果实着色的影响 [J].武汉植物学研究，22（3）：273-276.

王贵元，夏仁学.2005.外源 GA_3 和 ABA 处理对红肉脐橙果实品质的影响 [J].中国农学通报，21（2）：199-200，232.

邓伯勋，章文才.1994.早熟灵对温州蜜柑提早着色及增进品质的效应 [J].果树科学，11（3）：149-152.

邓崇岭，陈腾土，陈贵峰，等.1994.早熟灵对宫川温州蜜柑提早成熟效果 [J].广西园艺，（4）：4.

石尧清，彭成绩.2001.南方主要果树生长发育与调控技术 [M].北京：中国农业出版社.

刘革宁，农韧钢，蒙爱芳，等.1998.ABT 绿色植物生长调节剂对荔枝保花保果的研究[J].

　　广西林业科学，27（3）：116 - 119.

刘铭环 . 1995. 保果灵在龙眼上的应用试验 [J]. 广西柑橘，（4）：27.

吕均良，刘权，李长富，等 . 1999. 几种生长调节剂对金柑着果率和品质的影响 [J]. 中国
　　南方果树，28（1）：9 - 10.

孙立南，潘一山，李雪岑 . 2000. 香蕉壮果灵对香蕉生长发育的调控作用 [J]. 中国南方果
　　树，29（3）：26 - 27.

朱蕙香，张宗俭，陈虎保 . 2002. 常用植物生长调节剂应用指南 [M]. 北京：化学工业出
　　版社 .

许伟东，方梅芳，朱德炳，等 . 2001. 荔枝龙眼保果专用型云大- 120 应用试验 [J]. 福建果
　　树，（4）：36 - 37.

许建楷，高飞飞，袁荣才，等 . 1994. 多效唑对促进椪柑成花和抑制冬梢的效应 [J]. 果树
　　科学，11（1）：33 - 34.

吴振先，张延亮，陈永明，等 . 2001. 1-甲基环丙烯处理对不同成熟阶段香蕉果实后熟的影
　　响 [J]. 华南农业大学学报，22（4）：15 - 18.

张汉城 . 1995. 香蕉喷施植物生长调节剂试验初探 [J]. 福建热作科技，20（3）：30 - 31.

张格成，卿雨文，何金正，等 . 1999. 龙眼喷布芸薹素对开花结果的效应 [J]. 福建果树
　　（4）：9 - 11.

李三玉，季作梁 . 2002. 植物生长调节剂在果树上的应用 [M]. 北京：化学工业出版社 .

李平，陈大成，欧阳若，等 . 1999. 妃子笑荔枝使用化学调控剂对着色的影响 [J]. 福建果
　　树（1）：1 - 4.

李再峰，罗富英，韦增运 . 2002. GLD 植物调节剂对龙眼经济性状的应用研究 [J]. 农药，
　　41（7）：37.

李建国，黄旭明，黄辉白 . 1999. 壮果增色素对荔枝果实大小和色泽的影响 [J]. 广东农业
　　科学，（4）：24 - 26.

李建国，黄辉白，黄旭明 . 2003. 荔枝果实发育时期的新划分 [J]. 园艺学报，30（3）：
　　307 - 310.

苏明华，刘志诚，庄伊美 . 1997. 龙眼化学调控技术研究 [J]. 亚热带植物通讯，26（2）：
　　7 - 11.

陈世平，陈光铭，陈昌铭 . 1998. 烯效唑对温州蜜柑生长与产量的影响 [J]. 广西园艺，
　　（4）：20.

陈世平，陈光铭，陈昌铭 . 2000. 新型植物生长调节剂多果宝在柑橘上的应用效应研究[J].
　　22（1）：75 - 77.

陈巍，潘孝强 . 1994. 生长调节剂和人工控夏梢对四季柚幼树枝梢生长和结果的效应 [J].
　　浙江柑橘，（2）：30 - 31.

周玉婵，唐友林，谭兴杰 . 1996. 植物生长调节物质对紫花杧果后熟的作用 [J]. 热带作物
　　学报，17（1）：32 - 37.

罗富英，李再峰，陈燕，等 . 2001. 果利达植物调节剂在龙眼生产上的应用研究 [J]. 湛江

师范学院学报，22（6）：34-37.

罗富英，李再峰，陈燕，等.2000. 果利达植物调节剂在杧果生产上的应用研究 ［J］. 湛江师范学院学报，21（2）：5-10.

郑重禄.1997. 柑橘催熟增糖灵促进温州蜜柑提早成熟试验. 西南园艺（3）：11.

胡桂兵，陈大成，李平，等.2000. 不同生长调节剂和营养剂对妃子笑荔枝果色及营养品质的影响 ［J］. 广东农业科学（3）：24-26.

倪竹如，陈俊伟，阮美颖，等.2000.BA 对椪柑果实生长发育及其同化产物分配的影响 ［J］. 浙江农业学报，12（5）：272-276.

唐晶，李现昌，杜德平，等.1995. 紫花杧花期调控试验 ［J］. 果树科学，12（增刊）：82-84.

秦煊南，谢陆海，周仁刚，等.1994.PP$_{333}$ 对柠檬成花、花量及花质的影响 ［J］. 中国柑橘，23（3）：3-5.

聂磊，陈柳光.1999.CPPU 对沙田柚果实生长和品质的影响 ［J］. 福建热作科技（24）：21-3.

黄建昌，肖艳.2001. 几种药剂对荔枝果实成熟期及其产量和品质的影响 ［J］. 仲恺农业技术学院学报，14（3）：14-17.

黄桂香，卢美英，徐炯志.2003. 龙眼促花早熟技术 ［J］. 中国南方果树，32（4）：34-35.

曾骧.1990. 果树生理学 ［M］. 北京：北京农业大学出版社.

蒋跃明.1996. 复合生长调节剂对香蕉产量的影响 ［J］. 广西热作科技（1）：17.

蔡金术，庄志勇.2005.4%赤霉素 EC 对柑橘产量及品质影响试验 ［J］. 广西热带农业（2）：3-4.

潘建平，袁沛元，林志雄，等.2004.“控梢灵”对龙眼控梢促花效应的初步研究 ［J］. 广州大学学报（自然科学版），3（5）：406-409.

潘瑞炽.2004. 植物生理学 ［M］.5 版. 北京：高等教育出版社.

潘瑞炽，李玲.2007. 植物生长调节剂：原理与应用 ［M］. 广东高等教育出版社.

李再峰，伦进根，黄麒参，等.2005. 杂环脲类植物细胞分裂素混剂（CTK）对香蕉不定芽增殖的影响 ［J］. 中国南方果树，06（3）：42-44.

邓九生，黄在猛.1998. 龙眼荔枝的果实发育与调控 ［J］. 广西热作科技，02：1-5.

WANG H C，HUANG X M，HUANG H B.2001. Litchi fruit maturation studies：changes in abscisic acid（ABA）and 1-aminocyclopane-1-1carboxylic acid（ACC）and the effects of cytokinin and ethylene on coloration in cv. Feizixiao ［J］. Acta Horticulture，558：267-272.

KUROSAWA E.1926. Experimental studies on the nature of the substance secreted by the "bakanae" fungus ［J］. Transactions of the Natural History Society of Formosa，16：213-227.

第6章 开花结果的物理调控技术

　　果树栽培的目的是达到早结、优质、丰产稳产、高效，以获取最佳的经济效益。但大家都知道，果树在生产过程要结果，必须先有花，而花的多少及坐果率高低与产量的构成有直接的影响。可见，诱导果树成花和提高坐果率已成为现代果树栽培的关键技术之一。

　　果树栽培上，运用各种技术措施来调节树体营养生长和开花结果的动态平衡，达到提早开花、延迟开花、多次开花或分散花期的目的，使果实能在不同季节成熟上市，达到最佳的经济效益。目前调控果树开花、结果的主要技术有两大类，即化学调控技术和物理调控技术。化学调控技术主要是利用各种化学药剂来调控果树的开花和坐果；而物理调控技术，主要采用环割、修剪、断根、控水等措施进行调控。物理调控技术主要特点如下：

　　①有利于水果安全生产。物理调控技术主要是采用综合栽培措施如：断根、控水、环割、修剪等物理处理方法来达到调控目的，而不使用任何化学药剂，因此，符合果树食品安全生产技术要求。

　　②不造成果实和环境污染。使用化学药剂调控技术时，化学药剂喷到叶面或果实后被叶面和果实所吸收，如长期使用或过量使用时会产生药物残留，影响果实的品质；此外，化学药剂喷到叶面后，部分药剂通过叶尖滴在土壤中或因雨水冲刷等进入土壤，造成环境污染。而物理调控技术则不同，主要是采用综合栽培措施，具有安全性，不会引起叶片、果实药物残留和造成环境污染等问题。

　　③有利于产期调节。采用环割、修剪、摘心、控水及断根等技术措施，在特定时期抑制营养生长，控制花芽分化和开花结果时间，有效地调节产期，使果树产期提前或推后，能较好地解决产期集中问题，实现良好的周年水果供应。

　　④作用效果除有试验资料参数之外，还要凭实施者的经验。利用化学药剂进行调控时，可根据相关试验资料决定药剂浓度等参数。对物理调控技术而言，即便有了相关试验资料可供参考，其效果仍在较大程度上取决于技术实施者的经验。

　　⑤要求较多的人工工作量。物理调控技术依赖实施者对树体进行机械性的

处理，目前没有机械化、自动化的工具，完全通过手工或者借助简单的工具（如刀具、枝剪、铁锹等）来进行，因此，耗费的人工工作量比化学调控处理要多。

安全、营养、保健的优质产品，已成为当今农产品生产的主攻方向。提高果树产品安全生产技术是众多科技工作者和生产经营者不断努力追求的目标。随着果树产品安全生产的迅速发展，对果树生产的手段及方法也有较为严格的规定，在生产过程虽然允许使用高效、低毒、低残留的化学药物，但仍有严格的施用浓度、喷药次数及安全间隔期等相关规定。利用化学药物来调控开花结果，对果树食品安全生产会产生负面影响，而采用物理处理方法可达到诱导成花和提高坐果的目的，则不会引起药物残留和环境污染等问题，由此可见，在栽培上运用物理方法进行开花结果调控，将成为今后果树安全食品生产的重要关键技术之一。

6.1　环割促花保果技术

环割是指用锋利小刀或专用环割刀具环绕植株小枝或大枝甚至树干切割，切穿树皮韧皮部而深达木质部，但不伤及木质部。其目的是，中断有机物质向下输送，使碳水化合暂时累积在环割口以上部位，起到抑制营养生长，诱导花芽形成和提高坐果率的作用。从环割的解剖结构示意图（图 6-1）可以清楚看出，环割所阻断的仅仅是韧皮部，包括非功能性的韧皮部（俗称树皮）和功能性的韧皮部（具有输导功能）两个部分，但是并不伤害韧皮部与木质部之间的形成层。形成层细胞通过不断分裂、分化产生新生的输导组织，将环割口上下

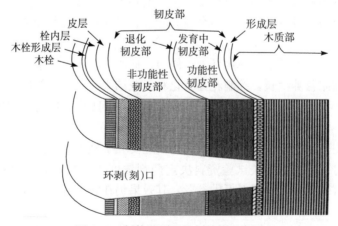

图 6-1　树体环剥的解剖结构示意图

两侧形成愈合组织将原来正常的输导组织有机连接，使环割口经过一段时间之后顺利愈合；如果在环割过程形成层受损会直接影响环割口的愈合，严重者会使环割口上部的枝条或枝干衰弱甚至枯死。

环割技术在园艺植物生产上的应用已有上千年的历史，在 16 世纪被成功地用来促进苹果的成花和提高果实质量。根据环割的方法和伤口宽度的不同，环割可以分为环切（scoring）和环剥（girdling）（图 6-2）。此外，还有一种类似的方法称为环扎（wiring 或 strangulation），即利用细小的铁线扎缢枝条或枝干以实现阻断韧皮部的养分运输，在生产上同样可以达到环割的效果，其作用原理也相同（Goren et al，2005）。因此，本文也将其作为环割的一种加以讨论。三者的区别见表 6-1。

表 6-1 环割的不同形式

环割形式	定 义
环切	用刀具将树干或枝条的韧皮部刻伤，不需去除韧皮部，伤口较窄
环剥	用刀具将树干或枝条的韧皮部刻伤，并去除一圈韧皮部，伤口较宽
环扎	用铁丝在树干或枝条上环形紧扎，伤及韧皮部

上述三种环割方法的伤口愈合时间也不相同。一般而言，环扎并未割断韧皮部，主要是在枝干适当部位采用环扎铁丝的方法来阻碍韧皮部维管束的物质运输，达到效果后解除铁丝即可恢复；环割是切断了韧皮部维管束，但是伤口上下两侧的韧皮部相距很近，愈合所需的时间较短；而环剥是剥除了一小段韧皮部，伤口上下两侧的韧皮部相距较远，要形成较多的愈合组织才能彼此相接，伤口愈合所需时间较长，时间的长短与去除的韧皮部的宽度呈正相关。因此，采用哪种环割方式或环剥口宽度的多少是直接影响伤口愈合时间和环割效果的重要因素。在生产实施过程应根据不同的树种、品种以及不同树势等采用合适的环割方法。从柑橘环剥伤口愈合的解剖学观察上下韧皮部完全连接需经历 4 个阶段：第一阶段，环剥后第 5 天愈伤组织覆盖整个切面，呈淡绿色；第二阶段环剥后 10d 木栓形成层在靠近切面表面的几层细胞中产生；第三阶段在环剥后半个月木栓形成层里面的愈伤组织中可以观察到维管形成层；1 个月时新形成层产生相当数量的维管组织，1 个半月表层细胞栓质化，新皮层无增厚，2 个月新皮层色泽加浓，表面平整，无凹凸现象；第四阶段 2 个月后上下韧皮部间形成层连成一片，新的维管组织再次分化，上下韧皮部完全沟通。

适时的环割处理可以促进果树的花芽分化和开花结果。近十年广东、海南、广西等省（自治区），采用螺旋环剥或螺旋环割技术促进荔枝成花取得成功，提高了适龄结果树的成花和坐果率。环割技术除能诱导荔枝树成花和提高坐果之外，在其他常绿果树（柑橘、菠萝蜜、龙眼、枇杷、杧果、橄榄）生产中也得到广泛的应用和推广。

6.1.1 环割作用的机理

6.1.1.1 环割对树体碳水化合物分配的影响

迄今为止，对环割技术所进行的科学研究已经有 200 多年历史，一致认为：最基本效应是环割口上部的光合产物向下运输时被环切部位所阻断，致使碳水化合物累积在环切口的上方，导致运输到根系的光合产物数量减少；尽管从根系向地上部的水分和矿质营养运输途径没有受到直接的影响，但是由于根系得不到来自地上部的充足的光合产物而使根系自身的生产受到限制，使得根系对养分和水分的吸收能力降低，运输到地上部的水分和矿质养分也减少。上述的生理反应已经得到相关试验的证实。梢芽萌发前或萌芽时，若采用环剥或环割处理可有效地抑制新梢生长；而新梢进入迅速伸长期或新梢顶芽开始自剪时进行环割处理其抑制效果最

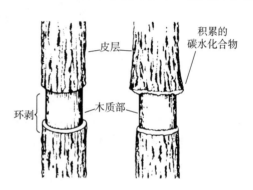

图 6-2　环剥阻碍碳水化合物的向下运输

差；秋季环剥对新梢的抑制和对淀粉积累的促进效应明显高于春季环剥（黄旭明等，2003）。图 6-2 明显地表明，由于光合产物的下行运输在环割口处受到阻断，大量的光合产物积聚在环割伤口上方的韧皮部中，导致树皮肿胀、突起。同时，光合产物运输的阻断对环割口以上部位的碳水化合物代谢产生明显的反馈性调节，主要表现为细胞内淀粉的累积。

通过对环割树体和对照树体的上部枝条的碘染色可以发现，环割树体的上部枝条截面的染色明显比对照树体的上部枝条截面的染色深，表明环割树体的上部枝条的淀粉累积明显高于对照树体（图 6-3A、C）。相反，在根系中，由于环割口阻断了地上部光合产物向下的运输，导致环割树体的根系中淀粉迅速耗竭，其截面的染色明显比对照树体的根系截面的染色浅（图 6-3B、D）。对淀粉含量的测定结果也证实了这一点。图 6-4 表明，与没有进行环剥处理的对照相比，环剥处理明显增加了环剥口上方的树皮和叶片中的淀粉含量，相应的，降低了根系中淀粉的累积，但是，环剥处理对这些部位中可溶性糖的含量影响不大。这些差异在基因转录水平上也得到证实，编码与淀粉累积相关的酶

（淀粉磷酸化酶、ADPG 焦磷酸化酶、磷酸葡萄糖歧化酶、蔗糖合成酶）的基因（$STPH\text{-}H$、$STPH\text{-}L$、$Agps$、$PGM\text{-}C$、$CitSuS1$）在环割树体的上部枝条中的表达强度大于对照树体，而在根系中则正相反。

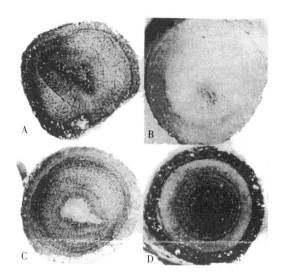

图 6-3　环剥对柑橘枝条和根系中淀粉累积的影响（碘染法）
A. 环剥处理的枝条　B. 环剥处理的根系
C. 对照处理的枝条　D. 对照处理的根系

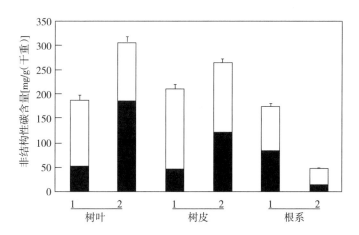

图 6-4　环剥对柑橘树体淀粉累积的影响
1. 未环剥树体　2. 环剥树体　白柱：可溶性糖　黑柱：淀粉

　　尽管环剥可以明显促进环剥口上方组织中淀粉的累积，但是这种累积的前提是树体组织中有充分的碳水化合物。有证据表明，对小年柑橘树进行环剥，可以引起明显的淀粉累积，但是对大年柑橘树进行环剥并不能诱导明显的淀粉累积，这是因为果实的生长发育消耗了大量的碳水化合物。这进一步表明，对于树势壮旺的树体，适时的环剥可以诱导淀粉的累积，进而诱导成花；对于树势较弱的树体，环剥有时不能诱导淀粉的累积和成花，反而对树体造成伤害，甚至引起死亡。

6.1.1.2 环割对树体激素平衡的影响

环割在直接影响树体碳水化合物分配的同时，对树体的激素平衡也产生间接影响。受其影响且与花芽分化有关的激素可以分两类：一是促进花芽分化的激素，包括 ABA、CTK、乙烯；二是抑制花芽分化的激素，包括 GA、生长素类。自 Luckwill 提出细胞分裂素和赤霉素的平衡控制果树花芽分化的假说后，已在多种果树上证明了 CTK/GA 与花芽分化有关。环割可提高细胞分裂素水平，能促进龙眼成花，提高末级枝条成花率和坐果率。试验表明，环割提高了生理分化期芽内的 iPA 和 ABA 含量，抑制了 $GA_{1/3}$ 含量从而提高 iPA 与 GA 的比值，改变了内源激素及其平衡而促进龙眼花芽分化。表 6-2 列举环割对龙眼等常绿果树的内源激素水平的影响。

表 6-2 环割对内源激素水平的影响

树种	环割时间	激素的变化				文　献
		器官	增加	无影响/不确定	降低	
温州蜜柑	10 月 12 日	秋梢	IAA、ABA	GAs	—	Koshita et al, 1999
龙眼	12 月 6 日	秋梢	iPA、ABA	—	GAs	吴定尧等，2000
荔枝	—	果实	GAs	IAA、CTK	ABA	周贤军等，1999

环割不仅影响秋梢中多种激素的水平，使得激素的平衡向着有利于成花的方向发展，环割还能对受精后幼果中的激素水平产生影响，从而影响坐果。周贤军等（1999）证实，螺旋环剥明显增加果实中有利坐果的赤霉素类物质含量，降低不利于坐果的脱落酸类物质的含量，从而有利于坐果和果实发育。从图 6-5 可以看出，螺旋环剥减少落果与其增加果实中 GA 含量，减少 ABA 的含量，特别是提高了果实中 GA/ABA 的比例有密切关系（李建国，2008）。在四年生的红毛丹上，5 月份进行环割、6 月份喷施 KNO_3 促花，导致花期提前 23d，花序数和果穗数显著提高，产量大幅度增加（表 6-3）。树体养分分析表明，环割处理使得红毛丹叶片的含氮量明显低于对照，C/N 值增加（Poerwanto et al，2005），这表明环剥处理的主要作用模式是抑制根系活力、减少氮的吸收，同时地上部滞留大量碳水化合物，从而提高 C/N 来促进成花和

坐果的。

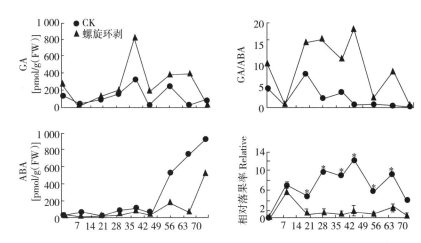

雌花开放后的天数

图 6-5　糯米糍荔枝幼树（5 年生）螺旋环剥后果实中 GA，ABA，GA/ABA
　　　　比值及生理的变化

（李建国，2008）

表 6-3　主干环剥对红毛丹成花和坐果的影响

处理	开花时间（环剥后的天数）	花序数	果穗数	果数/穗	果数/株
对照	109	203	84	4.3	364
环剥	86	377	190	9.2	1 713

图 6-6 整合了环剥对碳水化合物和激素两方面的影响，清楚地表明环割

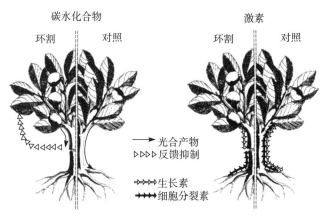

图 6-6　环割对碳水化合物和激素长距离运输的影响模式

不仅阻碍了碳水化合物自上而下的运输通道，而且也阻碍了生长素自上而下、细胞分裂素自下而上的运输通道。

6.1.1.3 环割对树体其他生理过程的影响

由于目前尚未能完全认识植物花芽分化的决定性影响因子，与花芽分化相关的生理指标除了前述的碳氮比、激素平衡外，还有许多其他因素，比如RNA/DNA 等。试验发现，暗柳橙在环剥后，成花率明显提高，生理分化期芽的 RNA 含量和 RNA/DNA 均保持高水平。

环割对温州蜜柑营养生长的抑制效应表现在多方面，包括降低新梢的长度、减少新梢的节数，从而提高开花的数量。在生长过旺、难以成花的琯溪蜜柚上，对主干连续 2 次（10 月 20 日和 12 月 28 日）环割，严重地抑制了次年春梢和夏梢的生长，每株树上两者的数量分别减少 326 和 383 个，同时成花数增加 351 朵。

6.1.2 环割对促花保果的效果

南方常绿果树如荔枝、龙眼、柑橘、杧果等树种，在适宜的气候条件下周年均可生长。青壮年常绿果树在自然生长的情况下主根深生，根系强大发达，营养生长旺盛，成花较难，采用物理调控技术则可促进成花。在广东采用螺旋环剥技术已使幼青壮年优质荔枝树取得早结丰产的效果。从表 6-4、表 6-5 可以看出，螺旋环剥或闭合环割既可诱导成花，提高花质，又能提高产量和改善果实品质（周贤军，1996）。

表 6-4 螺旋环剥、螺旋环割对幼龄优质荔枝成花及花穗质量的影响

（李建国，2008）

品种	处理	单株成花母株数（条）	成花枝梢率（%）	平均单株朵数（万）	雌：雄	花穗长（cm）	花穗分枝间距（cm）
糯米糍	螺旋环剥	636.0a	78.7a	23.24a	0.19a	7.4a	0.97a
	闭合环割	538.0b	63.4a	18.66a	0.23a	7.5a	0.085a
	对照	83.0c	11.5b	6.56b	0.07b	7.2a	2.23b
桂味	螺旋环剥	634.0a	97.2a	8.59a	0.16a	13.5a	1.30a
	对照	292.7b	63.8a	6.68a	0.14a	17.5a	2.06b

注：1993 年 12 月 8 日处理。数据后不同字母表示差异显著（$P<0.05$，邓肯氏多重显著性测定）。

在广东博罗杨村柑橘场，对采用深根性酸橘或江西红橘作砧木，生长旺盛的初投产椪柑树进行环割或扎铁丝处理可有效地促进成花（潘文力等，1997）。对生势壮旺而放秋梢又较早的植株，可于 10 月上旬秋梢充分老熟后进行主干

闭合环割，环割后至 12 月中旬叶色仍较浓绿者，可再环割一次，使叶色从浓绿退至淡绿，便能促进形成更多的花芽（表 6-6）；除采用环割外，还可于 11 月上中旬秋梢老熟后，用 16 号铁丝扎主干 1～2 圈，待叶色退至淡绿后解缚，结果表明，扎铁丝的树平均每株产果 39 个，而对照树只有 15 个果，处理比对照增加 160% 的结果数量，效果显著。

表 6-5　螺旋环剥和闭合环割对幼龄优质荔枝产量及品质的影响

（李建国，2008）

品种	处理	平均株产 （kg）	平均果重 （g）	总糖 （%）	总酸 （%）	糖酸比
糯米糍	螺旋环剥	6.3a	26.0a	14.6b	0.12b	12.1a
	闭合环割	4.7a	20.8a	16.3a	0.16b	10.5ba
	对照	0.04b	11.0a	11.0b	0.18a	6.3b
桂味	螺旋环剥	16.1a	21.0a	16.7a	0.13a	12.8a
	对照	2.8b	18.7a	14.7a	0.18b	8.2b

注：1993 年 12 月 8 日处理，1994 年采收时调查。数据后后不同字母表示差异显著（P<0.05，邓肯氏多重显著性测定）。

表 6-6　3 年生椪柑环割促花单株花量调查

处　　理	花量（朵）	花量相对值
环　　割	327	727
对　　照	45	100

注：广东省农业科学院果树研究所深圳宝安区公明楼村中试验材料，环割日期 12 月中旬。

6.1.3　环割的时期

常绿果树在年生长周期中没有明显的营养生长期和休眠期。在适宜的条件下，往往由于营养生长过旺而没有及时向生殖生长转化，导致生殖生长受到抑制。例如生长壮旺的适龄荔枝树，末次秋梢转绿老熟后，若大量萌发冬梢，必将抑制花芽分化。在冬梢萌发前进行螺旋环剥，抑制冬梢萌发，则能促进花芽分化。此外，在幼果发育期，易引起枝梢生长和果实发育对养分的竞争，幼年结果的柑橘树，过旺生长的春梢或夏梢在与幼果的竞争中处于优势，会引起大量幼果脱落。采用环割措施可抑制枝梢生长，则可减少落果。由此可见，根据不同果树的物候期，合理选择不同环割时期，能达到预期的目的。

6.1.3.1 环割促花时期

大多数常绿果树的花芽分化在冬季进行，所以环割促花时期多在末次秋梢充分老熟后进行。但由于品种不同，末次秋梢的成熟期和花芽分化期有所不同，所以环割时间有所不同。就荔枝而言，在广东省东莞市荔枝产区的早熟荔枝品种'三月红'，末次秋梢宜在10月底之前转绿老熟后；而迟熟品种'糯米糍'、'桂味'等在11月底至12月上旬末次秋梢叶片成熟后环割为合适。此外，同一品种在不同的地区，因各地气候不同，物候期有较大的差异。例如'妃子笑'荔枝在纬度较低的海南省陵水县和保亭县栽培，末次秋梢宜在10月上旬之前转绿老熟，过迟老熟会直接影响花芽分化；而在纬度较高的东莞市栽培，其末次秋梢在11月中旬左右转绿老成熟为佳，过早老熟易萌发冬梢，造成管理不便。因此，应根据不同的树种、品种以及地区的差异，控制秋梢成熟时间，然后因地制宜进行环割，才能达到促花的效果。

6.1.3.2 环割保果时期

环割促花是诱导果树成花的第一步，但在果实生长发育过程中如何提高坐果率和减少落果又是果树栽培的另一关键技术。果树成花以后，在开花期和幼果发育期间，因授粉受精不良、树体营养不足、连续阴雨天气和病虫危害等影响，会引起大量落花落果。生产实践证明，环割结合肥水管理可有效地提高坐果率和增加产量。在结果的柑橘树上试验结果表明：在盛花期（5月）进行环剥能提高坐果率，促进幼果果肉细胞膨大，使果实大小一致，连续环剥三年，年年增产。椪柑的环剥试验也得出类似的结果，在盛花期（5月）进行环剥显著提高坐果率；果实发育期（7月或9月）环剥则增大果形；而采果前（11月）环剥并不影响果实大小；9月环剥，叶片中淀粉含量最高，并且与次年的花芽分化和坐果密切正相关（Mataa et al, 1998）。在浙江地区，柑橘环剥保果，一般在第1次生理落果之后至第2次生理落果之前进行；环剥过早或过迟，对保果的效果都较差。

6.1.3.3 环割的方法

环割方法是否恰当对促花和保果的作用会产生不同的效果。以荔枝为例，即使在同一区域栽培同一品种，由于树龄和长势不同，应采用不同的环割方法。对幼年结果树或生长壮旺的适龄荔枝树，若在主干上仅环割一圈，则控梢促花效果不明显，需辅加其他的促花措施，如断表根制水或喷控梢促花药剂等，才能达到效果；而采用螺旋环剥，由于剥去一条树皮，环切口需较长时间才能愈合，对控梢促花、保果则有明显的效果。目前在广东、海南、广西等主要荔枝产区，为促进适龄结果树成花、坐果以及防止采前裂果、落果，已将螺旋环剥作为促花保果关键技术之一。但螺旋环剥这一技术只适用于肥水充足、营养生长旺盛的壮树和幼龄结果树；对老年荔枝树、弱树或管理水平较差和在山坡地生长不壮的树都不能进行螺旋环剥，否则会导致树势严重衰退，甚至造成死树。目前在果树栽培上常用的环割方法有以下几种：

①环扎。俗称缚扎铁线，其定义见表6-1。环扎主要是用16号铁线缚扎主枝或主分枝，用铁钳拧紧使铁线横径约2/3深入皮层但不伤及木质部。环扎后25d左右待叶片稍微绿时即可解缚。这种方式虽能诱导成花，其效果不如螺旋环剥或环割显著，但对树体造成伤害较小。在几种环割方式中是环割效应程度最轻的一种。

②环割。其定义见表6-1。环割是指用锋利小刀或专用环割刀具在主干或主枝上环切1~2圈，切穿皮层到达木质部，但不切入木质部。这种处理由于环切口上下方两侧的组织仍然紧靠，环切后切口较易愈合，对树体的伤害程度较螺旋环剥轻。

③螺旋环割。用锋利小刀或专用环割刀在主枝或枝干的皮层上作螺旋状环割，深达木质部，环割圈数以1.5~2圈为适宜。这种方式由于环切口呈螺旋状排列，圈口不闭合，皮层没有完全被切断，只改变光合产物向下输送方向，把原来垂直向下的运输方向改为螺旋式斜向运输方向，有效地阻碍了光合产物向下运输的速度，导致碳水化合物在环切口上方累积，达到促花保果的目的。这种处理方法最大优点是树皮没有完全被切断，而是以螺旋状方式降低了光合产物向下运输的速度，其效果与螺旋环剥没有明显的差异，对树体受伤程度较小，安全性能则比螺旋环剥高。

④螺旋环剥。其定义见表6-1。螺旋环剥的形式、圈数以及螺距与螺旋环割基本相同，不同的是螺旋环割的切口不剥皮，而螺旋环剥需剥去两条平行切线之间的树皮，形成裸露的环剥口。环剥口宽度与促花保果效果、树体的受伤程度以及切口愈合时间的长短有密切的关系。生产实践证明，在同一区域的同等栽培条件下，环剥口宽度在0.4cm，促花保果效果显著，但环剥口需要较长时间才能愈合，树体的受伤程度较重，如技术处理不当，会导致树体严重衰退，甚至枯死；而采用0.2cm宽的环剥口，也具有促花保果的效果，而树体的受伤程度比0.4cm的要轻，环剥口愈合时间也比0.4cm的要短。综上所述，从促花保果效果、切口的愈合时间、树体的受伤程度以及安全性的综合考虑，认为螺旋环剥的环剥口宽度在0.2~0.3cm较为合适（图6-7）。

图 6-7　螺旋环剥切口的愈合情况

6.1.4　柑橘、荔枝、龙眼环割技术要点

环割促花保果技术随着果树栽培实践而得到迅速的发展，已成为果树安全食品生产的主导技术。在热带亚热带地区，各树种、品种已形成了各自特有的环割方法。现仅将广东主栽的柑橘、荔枝、龙眼的环割方法及经验，介绍如下：

6.1.4.1　柑橘的环割技术要点

（1）环割促花技术　柑橘的花芽分化在冬季进行，入冬后如大量萌发冬梢，会影响花芽分化的进程。在广东冬季气温较高，植株仍生长壮旺，尤其是选用红皮山橘或酸橘作砧木的幼年结果树较易萌发冬梢。环割处理可有效地抑制冬梢萌发或生长，明显地促进花芽分化。广东省农业科学院果树研究所的试验结果表明（彭成绩，1997）：环割对树势壮旺的无花树或少开花的幼年结果树促花效果显著，如在博罗县杨村柑橘场坪塘分场 24 亩①少开花的甜橙园，进行环割处理，处理后全园开花，多花的树占 79.1%，对照区有 47.8% 的树无花，其余的虽然有花，但花量少。

①环割时期。环割时期应根据品种类型、地区差异、树体营养状况以及枝梢类别等灵活掌握，掌握得好可达到控梢促花效果，掌握不当会引起大量落叶。'马水橘'在广东阳春县花芽生理分化在 11 月底至 12 月上旬开始，此时环割适宜。过早环割（10 月底至 11 月上旬）会影响枝梢及叶片的正常生长，

―――――――――

①　亩为非法定计量单位。1 亩≈667m^2。余同。

易引起落叶,不利于花芽的形成;过迟(1 月上中旬后)环割则达不到促花效果。彭成绩(1997)认为,在广东栽培的甜橙,环割时间一般在 12 月上、中旬,气温较低而稳定,此为花芽分化盛期之前,适宜进行环割,但对于树势壮旺而又较早秋梢萌发的幼年壮旺树则应早环割;对树势较弱而叶色淡绿的树可适当推迟环割;在 11 月中下旬环割的树,到 12 月下旬叶色仍浓绿而不退淡者,可在 1 月上中旬再环割一次,能促进形成更多花芽,提高坐果率。

②环割方法。用锋利小刀或专用环割刀在主干或主枝上环割 1～2 圈,圈距 3～5cm,只切断皮层,勿伤木质部。干旱、吹北风的天气不宜进行环割;对易感染脚腐病、流胶病和裂皮病的品种,要用 70%酒精消毒环割工具和树皮,以防环切口感染。

(2)环割保果技术　柑橘从花蕾期到果实采收都有落花落果的现象,在 4 月中下旬至 6 月上中旬的两次生理落果为多。生产实践证明,适时环割可提高坐果率,增加产量;对少花而树势壮旺的结果树,环割保果效果更显著。广东省农业科学院果树研究所在博罗县杨村柑橘场对椪柑幼年结果树进行连续 2 年环割保果试验,结果表明:环割处理树比对照树提高坐果率 32%,增产幅度达 43.8%(表 6 - 7、表 6 - 8)。

表 6 - 7　4 年生椪柑环割保果效果

处　理	环割时果数(5 月 16 日)	调查时树上坐果数(6 月 30 日调查)	
		果　数	坐果率(%)
环　割	1 410	611	43.3
对　照	1 520	400	24.8

注:每处理 9 株树;1983 年 5 月 16 日环割。

表 6 - 8　5 年生椪柑环割保果效果

处理	小果数(个)	坐果数(个)	坐果率(%)	比对照增加(%)	平均株产(kg)	比对照增加(%)
环割	1 612	87.3	5.42	32	12.52	43.7
对照	1 520	66.1	4.35		8.70	

注:每处理 9 株树;1984 年 4 月 24 日环割。

环割时期及方法:一般在谢花后至第二次生理落果前进行环割保果。由于品种、树龄、树势以及当年的成花情况不同,环割时期也有所不同。如广东阳春的'马水橘'在春梢老熟后至夏梢萌发期间,正值幼果发育引起梢果争夺养分,此时,若枝梢生长处于优势,养分供应不足,则会引起大量落果。因此,环割时期应在春梢老熟后立即进行,才能抑制夏梢生长,促进果实生长;对生长壮旺的青壮结果树或当年成花较少的壮旺树，可进行二次环割保果，分别在谢花后和第二次生理落果前进行；对结果多且叶色淡绿的树或弱树、花多叶少的树不宜采用环割的方法保果（环割方法与环割促花相同）。

6.1.4.2　荔枝环割技术要点

（1）环割促花技术　荔枝有早熟、中熟、晚熟品种之分，由于品种不同，末次秋梢的成熟期和花芽分化期有较大的差异。应根据各品种的物候期来选择适宜的环割时期。早熟品种'三月红'，在10月底末次秋梢老熟之后即可进行环割；早中熟品种，如'妃子笑'、'黑叶'等品种，末次秋梢在11月中旬左右转绿老熟，此时，气温较高易萌发冬梢，对旺长且叶色浓绿的青壮年树应进行螺旋环剥或螺旋环割，抑制冬梢的萌发；长势中下的树，'糯米糍'、'桂味'秋梢老熟之后不能马上进行环割，更不能进行螺旋环剥，应视末次秋梢顶芽的萌动状态来决定环割时期，如果见到末次秋梢顶芽开始萌动，可在主枝或主分枝上进行环割1圈或用16号铁丝缚扎；迟熟品种'糯米糍'、'桂味'等，末次秋梢在11月底至12月上旬老熟，此时气温逐渐下降，应根据树势和末次秋梢顶芽的萌动状态，灵活掌握环割时期。深圳西丽果场的经验是，青壮年'糯米糍'、'桂味'品种，在肥水条件充足，冬季气温较高的情况下容易萌发冬梢，对此类型的树，待末次秋梢转绿老熟之后，可于11月底至12月上中旬进行螺旋环剥或螺旋环割来控梢促花；对管理水平中等，树龄在20年以上的荔枝树，环割时期可适当推迟，待末次秋梢顶芽开始萌动时才进行环割，以闭式环割方式，只环割一圈。

（2）环割保果技术　荔枝谢花后，在果实发育过程中有3次明显的落果高峰期，尤其是优质品种'糯米糍'，在采收前20d若遇不良的天气影响，如连日下雨或晴遇骤雨，会引起大量裂果、落果，对产量影响极大。因此，对'妃子笑'、'糯米糍'、'桂味'等青壮年结果树，在谢花后进行环割处理可显著促进坐果、减少裂果、落果。在广东珠江三角洲的荔枝产区，一般在雌花谢后10～15d进行环割，在主枝或大枝（直径在6cm左右）上环割一圈。对生长旺盛的'糯米糍'荔枝树，在采收前20d要密切注意第一次环割切口的愈合情况，若发现切口已愈合，应在原环割切口上再补割一刀。

在生产上正确使用环剥或环割技术可有效促进坐果和果实品质，但年环割保果次数过多则会影响果实的发育。李建国等（2004）的研究认为，近年糯米糍荔枝果实有变小的趋势，除受肥水管理和气候条件影响之外，可能与树体连续多年或每年连续多次使用环剥或环割技术有关，从表6-9可看出，主干连续环割3次，其果实重量比对照减少，裂果率也比对照高（李建国，2008）。

表 6-9　不同环割部位对糯米糍荔枝果实大小和裂果的影响

	2000 年		2001 年	
	果实重量（g）	裂果率（%）	果实重量（g）	裂果率（%）
对照	22.3a	19.6a	21.9a	22.5a
结果母枝环割	18.9b	21.4b	16.8c	41.6b
主枝环割	—	—	19.4b	66.4c

注：结果母枝直径约 0.4cm，主枝直径 6.0～6.5cm；环割分三次进行：①盛花期；②生理落果结束后（花后 30d）；③在第一次处理 3 周后进行，对照只在盛花期环割一次；表中数值为 3～5 次重复的平均值，同一列数字不同英文字母差异显著水平达 P＜0.05（DMRT）。

6.1.4.3　龙眼环割技术要点

（1）环割促花技术　龙眼的花芽分化在冬季进行。据福建农业科学院果树研究所的研究（1963—1964），认为龙眼冬季积累的营养物质主要是淀粉，结果母枝顶芽积累淀粉水平较高，有利于花芽生理分化；花芽分化的数量和质量与花芽形态分化时顶芽可溶性糖水平高低有一定关系，可溶性糖水平高，分化成花芽的数量就多，质量就好；由此可见，结果母枝叶片数量、叶面积大小及其所积累的淀粉水平与花芽分化、花序发育状况有密切相关。末次秋梢充分老熟后进行环割，既可抑制冬梢生长，又有利于淀粉的积累，因而能促进花芽分化。广东的经验是：末次秋梢老熟后至顶芽开始萌动时，在骨干枝环割一圈或螺旋环割 1.5～2 圈，深达木质部，便有控梢促花的效果。龙眼树对环割的反应较荔枝、柑橘树敏感，且效果相对较差，尤其是遇上不良的气候，如久旱或低温，反应更为敏感，易造成叶片黄化或落叶。因此，龙眼弱树或遇上久旱、低温天气，不宜采用环割法，可改用缚扎 16 号铁线，其安全性比环割法高。

（2）环割保果技术　龙眼当年结果量多少对其后的枝梢生长与坐果影响甚大。如果当年结果过多，不但影响果实的发育，还影响秋梢结果母枝的正常萌发，易导致下一年小年结果现象；当年结果偏少的壮旺树，又常因夏梢的大量萌发而导致落果，从而影响当年的产量。因此，对结果偏少的壮旺树要进行环割保果，其方法是在雌花谢花后 10～15d 于骨干大枝上闭式环割 1～2 圈或闭式螺旋环割 1.5～2 圈，深达木质部。

6.1.5　环割的注意事项

树体环剥后 30d 左右，有时可看到叶片出现退绿色的现象，叶片淡绿，但没有出现黄化，这是正常的，对树体不造成伤害；如果环割后在花芽分化阶段叶片颜色仍浓绿，没有退色的迹象，说明环割程度不足，应再环割一次，才能达到控梢促花效果。环割之后如果出现叶片大量黄化，并有少落叶，可能是环剥程度过重或技术操作不当造成。因此，应根据地区、品种、树龄、树势、肥水条件以及结果母枝的生长状况等，慎重选择环割方法，灵活掌握环割的程度。环割注意以下事项：

①螺旋环剥或螺旋环割技术。该技术只适用于肥水条件充足、生长壮旺的青壮年树或成花较难的幼年树，且果园肥水条件必须充足；老树、弱树或管理水平较差的果园不适宜环剥。

②闭式环割或环扎（缚扎铁丝）技术。该技术较适合于果园肥水条件中等，树势中上的中年结果树或较易成花的适龄结果树；对衰退树、老龄树以及肥水条件差的果园不宜采用。

③根据各种果树的物候期进行环割。不论采用哪一种环割方法，都要根据各种果树的枝梢生长规律和开花结果特点来确定环割时期。一般掌握在末次秋梢充分成熟后至花芽分化前进行环割促花最为理想。在嫩梢生长期不宜环割，避免延迟枝梢老熟，影响花芽分化。环割保果一般掌握在雌花谢花后至果实第二次生理落果前进行；对采前易裂果、落果的'糯米糍'荔枝，建议在采收前 20d 左右再进行一次环割，可有采前保果的作用，有效地减少裂果、落果。

④不宜在干旱、吹大北风的天气进行环割，宜选择"回南天"的暖和天气进行环割；环割后若遇吹大北风天气易引起落叶，应及时适当淋水或灌跑马水，并喷施 1～2 次营养液叶面肥，以减少落叶。

⑤在冬季进行环割，不宜对树体喷石硫合剂、松脂合剂、柴油乳剂等药剂，否则易引起落叶；对易感染裂皮病或流胶病的果园，环割工具要用 10% 的漂白粉水消毒，以免工具传病或在环切口上涂 50% 多菌灵 100 倍液消毒，防止流胶病等病菌侵入。

6.2　断根促花技术

果树地上部和根系都具有很强的相关性。地上部的枝叶合成光合产物，通过韧皮部向根系运输，为根系的生长、代谢、养分和水分吸收提供碳源；反之，根系吸收的矿质养分和水分通过木质部向地上部输送，为枝叶生长、开花结果提供原料。此外，地上部和根系还通过输导组织进行植物激素的交流。这些活性物质的交换使得果树的地上部和根系在功能上相互协调、相互影响，成为一个有机的整体。基于此，根系特定的生理变化能够影响到地上部的花芽分化和花的发育。

在柑橘、荔枝等树种根系强大，尤其是繁殖时选用主根深生砧木的品种，由于根群发达，地上部常常枝梢旺长，很难开花结果，特别是主根深生、肥水充足的果园、树势旺长的初期结果树更显突出。主要原因归纳起来有三个方面：

①根系与地上部对碳营养的竞争。根系的生长与代谢需要消耗大量的碳水化合物，在新根的生长期，叶片同化的碳水化合物30%输送到根系，才能维持根系的正常生长。显然，在花芽分化时间，必将出现根系与花芽分化对碳素需求的竞夺，此时，如果碳素供不应求，必将影响花芽的形成。这种竞争可通过物理措施抑制根系的生长，使地下部与地上部能均衡生长，为花芽分化创造良好的条件。

②根系吸收的养分、水分促进地上部的营养生长。根系的主要功能是从土壤中吸收矿质养分和水分，通过木质部向地上部运输，为地上部的一系列代谢活动提供所需的养分，其中包括花芽分化。在广东的气候条件下，常绿果树根系的生长在一年中通常有几次生长高峰期，但根系的生长与地上部枝梢生长形成交互生长现象，即每次根系生长高峰期后，转入微弱生长时，地上部的枝梢生长才进入高峰期。同时，由于新根的大量形成，对肥水的吸收也随着增加，从而促进地上部枝梢生长进入高峰；地下部根群越发达，吸收养分、水分越多，地上部枝梢生长越旺盛，对花芽分化极为不利。

③根系合成CTK促进地上部花芽分化。根系从土壤中吸收养分和水分的同时，还在根中合成活性物质输送到地上部参与系列生理活动，如CTK等，这些活性物质与花芽分化有关，但这些活性物质主要是在根部，特别是在新根的根尖组织中合成。幼龄树根系生长主要是扩展范围，新根数量不多，这些活性物质的合成不多，所以其地上部枝梢很难进入花芽分化状态。生产实践证明，在栽培中通过断根处理可以促进大量新根的发生，增加CTK的合成。如三年生的温州蜜柑经过断根处理后每株可产生0.2~1.0mm的新根85条，对照只有22条。由于新根的大量发生，合成CTK的数量也随着增加。CTK是促进花芽分化的一种激素，地上部枝梢累积CTK越多，对花芽分化越有利。因此，可通过断根措施诱导大量新根形成，合成更多的CTK，并向地上部运输，满足花芽分化的需求，便能使旺长的幼龄树开花结果。

断根（也称根系修剪，root pruning）促花的原理主要表现在三个方面：①切断部分粗根，有助于减少根系对水分的吸收，使树液浓度提高；②切断部分细须根，减少根系对养分的吸收，对枝梢生长有一定的抑制作用；③断根后形成更多新根，有助于CTK的合成。从表6-10可以看出，甜橙幼年结果树于11月中旬断根处理后，处理树虽有冬梢发生，但数量少，而对照树冬梢发生量则比处理树多1倍以上，结果能力显著提高。

表 6 - 10　断根对冬梢生长及翌年春梢和结果的影响

处理 对比项目	末次秋梢（条）	冬梢数（条）	春梢数（条）	平均春梢长度（cm）	果数（个）	结果能力果/秋梢数
断根树	237	56	874	5.3	128	1 个果/1.8 条秋梢
对照树	193	113	465	4.6	52	1 个果/3.7 条秋梢

注：①地点：公明楼村农业科技园，4 年生甜橙树；调查 6 树，取平均数。

②2005 年 11 月中旬断根，2006 年 6 月中旬观察。

6.2.1　断根的时期

大多数热带亚热带常绿果树每年可抽生 4～5 次新梢，最后一次秋梢老熟后若再萌发新梢则会不断消耗树体内大量营养物质，因而使原有枝梢出现养分不足，难以成花。通过断根抑制在秋梢上长出新梢，则原有秋梢便能成花。适宜的断根时期应掌握在最后一次秋梢老熟后进行，此时也可以结合深翻扩穴改土一起进行。在广东晚熟荔枝品种，12 月上中旬左右，挖沟断根并施入有机肥，广东潮汕地区，蕉柑（又称潮州柑）品种可于 12 月用犁在蕉柑树冠两侧犁深 12～15cm，断去部分细须根，晒至叶色微退绿时施入灰肥，然后覆土；博罗杨村柑橘场则利用 9～11 月深翻扩土改土契机，断去部分粗根，可促进柑橘翌年多开花（甘廉生等，1990）；刘星辉（1997）报道，龙眼末次秋梢老熟后，对树势较旺，有可能抽冬梢的植株，可在冬至之前进行断根；福建南安荔枝断根时期因品种的不同而异，一般在 11 月至翌年 1 月进行；广西龙眼 11 月份开始沿树冠滴水线挖环沟断根，让其晾晒 3～4 周，到 12 月上旬覆土，对控梢促花有很好的效果。

6.2.2　断根的方法

目前常用的断根方法有三种：①利用果园深翻扩穴改土契机进行断根处理。如广东普宁、博罗杨村柑橘场等柑橘产区，利用 9～11 月果园深翻扩穴改土的契机断去部分根系，结果发现单株的花朵数和产量随着断根时间的提早而显著增加。②树冠滴水线下挖环状沟或在树冠两侧挖条状沟。一般沟深 30～50cm，沟宽 20～30cm，切断部分吸收根，晾晒 2～3 周后，分层施入有机肥后覆土。③整个树盘深翻。对树势壮旺、叶色浓绿，估计可能会抽出冬梢的树，可在整个树盘进行翻土，深度 15～20cm，锄断部分细须根，减少根系对水分和养分的吸收，从而抑制冬梢的萌发，促进花芽分化。

6.2.3　断根注意事项

①根据树龄、树势来评判断根程度。一般主根深生、树势旺盛、叶色浓

绿、当年结果较少的青壮年树断根程度可适当重一些；老树、弱树、当年结果多且叶色浅淡的树，宜轻或不宜断根。

②对断根程度过重树，断根后叶片明显退绿，出现大量黄化的植株，在花芽分化期间，如果末次秋梢的顶芽仍没有萌动，没有花芽形成的迹象，应适当淋水，喷 1～2 次叶面营养液：0.1% 的生多素或 0.1% 绿酚威来促进花芽形成。

③部分青壮年树或断根程度偏轻的树，断根后仍未能完全抑制冬梢的生长，可采用断根加环割或加喷控梢促花药剂。一般在 11～12 月进行，先断根后视冬梢的生长状态确定是环割还是喷药。冬梢欲出，可用环割；若冬梢已抽出，长约在 3cm 以下应喷控梢促花药剂，抑制冬梢的生长。

④断根应结合冬季改土施有机肥一起进行，既能改良土壤，增加土壤有机质含量，又能达到断根、抑制冬梢生长的作用。

⑤密切关注气候变化，采取相应的断根处理方式。断根一般是在冬季进行，但在冬季低温、干旱来得早的年份，是否采用挖沟断根处理须慎重考虑。低温、干旱对枝梢的生长已有抑制作用，如果在低温、干旱的条件下挖沟断根，末次秋梢顶芽受抑制的时间会更长，对花芽分化不利。因此，冬季低温、干旱来得早的年份，不适宜采用挖沟断根方式，可采用露根法。其方法是：在末次秋梢充分老熟后，锄开树冠下的表土，使根系裸露日晒，减少土壤水分，降低根系吸收能力，抑制枝梢生长，对促进花芽分化有一定效果。

6.2.4　限根栽培

另一个与断根处理相似的根系处理方式是限根（root restriction）栽培。通过将树体的根系生长范围限制在较小的土壤空间中，使树体矮化，有助于树体尽快完成从营养生长向生殖生长的转变。限根栽培能抑制根系的生长；减少根系对水分和养分的吸收；降低叶片的水势，抑制叶片的光合速率。限根栽培三年的椪柑树，树形明显矮化，树高减少 14%～29%、树冠体积减少 66%～43%、树干横径减少 10%～22%、叶面积减少 8%～12%（Mataa et al，1998）；杨桃限根栽培使得气孔阻力增加、光合速率降低，营养生长受到抑制，叶长、叶干重和根干重显著减少，而花量显著增加（Ismail et al，1996）。

尽管在科学试验中，限根栽培是通过使用栽培容器或者塑料袋来完成实施的，但是在生产实践中，限根栽培可以通过果园密植、根系修剪和容器栽培来实现。

6.3 修剪技术

修剪是果树促花保果的一项重要技术，合理修剪能调节营养生长与生殖生长、衰老与更新复壮之间的平衡关系，使果树保持在良好的生长状态下，促进花芽分化，调整结果量，使树体持续丰产稳产，延长其经济寿命。

6.3.1 修剪的生物学效应

（1）改变树体各器官的库—源关系 幼年结果树仍以营养生长为主，修剪越重，营养面积越多，养分损失就越多，对根系和树体的抑制作用就愈大，全树碳水化合物含量就越少。适度修剪可改变光合产物的运输方向，促进碳水化合物的转化，使树体营养生长适度，有利于花芽形成和结果。

（2）调节营养生长和生殖生长的平衡 果树营养生长与生殖生长这一基本矛盾，在果树生命周期中相互制约、又相互促进。树势生长过旺或过弱都不利于开花结果；而花芽过多或结果过量又会削弱树体的营养生长；可通过疏除花芽和疏花疏果等修剪方法，协调枝梢生长和开花结果之间的矛盾，既保持适度的营养生长，又能维持优质丰产的树势。总之，修剪应着眼于果树各器官或各局部相对独立性，使一部分枝梢生长，另一部分开花结果，每年交替，相互转换，使两者达到相对均衡。

（3）调节同类器官间的均衡 在一株正常生长的结果树上同类器官间也存在着矛盾，可通过修剪的方法进行调节，以利于生长结果。如常绿柑橘幼年结果树在生理上仍趋向营养生长，每年仍可抽发春梢、夏梢、秋梢和冬梢，应根据当年植株枝梢的生长状态进行调控。夏梢大量萌发常会引起严重落果，通过抹除夏梢，减少落果；秋梢是结果母枝，植株结果量过多会抑制秋梢的正常生长，易出现营养生长和生殖生长的不平衡的现象，可采用短截的方法减少部分结果枝，调节秋梢营养枝与结果枝之间的比例相对均衡；冬梢的发生会不断地消耗树体的养分，妨碍花芽分化，应抑制冬梢，促进花芽分化。

（4）修剪对树体内源激素的影响 果树在生长发育、体内营养物质的分配和运转等都与体内内源激素的控制有密切关系，但由于果树各器官不同而所合成的主要内源激素也不相同，通过修剪可改变不同器官的数量、活力及其比例的关系，从而调整激素和营养物质的分布及运转，增强生理代谢活动和营养物质的运转方向。Grochowska 等（1984）在幼年苹果上进行冬季短截试验，结果表明：修剪树的骨干枝及一年生枝梢中的细胞分裂素、生长素和赤霉素的含量均高于未修剪树；通过夏季摘心或短截将合成生长素和赤霉素含量多的植物顶端幼嫩组织剪除，使生长素和赤霉素含量减少，相对增加了细胞分裂素的含量，从而提高了侧芽的萌发力和发枝力，有利于成花和结果。如台湾珍珠番石榴具有一年多次开花结果的特点，只要树体和枝条健壮，养分积累充足，有新梢萌发便可在其新梢上着生花蕾，在生长季节通过摘心、短截或回缩修剪等措施均可促进新梢的萌发，并在其上着生花蕾、开花结果。

（5）修剪对老龄树或衰弱树可达到更新复壮、延长结果的目的　老龄树或衰弱树通过回缩更新修剪将部分枝干去除，从而刺激树干上潜伏芽的萌发，提高树体的生理活动机能，起到复壮的促进作用。华南农业大学中国荔枝研究中心在广东荔枝产区对 20 年生树势衰弱的低产荔枝树进行重回缩修剪，回缩之后树冠体积虽然减少，但植株明显矮化，比未修剪树矮 1.5 倍左右。经过两年的栽培管理，枝梢长度和叶面积明显增加，树冠紧凑，枝梢健壮，叶色浓绿，叶绿层厚度增加，达到更新复壮，保持老龄树或衰弱树可持续开花结果，延长经济寿命。

6.3.2　修剪对果树成花的影响

营养生长是开花结果的基础。只要树体积累有足够的营养物质，才能有利于开花结果。如果枝梢生长和开花结果之间的协调关系被破坏，则不能持续的开花结果。营养生长过旺，体内营养积累亏损，花芽分化所需的营养物质不能满足，则会抑制花芽的形成；植株结果过多，树体负载过重，树体营养被果实耗尽，消耗大于积累，此时如果不及时补足营养，则会抑制新梢的正常生长，也不利于花芽分化。营养生长过旺或生殖生长过量时都可用修剪来协调，使之处于营养生长和生殖生长都适中的状态，持续地进行开花结果，修剪的调节功能与修剪时间、修剪方法和修剪程度有关，修剪程度、方法及时期是否妥当会直接影响花芽分化的效果。从南方常绿果树的结果情况来看，顶端生长优势明显或直立生长旺盛的幼年结果树，在正常的情况下较难形成花芽；而侧斜生枝、下垂枝或生长势较缓和的树则易形成花芽。因此，在进行修剪时应根据枝条的类型、当年的结果量和修剪后枝条的反映情况确定具体的方法。杨桃结果树是以下垂枝、内膛枝结果为主，可采用拉枝的方法削弱顶端优势，改变枝梢生长方向，使枝梢下垂或向下弯曲，从而促进多开花。

6.3.3　修剪对果树结果的影响

在果实发育期间常出现梢果竞争养分的问题。新梢旺长消耗树体内大量营养物质，果实会因养分供应不及时或不足而脱落；相反，如果植株结果过多，消耗养分过多，也抑制枝梢的生长，新梢（结果母枝）不能正常萌发，而影响次年的开花结果。因此，要合理修剪，使枝梢和果实都得以正常生长。生产实践证明：初结果的琯溪蜜柚在幼果发育阶段，人工摘除旺长的春、夏梢，从而抑制枝梢的生长，提高坐果率，使坐果率达到 0.75%，比未处理的树提高 0.26%。

柑橘树上果实之间的竞争非常明显。如果花量过多，竞争会导致大量落花落（幼）果，可能因为出现果多而小，产量下降的现象，但若及时处理，又可能得到果少而大，产量却增加的效果。图 6-8 能够清楚地说明挂果数与单果重之间的关系。因此，疏花疏果是热带亚热带常绿果树在生产中常用的保花保果措施。

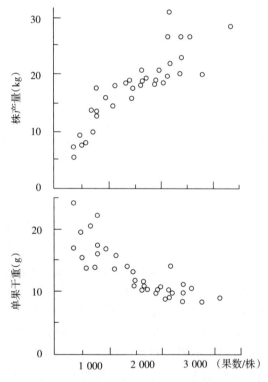

图 6-8　柑橘株产量、单果重与挂果数的关系

在果树上，有库—源关系的说法，叶片是光合作用制造碳水化合物的地方，是树体有机物来源的主要地方，称之为"源"，而果实是贮存有机物的主要地方，称之为"库"。从库—源关系的角度来看，疏去部分花或幼果使得剩余的库间竞争缓和，每个库都能满仓，相同叶面积所合成的光合产物供应给较

少的库，使花芽和幼果能够充分发育，长成大果。在葡萄柚上，叶果比达到
$2.0m^2$/果时，果形最大。显然，这个数值随树种、品种的不同而发生变化。
'妃子笑'是花量较大的荔枝品种，通常在开花前1~2周短截花穗1/2~2/3，
控制花穗长度在10~15cm，这不仅可以增加雌花的比例，还能提高坐果率，
提高产量。

6.3.4　修剪方法

在果树生产中，常用的修剪方法有疏剪、短截、回缩、抹芽、摘心、弯
枝、拉枝、疏花疏果、环割等。为达到修剪的效果，应根据不同树种、品种的
生长特性选用不同的修剪方法。

（1）疏剪　又称疏枝，是指把枝条从基部疏除。主要是疏除树冠外围的密生
枝、衰弱枝、病虫枝和密闭的内膛枝；改善树体的通风透光状况，增强同化功能，
有利于营养物质的积累，促使枝条生长健壮，有利于花芽形成和提高果实品质。

（2）短截　又称短剪，是指剪去枝条的一部分。短截程度不同所产生的效
果也不一样。在花芽分化前，对无叶枝、弱枝或末次梢顶端的细长枝进行适度
短截，保留其粗壮的枝段，这样的短截，不会促进新芽的萌发，有利于留下来
的新梢形成花芽和提高花质；对生长壮旺的幼年结果树若采用重短截修剪，会
促使被剪枝条萌发新梢，消耗树体内的营养物质，不利于留下枝梢的花芽分
化。短截越重，越不利于花芽形成；在花穗生长期对长花穗进行短截，可明显
地减少花量，增加雌花比例，提高花质和坐果率；在花果期间通过疏花疏果的
方法，可减少花果数量，提高花果质量，减少果树负载量，利于增加单果重，
提高果品的商品率。根据短截程度不同，可分为：轻短截、中短截、重短截和
极重短截四种，可根据不同的目的灵活运用。树体枝梢稀疏时，也可用短截的
方法，促进新梢萌发，强化营养生长。

（3）回缩　又称缩剪，是一种程度较重的修剪方法。对多年生枝干进行短
截和疏剪。主要应用于密闭树、老弱树、衰退树或大小年结果现象突出的高大
树。通过回缩修剪，使全树或局部枝干的生长势得到恢复，达到更新复壮，保
持果树可持续优质丰产，延长果树经济寿命。

（4）抹芽　是指萌芽后，人工除去新芽和嫩梢。通过抹除嫩芽，抑制芽的
生长，推迟枝梢的萌发期。如荔枝、柑橘结果树在冬季花芽分化期间，若萌发
冬梢会消耗树体内大量营养物质，影响花芽形成，通过抹除冬梢可促进秋梢花
芽分化；在幼果发育期间夏梢旺长，消耗大量养分和水分，出现夏梢与幼果争
夺养分和水分，引起小果大量脱落，若及时抹除夏梢，抑制其生长，则能减少
落果，起到保果的作用。

（5）摘心　是将枝梢先端的顶尖芽摘除。其作用是削弱顶端优势，促进枝梢充实和形成花芽，提高坐果率。荔枝以秋梢作为结果母枝，健壮充实的秋梢结果母枝是来年丰产的基础。为培养健壮充实的秋梢结果母枝，对顶端优势明显或生长壮旺的幼年结果树，在晚秋梢顶芽尚未停止生长之前进行摘心，可缩短枝梢的生长期，使其尽快转绿老熟，促进枝梢充实，使枝梢向生殖生长方向转化，若摘心能结合环割，则效果更好。

（6）弯枝或扭枝　是指改变枝梢的生长方向，主要是改变枝梢的生长势。使枝梢直立强化生长势，枝梢垂下弱化生长势，并加大分枝角度，充分利用空间，提高光合效能，有利于果树生长结果。生长实践证明：中庸枝、斜生枝、下垂枝和水平枝，由于枝梢生长势缓和，易形成较多的中短枝，增加营养积累，能促进枝芽充实和形成花芽。因此，对树冠直立或顶端优势的品种，可采用弯枝或扭枝的措施削弱生长势，形成较多分枝数，增加营养积累，有利于花芽形成。河北省农业科学院果树研究所（1997）对10年生金冠苹果进行扭枝处理，结果表明枝梢淀粉积累增加，全氮含量减少，有促进花芽形成的作用。

（7）疏花疏果　是指将花量过大、坐果过多、树体负载过重的树或枝进行适当的疏花疏果。其作用是减少营养消耗，使留下的花或果能得到较多的养分，也促进枝梢生长、使树体合理负担，达到树体健壮，提高产量和质量的目的。目前常用的疏花疏果方法有化学疏花疏果和人工疏花疏果两种。人工疏花疏果较费工费时，对劳工紧缺和面积较大的果园在较短的时间内完成疏除任务有一定难度，但在疏花疏果全过程不使用任何化学药物，更符合果园食品安全生产技术准则。

人工疏花疏果可根据当年花量及坐果情况分2～3次完成。疏花宜在花尚未开放之前进行，通过调节花量，提高花质和坐果率；疏果宜在谢花后果实分大小时开始，至第二次生理落果前结束。疏果时应先疏除病虫果、畸形果、弱枝果和小果，然后适当疏除过密过多的果，使留下的果实大小较一致，提高果实商品率。疏果时间以早疏比晚疏效果好，早疏果养分损失少。早疏果可以减少产生赤霉素的种子数目；减少对光合产物和养分的竞争；去除形状不正和偏小的果实，可增大留在树上的果实体积。合理疏果不仅能提高果实的品质，更重要的是调节果树营养生长与结果之间的矛盾，既能保持当年的经济产量，又能培养健壮充实的结果母枝。

（8）环割　环割促花保果作用，请参照6.1环割促花保果技术章节。

6.3.5　修剪时期

一般可分为夏季修剪和冬季修剪两个时期。常绿果树夏季修剪是指夏梢萌芽后至秋梢生长前进行的修剪；冬季修剪是指常绿果树末次秋梢停止生长至早春花芽形成前的修剪。不论是哪一个时期修剪都应根据各树种、品种的物候期、树龄、树势等灵活掌握。不同品种的花芽分化早晚也有所不同，如荔枝的早熟和早中熟品种'三月红'、'白糖罂'、'白蜡'和'圆枝'等，在广东10月份开始花芽分化，冬季修剪宜早些进行；而中、晚熟品种'黑叶'、'糯米糍'、'桂味'、'淮枝'等，11月才开始花芽分化，如果冬剪过早，则会刺激冬梢的萌发，从而影响花芽的形成，故冬剪应相应延迟，以抑制冬梢的生长。

6.3.6 常绿果树促花保果修剪技术要点

6.3.6.1 柑橘促花保果修剪技术要点

（1）修剪促花技术　柑橘结果树的秋梢结果母枝数量多少及质量的好坏与翌年的开花量成正相关。在正常的情况下，当年结果多的树抽秋梢数量较少，翌年开花量也较少；相反，当年结果少的树抽生秋梢数量也多，翌年开花量就多。在进行修剪时，应针对不同树势、结果量，采取相应的修剪措施，才能达到促进花芽分化的效果。

①结果多的树修剪。当年结果多的树，常因结果多而抽不出秋梢结果母枝，出现营养生长与生殖生长的不平衡，导致翌年不结果。通过夏剪短截衰弱枝组或适当疏剪部分结果枝的方法可促进秋梢的萌发，在翌年开花结果。由于各地栽培环境条件以及各品种的结果习性不同，修剪方法及程度也存在差异。如广东的甜橙是以秋梢作为结果母枝，修剪时期应掌握在抽发秋梢前20d左右，对落花落果枝、树冠衰弱枝组，在0.8~1cm粗的枝段进行短截，留下长10~15cm的带叶枝桩，使被短截枝抽发2~3条健壮秋梢，每株树短截枝条100条左右，就能有足够的秋梢成为翌年的结果母枝。吴坤用等（1992）则认为，大多数柑橘类品种的结果枝多集中在树冠的外围，内膛枝坐果率低，而壮青年沙田柚的结果部位则以树冠内膛枝结果为多，修剪时应注意保护内膛枝条，同时适当疏剪树冠中上部外围重叠枝和密蔽枝，让内膛枝有充足的光照，有利于花芽形成。冬剪主要是短截衰退的结果枝，疏剪过密枝、荫蔽枝，剪除树冠顶部衰退枝，使阳光照入内膛，以增强树冠内部和下部的结果能力。

②结果少的树修剪。当年结果少的树，常因夏梢大量萌发而引起大量落果，如果进行重剪必促进枝梢旺长，不利于花芽分化。对此类型树宜采用轻剪，以防树体营养生长过旺，影响翌年成花。主要是对当年落花落果枝、细弱枝、内膛衰退枝和病虫枝等进行夏剪；对顶端优势明显或直立生长势强的枝条可于11~12月末次秋梢老熟后，用塑料袋或麻皮将旺长的徒长枝拉弯，待叶片颜色从浓绿色退至淡绿色时解缚，可促进花芽分化。冬季对旺长的徒长枝进

行拉弯或扭枝，阻碍枝叶制造的营养物质往下输送而累积在徒长枝上，也能促进花芽形成。

③稳产树的修剪。此类型树枝梢生长与结果都适量，若修剪不当也会影响枝梢的正常生长，引起隔年结果。为确保连年丰产稳产，应培养一定数量的高质量秋梢结果母枝，所以，在修剪时应根据各类枝梢的生长特性，以疏剪和短截相结合，密生枝、细弱枝、病虫枝宜疏剪，衰弱枝组或徒长枝宜短截。

（2）修剪保果技术　青壮年结果树在年生长周期中常存在着枝梢生长与果实发育的矛盾。如花多、树势弱，因营养失调而易引起落花落果，坐果率低；花少、树势壮旺，则因营养生长旺盛，出现春梢、夏梢旺长而导致幼果大量脱落。适当的修剪或抹芽控梢，可有效地协调枝梢生长与果实发育的矛盾，既使枝梢生长适中又能减少落果。生产实践证明，合理疏果既能提高果实的商品率，又有可促进枝梢的生长，广东省农业科学院果树研究所试验结果表明：3～6年生枳砧椪柑的留果量以主干横截面积每平方厘米结果量多于6个果时，在6月中旬开始，分两次进行疏果，疏除畸形果、病虫果、小果和树冠中上部的较长春梢的单顶果，促进果实增大，使大果率相对增加61.1%～109.3%，果实横径≥70mm的大果率达37%，提高了果实的商品率。台湾椪柑疏果经验是：疏果适期以第二次生理落果结束后进行，过早疏果费工多，增加生产成本，且若环境不适，有发生大减产的危险；调节结果量，按照一定的叶果比率，实施全面疏果，一般每100片叶（新老叶各50%）对1果，先疏病虫果、畸形果，再疏小果、迟花果和皮色较淡的内膛枝果；老树或衰弱树，应调节果量，疏果程度宜重，树势壮旺树疏果宜轻。翁树章（2000）认为蕉柑的叶果比为55～60：1，在果实发育期可进行1～2次疏果，第一次在生理落果结束后进行，占应疏的果数70%；第二次是在第一次疏果后的20～30d进行，或在秋梢结果母枝发生前30～40d，占应疏的果数30%。先疏除畸形果、色淡果、病虫果、枝梢无花果和细小果，再疏除坐果较多的果，即3果疏1或5果疏2；对结果过多的树，因结果过多而影响秋梢的萌发，可采用"疏果换梢"（一般疏去一个果可换取2～3条新梢）的方法，适当减少果数，促进秋梢数量，为翌年继续丰产打下基础。广东潮汕蕉柑产区大面积推广疏果的结果表明：人工疏果时期、强度适当，一级果（横径61～65mm）和特级果（横径66mm以上）比例大幅度增加，单株产量明显增加，且秋梢数量、长度及叶片数都显著增加，是蕉柑优质、丰产稳产栽培的主要技术之一。

6.3.6.2　荔枝促花修剪技术要点

（1）短截冬梢，促进花芽分化　荔枝末次秋梢转绿老熟后，要求不再发生冬梢，但在实际生产过程较难做到。引起冬梢发生的原因比较复杂，除末次秋梢过早老熟和冬季高温多湿之外,修剪不当也会引起冬梢的发生。末次秋梢老熟后若进行修剪,会刺激枝梢的生长,只要肥水充足、适宜的温度条件下,则易引起冬梢的萌发。冬梢的发生不利于花芽分化,只有控制冬梢的生长,才能形成花芽。其方法是,当冬梢长至8cm左右时及时短截,短截程度可根据冬梢发生迟早而定,在11月中下旬抽出的冬梢,可在新旧梢交界处下方进行短截,促使秋梢先端侧芽分化成花;若在12月上旬及其后抽出的冬梢,宜留1.5cm的基梢(枝桩)后短截,以利于基梢的侧芽分化花枝。短截冬梢时若能结合使用控梢促花剂,效果会更好。

(2)短截花穗,控制花量,提高花质 由于品种和树势不同,秋梢老熟程度和花穗发育的进程也有所不同,在荔枝主栽品种中,'妃子笑'、'黑叶'、'三月红'等品种的花穗较大。此类型花穗因其花穗长而大,营养消耗多,坐果率低,易造成有花无果。短截花穗,控制开花量,提高花的质量是提高幼年荔枝坐果率的有效措施之一,如长而大花穗的品种'妃子笑',花穗发育至15cm长时,在10~12cm处截除顶部花穗(图6-9),并疏除留下花穗上过密的小侧穗,减少花量,集中养分,提高花芽质量,花期相对提早,雌花比例明显增加。

图6-9 左图为'妃子笑'荔枝要短截花穗的花量,
右图为'妃子笑'荔枝经短截花穗后的花量

6.3.6.3 龙眼促花疏果修剪技术要点

(1)龙眼疏花疏果的作用 龙眼在花序发育阶段,因受内外条件的影响,易发生"冲梢"现象,"冲梢"发生愈早,成纯花穗率愈低;在果实生长发育期间,结果量多的树或枝条不易抽生新梢,结果越多,夏秋梢抽生越少;这样的植株采果后的秋梢因气候和树体营养不足等原因,很难成为良好的结果母枝。通过人工摘叶、短截或疏花疏果等,可防止花穗"冲梢",培养纯花穗,提高坐果率；通过调节结果量，使枝梢生长与结果量都适中，则能促进枝梢的生长，达到丰产稳产的目的。

（2）龙眼疏花技术要点

①防止花穗"冲梢"，培养纯花穗。人工摘除花穗上的红叶：龙眼的花芽为混合花芽，即叶芽和花芽同时并存。在花序形态分化及花穗发育过程中，气温条件和树体营养状态，会影响花序的发育。冷凉干燥的环境条件，有利于花芽发育，多形成不带叶的纯花穗；相反，高温多湿的天气，花序的形态分化受阻，花穗易"冲梢"，影响产量。据柯冠武（1998）多年观察，认为温度是决定花穗发育方向的主导因子，冷凉干燥的环境条件促使发育成纯花穗；但末次秋梢老熟早、树势营养旺盛，在较高温（日平均气温在 18℃ 以上）作用下，则易抽生枝叶，出现"冲梢"。当出现"冲梢"，现象时，应及时将花穗上刚展开的幼嫩红叶摘除，只留叶柄，每隔 3～5d 摘一次，直到形成纯花穗为止。

②及时摘除花穗顶芽。当花穗主轴生长至 10cm 以上的长度时，叶腋会出现"蟹眼"，此时遇气温上升就有可能发生"冲梢"，应及时摘除花穗顶芽。

③疏折过多的花穗。生产实践证明：龙眼树当年结果量越多，夏梢抽生越少；这样的植株果实采收后，秋梢也因气候和树体营养不足等原因，较难成为良好的结果母枝。为避免当年因结果负担过重，影响夏梢、秋梢的正常抽生，可通过疏折花穗的方法促进夏梢、秋梢的生长，达到丰产稳产的目的。从福建省农业科学院果树研究所进行疏折花穗试验中（刘星辉等，1997），可以看出减少花量对促进夏梢、秋梢生长有明显的效果（表 6-11）。

表 6-11 龙眼疏花穗对抽生夏梢、秋梢的影响

处理	疏花穗比例（%）	夏梢			秋梢		
		条数	相对比例（%）	长度（cm）	条数	相对比例（%）	长度（cm）
不疏花	0.00	14.5	100.0	4.93	61.5	100.0	6.25
轻疏花	57.48	74.5	513.8	5.49	167.0	271.5	7.51
重疏花	79.57	238.0	1 641.4	8.62	201.8	328.1	8.03

疏折花穗原则：树顶多疏，下层多留；外层多疏，内部多留；树冠外围长花穗，因花穗分枝级数多、花量大、花期早、坐果率低，应将其疏除，保留短壮及生长健壮的花穗；疏除叶片少的弱花枝、密生枝、徒长枝及花穗顶端的带叶的"冲梢"穗。疏折花穗后被留下的花穗若出现有幼叶或顶端有叶芽，应将其摘除，防止花穗"冲梢"。

疏折花穗程度：既能保持当年有相当的结果量，又能为翌年结果培养出优良及数量相当的结果母枝。疏花时应根据树势、树龄、品种及管理水平等灵活

掌握疏去的程度。树势壮旺、管理水平高的，可疏去总花穗 30%～50%；早熟品种可少疏，掌握在 20%～30%；树势弱、迟熟品种及管理水平中等的，宜多疏，疏去总花穗 50%～70%（刘星辉等，1997）。

疏折花穗时期：疏花穗时间在清明节前后，花穗抽出 12～15cm 长、花蕾显露但又未开放时进行。过早疏折花穗，不易识别花穗好坏，也容易抽发二次花穗；过迟疏折花穗，则消耗养分过多，影响夏梢的生长（曾莲等，2002）。疏花穗工作一般要求在立夏前完成。

疏折花穗方法：疏折花穗部位的深浅对花穗的发育及枝梢的生长均有影响，若疏折花穗部位过浅，则容易再抽生二次花穗，过深新梢萌发不力，抽生的夏梢弱小；树势壮旺的植株，因其抽梢能力强，疏折花穗部位可深些；树势较弱的，疏折宜浅些。

（3）龙眼疏果技术要点　龙眼疏折花穗后，由于花量减少，养分集中到留下的花上，能使花质提高，因而坐果率也明显提高，常会出现单穗结果偏多，因树体负担过重，从而影响果实发育和夏梢、秋梢的正常生长。为提高龙眼果实的商品率，又能为翌年培养出良好的结果母枝，可在疏折花穗的基础上进行适时适量的疏果。

适时：因各地龙眼产区气候不同，疏果时期有较大差异，以在生理落果结束后进行适宜。广东是在幼果开始形成种核、种子迅速膨大之前，即于小满前后进行，芒种前完成，疏果一般分两次进行，第一次在果实并粒后，第二次在黄豆大时再疏一次。福建则在生理落果已结束，果实有黄豆大小时，即在芒种至夏至间进行，大暑至立秋再进行第二次疏果。

适量：根据果穗大小、树势强弱及管理水平等决定疏、留果的数量。一般大型果穗每穗留果 60～70 粒，中等果穗每穗留果 40～50 粒，小果型穗留果 20～30 粒。广西五星果场（梁昌盛，1997），对 7 年生'储良'龙眼疏果观察认为，疏果量应根据结果横径大小来决定，结果母枝直径大于 1cm，每穗结果量不宜超过 30 粒；直径在 0.5～1cm，每穗结果量不超过 25 粒；直径小于 0.5cm，每穗结果量应相对减少。

疏果方法：壮旺树少疏，弱树多疏；丰产树多疏，小年树少疏；树冠顶部平的部分多疏，圆锥形的少疏；外围飘枝必疏，内部少疏（曾莲等，2002）。疏果时先修剪内部过密的小支穗，再剪去过长的支穗，留下壮健的果穗，最后疏去畸形果、病虫果和过密的果实，使果穗分布均匀，果粒大小一致。

6.3.6.4　番石榴修剪促花技术要点

（1）番石榴开花结果特性　番石榴为混合花芽，一般在新梢基部 2～4 节对生叶片的叶腋上开花结果。因此，只要树体和枝梢健壮，养分积累充足，有新梢萌发，就有可能在其新梢上开花结果。在栽培上多采用摘心、短截或回缩修剪的方法，促枝条加粗生长和抽生更多的新梢，多开花结果。

（2）番石榴修剪促花技术　正常的情况下，番石榴周年均可萌发新梢，具有周年开花结果的特点。在栽培上可根据市场的需求，通过修剪的方法调节开花期，使果实在不同季节成熟上市。若以生产冬、春果为主要目的，可在9~10月对未结果的枝条或已采果的结果枝，进行短截或回缩修剪，促使新梢萌发，便能更多开花结果。此外，还可以利用回缩修剪的契机进行品种改良，优化品种结构，适应市场的需求。在回缩的部位上嫁接上新品种，优化品种结构，提升番石榴品种更新换代，并结合产期调节技术，使番石榴能在不同季节开花结果。

（3）番石榴疏花疏果技术　番石榴成花易，坐果率高，在良好的气候和充足的肥水条件下，有花必有果，成花率越高，果实就越多，但大小果的差异也越明显。为提高果实的商品率，需进行疏花疏果。疏果时应先疏去发育不良的畸形果、病虫果，并依生长势、枝梢量及叶片厚薄等情况确定合理的留果量。一般每节对生叶片各有1个果实者，可疏1留1；每节对生叶叶腋各有2个果实者，其中1叶腋2果实全疏，另1叶腋疏1留1；每节对生叶叶腋各有3个果实者，仅留1个健壮果实，其余5个果实全部疏除。

6.3.6.5　番荔枝修剪促花技术要点

（1）番荔枝开花结果特性　番荔枝花期长，花果并存，从始花至果实成熟都有花开；有新梢就有花，新梢多则多花，这一特性在AP番荔枝尤为明显。故在生产上多采用短截去叶的促花方法增加花量。品种不同短截促花效果也有所不同，AP番荔枝比普通番荔枝短截促花效果好，易进行产期调节。

（2）AP番荔枝修剪促花技术　AP番荔枝较易成花，在一般情况下，只要有新梢，就能在新梢上成花结果，栽培上利用其特性，采用短截去叶方法促进新梢萌发，达到调节花期和果实采收期的目的。

在广东珠三角地区进行产期调节，生产冬期果（2~3月成熟的果）的方法是：在8月上旬对营养枝，在枝条长15cm处进行短截去叶，8月中下旬就能萌梢抽蕾。9月份开花结果，翌年2~3月中旬果实成熟。

（3）注意事项　进行产期调节修剪一般在"白露"前进行完毕，在冬季气温较高的海南岛最迟修剪时期也不能越过"寒露"。过迟修剪则因气温较低难萌芽开花，即使萌芽也梢短、花弱，不能正常结果；短截的枝条要粗壮，着生位置靠近主干、主枝的愈好；短截后要去叶，否则不能萌发新梢开花结果。

6.3.6.6　杨桃修剪促花技术要点

（1）杨桃开花结果特性　杨桃具有一年多次开花结果的特性，在广州地区一般自5月中下旬至11月上旬都陆续开花结果，但每次开花数量不尽相同，开花结果多后，下次开花结果则少；9 月中下旬成熟的果实生长发育期较短，果实大，品质好；而翌春成熟的果实生长发育期较长，果实较小，品质较差。此外，杨桃是以当年生枝、前一年生的下垂枝，特别是 2～3 年生的下垂枝，俗称"马鞭枝"为主要结果枝，结果最好。在生产上可根据结果枝的生长特点和开花结果特性，采用修剪技术调控开花结果期。

（2）杨桃修剪促花技术　幼年结果树仍以营养生长为主，在良好的肥水条件下易抽生徒长枝，不利于花芽分化，可适当疏剪或短截树冠上层徒长营养枝，以抑制向上生长。对成年结果树修剪宜轻，可适当疏除过密弱枝，保留树冠中下部枝条作结果枝；若采用重修剪，则会刺激枝梢旺长，使营养枝徒长，对开花结果极为不利。对树冠内膛枝修剪时，一般不贴基枝整条疏剪，应保留 2cm 左右的枝段（也称枝头），以利于从枝段上分化花芽，开花结果，此与其他果树的修剪是不同的，在修剪时要特别注意。

（3）疏花疏果技术　杨桃花特别多，在正常的情况下坐果率高，若让其自然结果，易出现结果量过多，消耗树体大量养分，此时，如果肥水不能满足其生长要求，则会影响果实的发育，出现果实多而细小的现象，不仅影响果实的品质，也影响植株的生势。故应实行人工疏花疏果，控制结果量。其方法是：谢花后待小果转蒂下垂时分两次疏果，先疏除病虫果、畸形果、着生过密的小果，以后根据树势及结果情况疏除部分小果，使果实在树上均匀分布。至于每株树每批花留多少个果较合适，目前的研究较少，谭耀文等（2000）认为，初结果树一般每株每造可留果实 15～20 个；植后 5～6 年生树每株每造 50～60个，树壮、肥水充足的果园每株可留果 70～80 个。

6.4　促花保果的水分调控

土壤水分对植株的生长发育具有很大的影响，不仅影响到果树的新梢和枝叶生长等营养生长，还影响果树的花芽分化和果实发育等生殖生长。在影响花芽分化的诸多环境（气候）因子中，温度虽然是最为重要的因子，但是由于田间温度难以控制，使得利用其调控成花难以实施。与温度相比，土壤水分的调节具有较强的可操作性。因此，通过调控果园土壤的水分含量对花芽分化和果实发育的调控显得更为有效，具有更大的实用价值。

6.4.1　水分对开花结果的影响

6.4.1.1　水分胁迫诱导成花

在热带亚热带气候条件下，水分胁迫（water stress）能够诱导果树花芽分化。尽管水分胁迫诱导花芽分化的有效性不及低温诱导，但是水分胁迫诱导成花在柑橘、荔枝、杧果等许多树种上都得到证实，并且在生产实践中得以利用；在杨桃上，水分胁迫诱导成花的效果甚至优于温度（Salakpetch et al，1990）。对于大多数的热带果树而言，水分胁迫是一个重要的成花诱导因子，通常1～3个月的胁迫才能诱导形成获得经济产量的花芽量。水分胁迫影响成花的机制是多方面的，其中有对生长发育的影响、对内源激素水平的影响、对碳素累积的影响等。

在花芽分化临界期前适度干旱，能抑制新梢萌发，有利于光合产物的积累，提高细胞液浓度。泰国的杧果园在11月中旬进入旱季，随着叶片水势和相对含水量逐渐降低，结果母枝中的非结构性碳的含量逐渐增加，但是到花芽分化前又降低到原来的水平；非结构性碳的含量与叶片的相对含水量呈显著的负相关关系（Pongsomboon et al，1997）。这表明，积累光合产物是水分胁迫诱导成花的途径之一。水分胁迫与激素（尤其是ABA和GA）之间的关系，也有许多研究报道。一般而言，水分胁迫可以提高ABA的水平，从而拮抗GAs，促进花芽分化。在杧果上，尽管叶片中ABA含量与叶片水势、相对含水量之间的关系不明确，但是GA_3的含量明显地随着叶片水势、相对含水量的降低而降低。CTK是另一类与花芽分化关系密切的植物激素。荔枝、杧果上的研究认为内源的CTK水平与花芽分化紧密相关；在荔枝的花芽分化期施用外源的CTK能提高成花率。在采果后的二次秋梢老熟后，对田间的'Mauritius'荔枝实施不同程度的水分胁迫处理，发现木质部汁液中的玉米素核苷、脱氢玉米素核苷和ABA的含量都增加，花芽分化程度显著提高（Stern et al，2003）。基于对结果母枝的内源激素、碳素累积等含量的影响，使其发育状态向生殖生长的方向转变，花芽生理分化之前所实施的水分胁迫往往能够成功诱导成花，亦即花芽分化与水分胁迫的强度在一定范围内成正比（图6-10）。

有报道表明，在泰国的龙眼产区，适宜的低温和干旱是龙眼花芽分化的最理想的气候条件。基于此，也有人认为，水分胁迫本身并非是诱导花芽分化的决定因子，它只是强化了低温诱导花芽分化的效果，使花芽分化和开花的发生时间更为集中。

水分胁迫诱导成花不仅体现在提高成花率上，还表现在促进提前开花。图6-11表明，枇杷的花期因水分胁迫而提前2～14d。但是另一方面，水分胁迫的处理时间对诱导成花的效果有很大影响，8月份的处理效果没有6月份和7月份的处理效果好，甚至使得花期滞后（Cuevas et al，2007）。

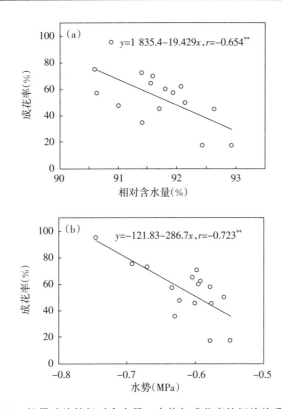

图 6-10　枇果叶片的相对含水量、水势与成花率的相关关系

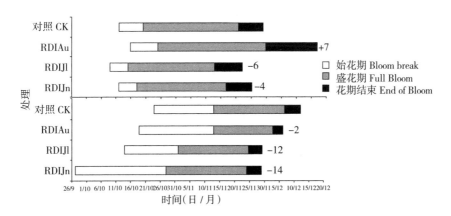

图 6-11　不同时期的水分胁迫对枇杷花期的影响

RDIAu：8 月份处理　RDIJl：7 月份处理　RDIJn：6 月份处理

6.4.1.2　果实发育的水分需求

诱导花芽分化的必需条件与花器形态发育的必要条件完全不同。对花芽分

化有诱导效果的是控水、土壤干旱、抑制根和枝梢的生长，提高细胞液浓度，促进淀粉、蛋白质的水解作用；而对分化后花器官形成和果实发育的有效措施是灌水、降低细胞液浓度。

在完成成花诱导或花芽生理分化之后，花芽进入形态分化的阶段。在这个时期，少数几个易于发生成花逆转的树种（如龙眼）会因为新梢生长而产生"冲梢"现象，使得已经形成的花序原基因营养竞争而停止发育，转向营养生长。但是大多数树种此时不再发生逆转，需要较多营养保证形态分化和幼果的发育。此时发生的水分胁迫可能减少盛花期的花量、坐果和最终产量。番荔枝上的水分控制试验证实了水分在花器官的形成和果实发育过程中的必要性（George et al，1988）。由于水分胁迫，番荔枝的新梢生长、叶面积、成花率、坐果率和株产都明显受到抑制（表 6 - 12）。

表 6 - 12　水分胁迫对番荔枝营养生长和生殖生长的影响

处　理	新梢长度 （cm）	叶面积 （cm²/梢）	成花率 （%）	坐果率 （%）	株产 （g）
对　照	67.0	1 516	39.2	59.6	816.6
水分胁迫	55.5	1 003	30.1	40.8	329.0

6.4.2　调节花果的灌溉技术

通过果园土壤的水分调控来诱导花芽分化的需要有一系列相关条件的配合，包括水分胁迫的程度、水分胁迫的时间以及成花后管理的配合。

6.4.2.1　水分胁迫的时间

适度的水分胁迫可以促进成花，但是何时开始实施水分胁迫、水分胁迫的持续时间长短是要恰当掌握的两个关键指标。以荔枝秋天水分胁迫为例，水分胁迫开始的时间过早，可能抑制秋梢正常的生长；水分胁迫结束的时间过迟，则可能影响花器官的正常发育。荔枝树根系在土壤湿度 9%～16% 时生长缓慢，23% 时生长最快；枝梢萌发、生长对水分需求较多，为了培养健壮的秋梢成为良好的结果母枝，放秋梢期一定要对土壤灌水并对树冠喷水，保持高湿度，以利于秋梢生长、展叶及转绿；花芽分化期要求土壤适度干旱，有利于促进花芽形成；在花穗、花器官的发育期又要求土壤较湿润，否则根系生长吸收弱，光合效能低，养分不足，造成落叶，影响花器官发育，使花期延迟。所以不同时期对土壤的水分状况要求都不同。

通常，水分胁迫是在秋梢完全老熟之后进行，胁迫持续的时间以 1～2 个月为宜。因此，对于成熟期不同的品种而言，诱导花芽分化所需要的水分胁迫的时间是不同的。西番莲是热带藤本果树，水分胁迫过早使得茎的伸长生长受阻、节数（叶片数）减少、叶面积降低，在这种情况下，花芽数、坐果数均会减少，坐第一果所需时间延长。可见，过早的水分胁迫尽管抑制了营养生长，但是对生殖生长也是不利的，因为此时的营养生长并不充分。事实上，西番莲果实的形成与产量依赖于营养生长，因为花仅在新梢的叶腋形成，任何能够减少节数的因子都会不可避免地降低产量。研究认为，过早的水分胁迫，不管是轻微的水分胁迫还是严重的水分胁迫都对西番莲的叶片生长、藤的伸长生长和节数产生抑制效应，最终降低花数和产量（Menzel et al，1986）。

6.4.2.2 水分胁迫的程度

土壤湿度过高会导致营养生长过旺，不利于生殖生长，因此，适宜的水分胁迫有利于花芽分化，这是因为营养生长受到抑制。相反，过度的水分胁迫则不利于花芽分化，土壤湿度过低往往过度抑制生长，不利于花穗的萌动和抽发。荔枝上的研究发现，尽管主干的水势从 -1.61MPa 降到 -1.79MPa 后，花芽分化的程度相应的从 1.80 级增加到 2.65 级（最高为 3.0 级），但是水势再进一步降到 -2.61MPa 后，花芽分化的程度仅增加到 2.75 级，几乎没有变化（Stern et al，2003）。通过地面铺膜或者淋水试验，发现沙壤土的'糯米糍'荔枝园，土壤最适含水量应在 12%～15%，低于 10% 和高于 16% 都不利于荔枝的花芽分化。另一方面，过度的水分胁迫会造成大量落叶（Koshita et al，2004），尽管可以诱导花芽完成生理分化阶段，但是在后期的形态分化以及幼果发育阶段可能因叶面积不足造成营养不充分，导致花量减少或者落花、落果严重。

6.4.3 常绿果树促花保果水分调控技术要点

6.4.3.1 荔枝促花保果水分调控技术

（1）水分对荔枝花芽分化和开花结果的影响 荔枝是亚热带常绿果树，在年生长周期中水分充足与否，直接影响枝梢生长、花芽分化和开花结果。夏秋季雨水较多，有利于秋梢结果母枝的生长；秋冬季适度干旱则可抑制营养生长，有利于花芽分化。Stern 和 Gazit（1993）对 12 年生的'Mauritius'和'Floridian'荔枝进行控水试验，结果表明，秋季（10 月至雨季）适度水分胁迫可控制营养生长，增加翌年的开花和产量（表 6-13）。相反，过度干旱可能导致 CO_2 同化下降，叶绿素受损，成花分生组织细胞的活力下降，不利于花芽分化，导致花芽分化推迟，花穗抽出期晚，花穗短小，花质差，甚至无花；在花芽形态分化期适当淋水，能促使芽体萌动，有利于花芽分化和花穗的发育。倪耀源等（1990）研究结果表明：花芽分化期降雨因素对花性有所影响，

1月上旬至下旬的降雨量与雌花比例呈密切正相关，其相关系数分别为0.896 6＊＊及0.976 6＊＊。然而，此时段的降雨量与平均每穗的总花穗数和平均每穗雄花数呈一般负相关。说明在一定范围内，花序分化期水分充足，平均每穗总花腔数和平均每穗雄花数略有减少，而平均每穗雌花数受其影响不大，故雌性比相应增加。

开花期要求有适量的降雨，以数天一阵雨为适宜。开花期若遇上连续的低温阴雨或过高的大气湿度，会导致花药不能开裂，雄蕊易凋萎，雌花柱头上的分泌液被稀释或冲刷掉，影响昆虫的传粉活动，恶化了授粉受精条件，造成花而不实。因此，开花期防雨护花更显得十分重要。

表 6 - 13　秋季水分胁迫对 12 生 Mauritius 和 Floridian 荔枝开花结果的影响

(Stern et al，1993)

处　理	Mauritius		Floridian	
	开花程度（0～3 级）a	株产（kg）b	开花程度（0～3 级）a	株产（kg）
对照	2.1a	23.7a	2.1a	量21.3a
水分胁迫	3.0b	60.7b	3.0b	30.5b

注：①开花等级：0＝无花，1＝开花不良，2＝开花中等，3＝全部开花。
②株行距：6m×6m。
③邓肯氏多差异检测，P＝0.05。

果实发育全过程需要有均衡的水分供应，幼果期缺水，会影响果实的正常发育，过度干旱易引起小果脱落，阴雨天多，光合作用效能低，易引起大量落果；果实接近成熟时，果实细胞吸水力很强，对水分突然增加特别敏感，久旱骤雨常引起裂果。广东的'糯米糍'、'桂味'等优质品种常因此造成大量裂果，损失惨重。

（2）促花保果水分调控技术　荔枝花芽分化具有三个明显的特点，一是花芽分化进程可分为花序原基分化阶段和花器官分化、发育阶段；二是花芽分化时间长达 3～5 个月，属于同一个分化期的花芽，先后相差可达 1 个月左右；三是花芽分化具有一个相对集中的高峰期。以广东省东莞栽培的'糯米糍'荔枝品种为例，花序原基分化期主要集中在 12 月下旬至 1 月中旬，雌蕊原基分化期主要集中在 2 月中旬至 3 月中旬（甘廉生等，1990）。花芽分化的各阶段对水分的要求也各不相同，应根据各阶段对水分的需求采取相应措施才能达到促花的效果。

在花芽分化前期适度干旱能抑制营养生长，促进花芽分化。在生产上常在末次秋梢叶片转绿老熟时即开始停止灌水，并结合冬季施入基肥挖断部分树根的方法来减少根系对水分的吸收，达到制水的目的。但由于大多荔枝都种植在丘陵山坡，根系深生，要减少土壤中的水分含量是比较困难的，在此期间若同时出现低温和干旱条件则促花的效果会更好。在花芽分化中、后期，特别是临近花发端和分化阶段遇上过度干旱时，会影响顶端芽体的萌动，应及时适度淋水，促进顶端芽体的萌动。

开花期遇上早春连续阴雨天气时，会经常导致花穗积水，应及时进行人工摇花，抖落凋谢的花朵和在花穗上的水珠，加速花朵风干，可预防沤花，减少霜疫霉病的感染，从而改善授粉受精条件。在雌花开放时，如遇上高温、干燥天气或吹干热的西南风时，雌花柱头上的分泌液易蒸发干枯，不利于授粉受精，这时应及时向树冠和花穗喷洒清水，增加花穗的湿度，降低雌花柱头黏液浓度。从表 6-14 可看出，喷清水或喷洒花粉水，可提高大气湿度，增加授粉受精机会，提高坐果率。

在果实发育早期遇上土壤干旱或高温干燥天气时，会直接影响果皮的增长，易造成后期果肉迅速生长时受限制而导致裂果，对优质'糯米糍'、'桂味'品种更易造成大量裂果。因此，在果实发育期，尤其是果实接近成熟时，应保持土壤水分的均衡，疏通果园的排水沟渠，及时排除积水，以利于果实的正常生长发育，减少落果、裂果，提高产量。

表 6-14　高温干燥天气淮枝花期喷花粉水和清水比较

(倪耀源等，1990)

项　目	不喷水	喷清水	喷花粉水
总花穗量	3 603	3 740	3 639
总果穗量	1 826	3 347	3 439
挂果穗占%	50.7	89.5	94.5
300 穗总果数	1 027	2 039	2 223
平均每穗果数	3.4	6.8	7.4

注：①将原表分三株合在一起统计。②试验于 1988 年 5 月 2～7 日，连续 6d，每天上、下午各喷一次，6 月 22 日统计果数。③试验期间室内最高气温 29～32℃。

6.4.3.2　柑橘促花保果水分调控技术

(1) 水分对柑橘花芽分化和开花结果的影响　柑橘是常绿果树，周年均可生长，但因年降雨分布不均匀，在栽培上应根据各物候期的生长发育特点和对水分的不同要求进行调控。末次秋梢是翌年结果母枝，在秋梢萌发期间干旱缺水，则会直接影响秋梢结果母枝的正常生长发育，若严重秋旱，秋梢迟萌发或虽能抽发秋梢，但枝梢短而弱、丛生，对翌年结果影响很大；所以萌发秋梢期间要有良好的水分供应。冬季高温多湿则有利于营养生长，不利于花芽分化，此时适当干旱是诱导柑橘从营养生长转向生殖生长，形成花芽的主要促花措施之一。广州花农主要通过控水的方法来调控盆栽柑橘的开花期。春季花芽萌发和开花结果期遇上春旱缺水将会影响花的质量和开花期，性器官发育差，花而不实，特别是受旱之后遇连续的低温阴雨，老叶迅速黄化、脱落，新梢叶片又不能正常老熟，花和小果所需要的养分不能满足供给，导致大量落果；在果实迅速膨大期需要较充足的水分，如果缺水不利于果实增大和品质的提高。潘文力等（1997）在广东博罗杨村柑橘场对椪柑进行观察，发现在 8～10 月红壤土绝对含水量为 27%～30% 时，果实增长最快，果横径旬增长 2.3mm；当绝对含水量为 25%～28% 时，果横径旬增长 2.0mm；若绝对含水量降至 23% 时，果实几乎不能增长，可见，果实迅速膨大期必须保持土壤绝对含水量 25% 以上，才能获得优质的椪柑果实。

（2）促花水分调控技术　在热带、亚热带地区多数柑橘类品种如柑、橙、柚、橘等一年中只春季开花一次，而柠檬、金柑和四季橘等一年中有多次开花结果的特点，多次开花主要与旱季出现有关。生产实践和科学试验已证明干旱是诱导柑橘成花的主要技术措施之一。水田柑橘在花芽分化前停止灌水，待叶片微卷时即可适当供水，有利于花芽分化；丘陵山坡地柑橘园在无灌水条件下可通过断根、减少根系吸收水分来达到控水的目的（甘廉生等，1990）。广东潮汕的经验是，于 12 月在蕉柑树冠两侧犁深 15cm 左右，断去部分细须根，晒至叶色微退色时即施入有机肥，然后覆土，促花效果很好；广东博罗杨村柑橘场，在 9～11 月利用扩穴改土，切断部分根系，可促使翌年多开花；广东珠三角花农的经验，通过控水的方法调控盆栽金橘、四季橘的开花期，其方法是，金柑在处暑前 7～10d，新梢叶片完全转绿而新梢尚未充实时开始控水；四季橘果实成熟期比金柑多 30d 左右，故控水时间宜提前在大暑前 7～10d，以新叶已转绿、新梢开始硬化时控水为佳。控水后叶片开始出现微卷时，洒些水使其复原，如此反复控水，经过 5～6d 的控水之后，即可加施浓肥，并每天进行叶面喷水 2～3 次，再经过 15 天左右即可抽梢现花蕾。

（3）果实发育期水分调控技术　果实迅速膨大期正是秋梢结果母枝生长期，需要充足的水分。此时若遇上秋旱或水分亏缺，对秋梢生长和果实发育均造成不良影响，秋梢结果母枝既不能适时萌发、生长及转绿；果实也不能充分发育和增大，从而影响了果实的产量和品质。因此，在放秋梢期和果实迅速膨大期若遇上秋旱应及时灌水，以确保果实正常发育和秋梢结果母枝能适时萌发、生长及转绿。潘文力等（1997）认为，椪柑果实增大在秋梢老熟后至果实着色前与降雨量有密切关系，在果实着色前（10 月上旬至 11 月上中旬）适量灌水，可促进果实膨大，特别是无灌溉条件的丘陵山地柑橘园，若采用滴灌系统，则对生产优质大果椪柑果实有很大的促进作用。冬季是果实成熟期和花芽分化期，为提高果实的品质和耐贮性，有利于花芽分化，在果实采收前 15d 左右应开始适当控水，以提高果实含糖量和耐贮性能。从这时期直至春芽萌发前应保持土壤适当干旱，促进花芽分化。

（姚青，王泽槐，华南农业大学园艺学院）

参 考 文 献

甘廉生，等 . 1990. 柑橘荔枝香蕉菠萝优质丰产栽培法 [M]. 北京：金盾出版社 .

黄旭明，王惠聪，袁炜群 . 2003. 荔枝环剥时期对新梢生长及碳素储备的影响 [J]. 园艺学报，30（2）：192 - 194.

柯冠武，唐自法，刘荣芳 . 1998. 福建龙眼低产原因及解决途径 [J]. 中国南方果树，27（1）：25 - 26.

李建国，黄辉白，黄旭明 . 2004. 环切对糯米糍荔枝果实大小和裂果的影响 [J]. 果树学报，21（4）：379 - 381.

李建国 . 2008. 荔枝学 [M]. 北京：中国农业出版社 .

刘星辉，吴少华 . 1997. 龙眼栽培新技术 [M]. 福州：福建科学技术出版社 .

倪耀源，吴素芬 . 1990. 荔枝栽培 [M]. 北京：农业出版社 .

潘文力，冼星彩 . 椪柑栽培技术 [M]. 广州：广东科技出版社 .

彭成绩 . 1997. 甜橙栽培技术 [M]. 广州：广东科技出版社 .

谭耀文，伍丽芳，谢细东 . 2000. 大果甜杨桃早结丰产栽培 [M]. 广州：广东科技出版社 .

翁树章，林良诚，方时园，等 . 2000. 蕉柑栽培技术 [M]. 广州：广东科技出版社 .

吴定尧，邱金淡，张海岚，等 . 2000. 环割促进龙眼成花的研究 [J]. 中国农业科学，33（6）：40 - 43.

吴坤用，等 . 1992. 沙田柚栽培技术 [M]. 广州：广东科技出版社 .

曾莲，倪耀源 . 2002. 荔枝龙眼整形修剪技术 [M]. 广州：广东科技出版社 .

周贤军，黄德炎，黄辉白，等 . 1999. 螺旋环剥对'糯米糍'荔枝坐果与碳水化合物及激素的影响 [J]. 园艺学报，26（2）：77 - 80.

CUEVAS J，CAÑETE M L，PINILLOS V，et al. 2007. Optimal dates for regulated deficit irrigation in 'Algerie' loquat (Eriobotrya japonica Lindl.) cultivated in Southeast Spain [J]. Agricultural Water Management，89：131 - 136.

GEORGE A P，NISSEN R J. 1988. The effects of temperature，vapour pressure deficit and soil moisture stress on growth，flowering and fruit set of custard apple (Annona cherimola ×Annona squamosa) 'African Pride' [J]. Scientia Horticulturae，34（3 - 4）：183 - 191.

GOREN R，HUBERMAN M，GOLDSCHMIDT E E. 2005. Girdling：physiological and horticultural aspects [J]. Horticultural Reviews, 30: 1-35.

GROCHOWSKA M J, KARASZEWSKA A, JANKOWSKA B, et al. 1984. Dormant pruning influence on auxin, gibberellin, and cytokinin levels in apple trees [J]. Journal of the American Society for Horticultural Science. 109: 312-318.

ISMAIL M R, NOOR K M. 1996. Growth, water relations and physiological processes of starfruit (Averrhoa carambola L) plants under root growth restriction [J]. Scientia Horticulturae, 66: 51-58.

KOSHITA Y, TAKAHARA T. 2004. Effect of water stress on flower-bud formation and plant hormone content of satsuma mandarin (Citrus unshiu Marc.) [J]. Scientia Horticulturae, 99: 301-307.

MATAA M, TOMINAGA S. 1998. Effects of root restriction on tree development in Ponkan mandarin (Citrus reticulate Blanco) [J]. Journal of the American Society for Horticultural Science, 123 (4): 651-655.

MENZEL C M, SIMPSON D R, DOWLING A J. 1986. Water relations in passionfruit: effect of moisture stress on growth, flowering and nutrient uptake [J]. Scientia Horticulturae, 29 (3): 239-249.

POERWANTO R, IRDIASTUTI R. 2005. Effects of ringing on production and starch fluctuation of rambutan in the off-year [J]. Acta Horticulturae, 665: 311-318.

PONGSOMBOON W, SUBHADRABANDHU S, STEPHENSON R A. 1997. Some aspects of the eco-physiology of flowering intensity of mango (*Mangifera Indica* L.) cv. Nam Dok Mai in a semi-tropical monsoon Asian climate [J]. Scientia Horticulturae, 70: 45-56.

SALAKPETCH S, TURNER D W, DELL B. 1990. The flowering of carambola (Averrhoa carambola L.) is more strongly influenced by cultivar and water stress than by diurnal temperature variation and photoperiod [J]. Scientia Horticulturae, 43 (1-2): 83-94.

STERN R A, GAZIT S. 1993. Autumnal water stress checks vegetative growth and increase flowing and yield in litchi (Litchi chinensis Sonn.) [J]. Acta Horticulturae. 349: 209-212.

STERN R A, NAOR A, BAR N, et al. 2003. Xylem-sap zeatin-riboside and dihydrozeatin-riboside levels in relation to plant and soil water status and flowering in 'Mauritius' lychee [J]. Scientia Horticulturae, 98: 285-291.